UNION CENTRALE DES SYNDICATS DES AGRICULTEURS DE FRANCE

COMPTE RENDU

DU

XII° CONGRÈS NATIONAL

DES

Syndicats Agricoles

Tenu à QUIMPER les 10, 11 et 12 Octobre 1924

ET DE LA

Journée Agricole du 9 Octobre à Vannes

PARIS
8, RUE D'ATHÈNES, 8
1925

COMPTE RENDU

DU

XIIe CONGRÈS NATIONAL

DES

Syndicats Agricoles

Tenu à QUIMPER les 10, 11 et 12 Octobre 1924

ET DE LA

Journée Agricole du 9 Octobre à Vannes

PARIS
8, RUE D'ATHÈNES, 8
1925

XIIe CONGRÈS NATIONAL
DES
SYNDICATS AGRICOLES

La Journée Agricole du 9 Octobre à Vannes

La Bretagne, cette année, avait le grand honneur de recevoir le XIIe Congrès National des Syndicats agricoles de France. Le Finistère devait être le siège des grandes assises nationales du monde agricole organisé.

La veille, Vannes, par dérogation spéciale aux usages traditionnels de ces Congrès, devait voir dans ses vieux murs se dérouler une journée agricole en l'honneur de Monsieur de Vogüé, Président de l'Union Centrale des syndicats agricoles et des Agriculteurs de France, et des autres membres du Congrès qui voulurent bien s'y arrêter au passage.

A l'appel de leur Président, les délégués des syndicats affiliés à l'Union du Morbihan répondirent avec un bel empressement. Et dès le matin, les trains, les autos, les voitures, déversent dans la ville la foule des paysans. Le soleil lui-même venait embellir cette journée. Combien étaient-ils, ces syndiqués agricoles, cultivateurs accourus entendre la parole des chefs? Au minimum 1.500. Et les délégués de l'Union Centrale venus de Paris, des Vosges, de Franche-Comté, du Sud-Est, du Centre-Est, du Plateau Central, de la Normandie et du Nord, admiraient cet empressement en même temps qu'ils étaient frappés du recueillement de cette masse imposante, recueillement qui fait la force de l'âme bretonne, toute concentrée en elle-même et pleine d'une vie intérieure qui sait se manifester dans les grandes occasions.

La messe du matin, à l'intention des syndiqués défunts, et à laquelle assistaient une partie des membres du Comité-Directeur de l'Union ayant à sa tête le Président, fut célébrée par Monsieur l'abbé Chantreau, délégué de l'Union des Syndicats du Calvados.

A 9 h. 30, s'ouvre la séance à l'Universel-Cinéma, rue Louis Pasteur. La vaste salle est bientôt trop petite pour recevoir la foule qui se presse, et plus de 300 personnes sont malheureusement contraintes de demeurer dehors. Le banquet dut avoir lieu sous les Halles, la ville de Vannes ne possédant pas de salle aux dimensions assez vastes.

(Cliché Bretagne Touristique)

Une Séance de Vannes

Sur l'estrade, autour de M. Roger Grand, prenaient place: MM. de Vogüé, Président de l'Union Centrale; E. Langlois, Président-Fondateur de l'Union du Morbihan; Toussaint, délégué général de l'Union Centrale; Garcin, Président de l'Union du Sud-Est; Mathis, Président de l'Union des Vosges et député; l'abbé Chantreau et M. de Formigny, délégués du Calvados; Lefebvre, du Pas-de-Calais; Pérez, Vice-Président de l'Union du Finistère; Gatheron, du Centre-Est; Bouan du Chef du Bos, du Syndicat central de l'Ille-et-Vilaine; Charrière, ingénieur délégué des Chemins de Fer de l'Etat; Guilloteaux, ancien sénateur, délégué des Agriculteurs de France pour le Morbihan; Inizan, député du Finistère; Lamy, sénateur; Robic, Cadic, Violle, Marchais, députés du Morbihan; de Saint-Quentin, de Lantivy, Le Léannec, du Plessis de Grénédan, Simonnot, Guézel, Roger de Vitton, Fabre, Kraffe, H. du Halgouët, P. Le Pelvé, de Blignières, de Lambilly, Ridel, de Langlais, Lebreton, Le Mintier de Léhellec, des Comités directeurs des œuvres agricoles de la « rue Richemont », de Chabannes, Le Pévédic, l'abbé Thomas, secrétaire général des Caisses Durand, Gaschet, Buguel... etc. On voudra bien nous pardonner les omissions inévitables en présence d'une telle assemblée.

Monsieur Roger Grand ouvre la séance en présentant les excuses de M. le Ministre de l'Agriculture, de M. le Préfet, et de diverses personnalités. Il prononce ensuite l'allocution de bienvenue suivante:

Allocution de M. Roger Grand.

Le 19 juillet 1906, à l'Hôtel de Ville de Vannes, M. Charles Riou, Sénateur-Maire et Président de l'Union des Syndicats Agricoles du Morbihan, recevait les membres du premier congrès régional des Syndicats Agricoles de Bretagne, organisé sous les auspices de l'Union Centrale des Syndicats des Agriculteurs de France, et qui allait pendant deux jours y tenir ses fécondes assises.

Le Congrès, préparé par notre secrétaire général d'alors, M. Adolphe Graff, et qui fut une fête syndicale très réussie, était présidé avec beaucoup de tact et d'autorité par M. de Vogüé, vice-président de l'Union Centrale et spécialement délégué par M. Louis Delalande, que de graves raisons de famille avaient retenu à Paris.

Dans la salle, l'homme que je connais le mieux depuis sa naissance alors tout nouvellement venu aux œuvres sociales, mais plein de l'ardeur de ses trente ans, écoutait et méditait en lui-même les enseignements qui tombaient de la bouche des conférenciers et, dès la fin du Congrès, une ferme vocation syndicale succédait en son cœur à de simples velléités jusque-là un peu confuses: exemple entre mille des bienfaits que rapportent ces congrès, comme celui qui va se tenir à Quimper, ou ces journées sociales, comme celle d'aujourd'hui, que les sceptiques, les indolents et les superficiels traitent plaisamment de parlottes sans lendemain, mais où se réchauffent les cœurs, s'éclairent les intelligences, se précisent les volontés, s'éveillent les dévouements au contact de cœurs, d'intelligences, de volontés et de dévouements semblables, mais plus affermis dans l'action ou mûris par une plus longue expérience.

Depuis ce jour, dix-huit ans ont passé. Il a neigé sur la tête du jeune homme de 1906. Il s'est vu imposer par la confiance de ses collègues le périlleux honneur de diriger les destinées de l'Union des Syndicats Agricoles du Morbihan, lourde tâche qu'il ne pourrait supporter sans le concours dévoué d'un état-major et d'un personnel d'élite.

Et c'est lui qui — maintenant successeur de M. Edmond Langlois auquel M. Riou avait passé la présidence — a l'agréable devoir de saluer le même M. de Vogüé, décidément l'ami de notre vieille cité vannetaise, venu donner pour la seconde fois à notre Union morbihannaise le baiser de l'Union Centrale, que la Mort implacable aura — hélas! cette fois définitivement — empêché encore Louis Delalande de lui apporter, comme il rêvait de le faire il y a quelques mois à peine.

Mais vous n'êtes plus, M. le Président, l'homme que nous avons connu en 1906. Les mérites éminents, que notre modeste congrès régional avait révélés à nos compatriotes, n'ont pu, malgré votre charmante simplicité et votre exquise bonne grâce, rester cachés sous le boisseau. Les suffrages de vos collègues vous ont successivement élevé à la présidence de la Société des Agriculteurs de France, que dirigea si longtemps votre illustre père, et à celle de l'Union Centrale des Syndicats Agricoles. Vous êtes membre de l'Académie d'Agriculture, du bureau de la C. N. A. A., et le Gouvernement, conscient de la haute autorité qui s'attache à votre nom et à votre personne, vous a lui-même appelé dans ses conseils officiels. Membre du Conseil supérieur de l'Agriculture, il n'est pas une des grandes commissions intéressant le monde agricole où vous ne soyez amené à siéger et l'on vous confie même le soin de représenter l'Agriculture française dans les grands conseils internationaux qui, à Genève, auprès de la Société des Nations, essaient en tâtonnant d'asseoir l'équilibre du monde futur sur des bases nouvelles...

Et vous y faites entendre, avec l'autorité ferme mais habile qu'enveloppe votre phrase élégante et nuancée, le langage du bon sens français, ennemi des utopies abstraites et amoureux de clarté et de réalité.

Si j'ajoute que dans votre province de Berry vous cumulez de multiples présidences, comme par exemple celle de l'Office régional agricole, l'assistance qui m'écoute aura peut-être l'impression vertigineuse d'une vie effroyablement absorbée par tant de hautes occupations et préoccupations, d'une vie qui vaut plusieurs vies bien remplies, et se demandera comment un homme, sans négliger les devoirs et les intimités de la vie de famille, ni les obligations de la vie sociale, peut suffire à tout cela, à moins qu'elle ne sache que vous continuez seulement ainsi une vieille tradition de votre maison et que chez les Vogüé, travail, énergie et dévouement au pays ont passé dans le sang de la race et sont devenus, au profit de chaque nouvelle génération, le simple résultat d'un très long entraînement.

Elle saura du moins maintenant, cette assistance, de quel prix est votre présence au milieu d'elle. A peine arrivé de Genève, vous n'avez pas craint de vous imposer la fatigue supplémentaire de cette journée avant de gagner Quimper où vous attendent les labeurs du XIIᵉ Congrès National de nos Syndicats Agricoles.

Cet arrêt parmi nous, mes chers amis morbihannais, est une dérogation aux usages de l'Union Centrale qui, tenant son Congrès tous les deux ans dans une ville différente, n'a pas l'habitude de faire ainsi escale à l'aller ou au retour. C'est une marque d'affection et d'estime que Louis Delalande avait voulu donner à nos œuvres si vivantes, et que son successeur a tenu spontanément à faire sienne.

Le splendide empressement avec lequel vous êtes accourus aujourd'hui de tous les points du département, malgré travaux pressants, réunions d'autres sortes, difficultés des transports, qui à pied, qui à bicyclette, qui en voiture, qui en chemin de fer, grand ou petit, qui en auto, car ou camion, montre, je l'espère, à nos hôtes d'un jour combien les syndiqués du Morbihan sont touchés, fiers et heureux de recevoir l'état-major de la rue d'Athènes et les délégués des diverses provinces de France.

Soyez donc les bienvenus, Messieurs. Le Breton n'est pas courtisan. Il n'adore ni César, ni le veau d'or. Sa fierté et son indépendance sont proverbiales et historiques. C'est un être de sentiment: il va d'instinct à qui l'aime et son cœur pris ne se reprend plus.

Le spectacle de cette salle me porte à croire que les œuvres que vous représentez en France l'ont gagné, ce cœur, et que vous le garderez.

Le Breton est un pur Celte. Vous savez que l'hospitalité du Celte a toujours été célèbre. Nos Bretons sur ce point n'ont pas dégénéré. Autant ils se méfient de l'étranger qui passe, hautain ou railleur, à travers ses villages dont l'âme lui échappe, autant il ouvre avec une magnifique et candide bonne foi sa porte et sa huche à qui se présente la main franchement tendue, guidé par un ami.

Entrez ainsi dans une de nos fermes bretonnes; l'on s'empressera autour de vous et l'on vous offrira avec maintes attentions délicates beurre fin et cidre bouché.

Vous entrez dans la maison de l'Union du Morbihan. Messieurs, tout y est vôtre. Dans un instant, ceux de mes collègues qui en dirigent les divers compartiments vous en montreront les détails. Puis, l'un de nos vices-présidents vous fera les honneurs des animaux de choix qui garnissent nos écuries et nos étables. Ensuite nous traverserons les divers bureaux et entrepôts qui constituent les rouages de notre hôtel syndical de la rue Richemont, et nous nous rendrons à la salle, de belles dimensions, je vous assure, où le festin se prépare.

Que si quelques-uns d'entre vous désiraient, cet après-midi, prendre plus ample connaissance des différents services de notre siège social, qu'ils sachent bien qu'ils y seront attendus et reçus avec empressement.

Nous convions les autres à venir, après avoir quitté la salle, goûter les charmes de notre Golfe, aux lignes harmonieuses d'une si pure simplicité, aux tons changeants comme le ciel que reflète son calme miroir. Puisse la nature bretonne, d'ordinaire si douce en ce début d'automne, étaler pour eux ses grâces infiniment prenantes! Cette petite mer n'est-elle pas un peu le centre de la Bretagne, autrement même que sur la carte? Après avoir vu se développer puis sombrer la civilisation maritime si puissante des Vénètes, ses bords furent au Moyen-âge, par Vannes et Sucinio, où les ducs des XIV° et XV° siècles firent leur résidence favorite, le véritable chef-lieu de la province.

Vous rappeliez vous-même en 1906, M. le Président, qu'en 1532 fut scellé à Vannes ce fait à jamais mémorable pour nous: l'union de la Bretagne à la France.

Pour nous en tenir plus modestement au terrain syndical, qui est le nôtre ici, c'est à Vannes qu'ont eu lieu presque tous les actes significatifs qui ont marqué l'évolution de l'organisation professionnelle agricole dans notre province.

A Vannes fut créée par M. Langlois, en 1897, la première Union départementale. A Vannes encore fut fondée l'Union de Bretagne par le regretté M. de Lorgeril. A Vannes toujours, dans ce Congrès de 1906, fut conclue l'alliance définitive et solennelle de nos Unions de Bretagne avec l'Union Centrale, et fondée la Caisse Régionale d'assurances mutuelles de Bretagne, installée seulement plus tard à Landerneau.

Je suis heureux que ce soit encore par une visite aux syndiqués vannetais que débute ce XII° Congrès National, qui va révéler au monde agricole, à la France entière, la vigueur inattendue, certainement insoupçonnée de bien des gens, et fort impressionnante, qu'ont acquise nos associations rurales bretonnes.

Il y a 18 ans, la jolie salle des fêtes de l'hôtel de Ville suffit aux assises du Congrès Régional. Cette fois, malgré l'offre gracieuse de la Municipalité, il n'a pas été possible d'y songer. Le Théâtre lui-même était insuffisant et, vous le voyez, Messieurs, les murs de cette salle, la plus vaste de Vannes, seront encore trop étroits pour contenir les flots pressés, contraints de refluer jusque dans la rue, de ces fiers paysans bretons accourus dans leur beau costume national des points les plus reculés du département comme des plus proches, des rives de l'Ellé, du Scorff et du Blavet, comme de celles de l'Oust et de la Vilaine, des landes de Lanvaux, comme des rives de l'Océan, bretons et gallos, comme nous disons chez nous, pour saluer les représentants de leurs frères, les paysans français, et manifester leur attachement à la grande cause de la mutualité rurale dont l'Union Centrale, groupant toutes les forces en un même faisceau désormais indissoluble, leur a tracé et leur éclaire toujours la voie.

Messieurs les délégués de Paris, du Nord, du Sud, de l'Est ou de l'Ouest, que vous veniez de la brume ou du soleil, de la plaine ou de la montagne, qui que vous soyez, connus ou inconnus, vous êtes des amis. Les cultivateurs morbihannais ne s'y trompent pas. Ils vous acclament par ma bouche et vous font fête.

Soyez les bienvenus!

Monsieur de Vogüé se lève et est aussitôt applaudi. Nous essaierons de résumer sa belle improvisation.

Il a, pour remercier M. Roger Grand, les mots les plus heureux. Il dit sa joie de se trouver avec les membres de l'Union du Morbihan, si florissante parce qu'elle a su conserver la vraie et saine tradition syndicale. Si de tels progrès ont été réalisés, continue-t-il, c'est que les syndicats agricoles ont maintenu leur caractère professionnel; c'est aussi parce qu'ils ont maintenu la conception du syndicat mixte, organe de paix sociale, où tous, propriétaires, grands ou petits, fermiers, ouvriers, sont unis dans l'amour de la profession et de ses intérêts, qui sont communs à tous ceux qui vivent de l'Agriculture, quelle que soit leur classe sociale.

Il montre ensuite la force de l'association, la nécessité de l'Union Centrale. Ainsi, dit-il, c'est grâce à elle, mandataire de tous les syndicats agricoles de France, à son intervention auprès des Pouvoirs publics qu'est dû l'arrêt dans l'application de l'impôt sur le chiffre d'affaires des syndicats et coopératives, que vient de décider le Ministre des Finances.

Monsieur de Vogüé proteste ensuite avec grande énergie contre les accusations lancées contre les cultivateurs au sujet de la vie chère. Ils en sont les premières victimes et non les responsables. Ils ne sont pas les maîtres des prix; ils les subissent.

En terminant, il demande, étant donné la crise grave qui s'annonce, de resserrer de plus en plus les liens qui unissent les syndicats à l'Union Centrale, pour que celle-ci ait une autorité de plus en plus grande dans la défense de la profession agricole.

Les applaudissements qui éclatent montrent que le Président de l'Union Centrale a été compris.

A ce moment commence l'Assemblée Générale de l'Union du Morbihan.

Monsieur Elie de Langlais, secrétaire général de cette Union, donne lecture du rapport suivant sur les œuvres de l'Union du Morbihan:

Rapport de M. Elie de Langlais.

Au cours de l'année 1906, le Congrès de l'Union des syndicats agricoles de Bretagne se tenait à Vannes, et alors comme aujourd'hui il était présidé par Monsieur de Vogüé.

Depuis cette époque, l'Union des syndicats agricoles du Morbihan a vu croître sans cesse le nombre des syndicats qui lui sont affiliés; a vu également naître et prospérer autour d'elle les œuvres qu'elle dirige ou qu'elle protège.

En feuilletant, il y a quelque temps, le compte-rendu du congrès de 1906, j'avais l'impression d'un changement profond dans l'esprit de nos populations bretonnes, lentes à s'ébranler peut-être, mais fidèles pour toujours quand elles se sont données.

Cette impression de marche en avant était plus remarquable encore en ce qui concerne les œuvres qui ont leur siège, 6, rue Richemont, ou qui gravitent autour de cette Maison de l'Union.

Je demeure persuadé que les auditeurs de 1906, qui se retrouvent ici, comme ceux de cette journée agricole, conserveront cette même impression quand ils auront vu le résultat acquis.

Mon rôle se bornera à vous entretenir quelques instants de certains rouages de nos services.

Le Bureau départemental de la main-d'œuvre agricole fonctionne à notre Union de syndicats. Nous y recevons de bien des régions des demandes d'ouvriers agricoles ou de ménages. Hélas! il nous est bien difficile, même impossible, de satisfaire aux désirs exprimés, car si nous consignons de nombreuses offres d'emplois, nous n'avons pas la contre-partie, c'est-à-dire les demandes d'emploi. Nous sommes d'ailleurs contraints d'avouer que le nombre de journaliers, ouvriers agricoles, a considérablement diminué dans le Morbihan depuis la guerre.

Nous avons eu le plaisir cependant de procurer des emplois à plusieurs ménages; à diverses reprises, nous avons pu mettre en rapports employeurs et employés; nous avons également donné à quelques ménages la possibilité de trouver une exploitation à cultiver.

Le Bulletin de l'Union a d'ailleurs, depuis cette année, une rubrique spéciale qui permet précisément à chacun de faire toute proposition utile; et je suis persuadé que le rôle du Bureau de la main-d'œuvre agricole ne fera encore que grandir.

N'ayant aujourd'hui à dire que ce qui s'est fait durant l'année 1924, je quitte ce sujet si plein d'intérêt pour le présent et si angoissant pour l'avenir, et je passe au service de la mutualité: mutuelles-incendie, mutuelles-accidents.

Lors du Congrès de juillet 1906, le rapport sur cette question des Mutuelles-Incendie en mentionnait deux dans le Morbihan: Camoël et Pénestin.

L'an dernier, 1923, il en existait 15, — et nous en comptons actuellement, au jour de notre assemblée générale, 60 — dont 45 sont déjà régulièrement affiliées à la Mutuelle-Régionale de Bretagne.

L'on peut vraiment dire que, pour cette branche de la mutualité, nous avons des assises très profondes dans tous les coins du Morbihan. L'activité de notre service de propagande, le zèle et la bonne volonté de Monsieur Le Goff, chargé de ce service, furent tels, ces derniers mois, que nous sommes heureux d'en étaler devant vos yeux les résultats.

Et s'il prouve le zèle de notre employé, il montre plus encore peut-être l'esprit de nos populations bretonnes attachées à la terre ancestrale et nourricière, et par là même à toutes ces initiatives qui ont pour but de rendre la profession agricole plus indépendante et moins individualiste.

Je ne citerai pas devant vous les noms de ces mutuelles anciennes et nouvelles: ce seraient 60 noms à vous donner, où vous verriez défiler presque tous les coins du département. Une mention spéciale toutefois doit être donnée aux Mutuelles-Incendie de Camoël, Caden, Férel et Saint-Jacut. Fondées il y a environ 18 ans par des hommes de bien, dirigées par des présidents dont on ne saurait assez hautement louer le cœur et l'expérience, la bonté et le dévouement, ces Mutuelles-Incendie sont arrivées à une telle prospérité qu'elles versent des ristournes à leurs adhérents, ristournes qui vont jusqu'à 20 % de la prime pour Saint-Jacut, et jusqu'à 75 % pour Camoël et Férel.

C'est vous dire, Messieurs, le résultat que l'on peut atteindre par la patience, la sagesse et l'expérience.

Je ne pourrai mettre devant vos yeux un tel tableau en ce qui concerne les Mutuelles-Accidents.

La loi du 15 Décembre 1922, étendant aux exploitations agricoles la législation sur les accidents du travail, prenait son effet le 1er septembre dernier. Et si cette loi est fort intéressante pour l'Agriculture, malgré certaines erreurs, disons aussi qu'elle crée pour les cultivateurs une charge énorme.

Néanmoins, et cela pour continuer la ligne de conduite qu'elle s'est tracée, voulant toujours aider les cultivateurs dans tout ce qui intéresse leur exploitation, réduire autant que possible les charges qui viennent alourdir leur rude tâche journalière, l'Union des syndicats agricoles du Morbihan a commencé la création de Mutelles-Accidents.

Dès maintenant nous pouvons dire que les agriculteurs du Morbihan ont répondu à l'appel qui leur était adressé tant par les conférences ou causeries que par la voie de notre Bulletin mensuel. — En effet, 30 Mutuelles-Accidents sont aujourd'hui créées et fonctionnent ; 18 de ces Mutuelles sont déjà affiliées à la régionale, et le mouvement est à peine commencé: chaque semaine voit éclore plusieurs mutuelles.

Et j'ai le plaisir de vous présenter moi-même les dernières nées de nos mutuelles: les Mutuelles-Incendie et Accidents fondées à Sarzeau, dimanche dernier, sous le patronage de notre syndicat agricole.

Grâce à la conception qui dirige notre organisation syndicale agricole, en ceci comme en toutes ses branches, et qui établit toujours trois degrés: communal ou local, régional et central, on peut dire que les risques ainsi réassurés sont sauvegardés, autant que cela est humainement possible.

De ce côté également l'année 1924 comptera dans l'histoire de l'Union des syndicats agricoles du Morbihan.

Mais il ne suffit pas de créer des œuvres sociales autour de notre Union, si nous n'assurons pas, par la formation d'une élite, des cadres pour l'avenir. Cette formation d'une élite rurale doit être partout poursuivie, si nous voulons que nos œuvres durent.

Je ne puis dire tout le bien réalisé par nos Semaines Rurales, dont la troisième vient d'avoir lieu à Pontivy, du 17 au 21 septembre. Chaque année, de 35 à 40 jeunes gens, s'arrachant pour quelques jours au labeur agricole, viennent près de nous chercher les raisons de leur amour de la terre, et aussi s'imprégner de l'idée de dévouement, d'oubli de soi, de sacrifice en un mot, toujours nécessaire quand l'on veut travailler au bonheur des autres. Aussi est-il juste, il me semble, de remercier et de féliciter ici nos fidèles semainiers de Ploërmel et de Pontivy, ainsi que les syndicats qui les ont envoyés à ces semaines.

Par là, Messieurs, nous atteignons une élite, et c'est très bien. Par l'enseignement agricole primaire nous voudrions atteindre tous les enfants, secondant l'effort des maîtres pour conserver à notre terre bretonne ces enfants, dont quelques-uns, dès cet âge, rêvent de l'abandonner.

En 1924, 24 écoles ont pris part à notre concours; elles ont présenté 220 élèves choisis parmi les meilleurs. 16 élèves ont obtenu la mention « Très Bien » ; 47, la mention « Bien »; 126, le certificat.

Les écoles qui ont recueilli les meilleures notes sont: Arradon, Guémené-sur-Scorff, Guidel, Lanouée, Plouhinec; et les écoles qui ont présenté les plus nombreux candidats sont: Pontivy avec 48 élèves, Languidic avec 32, Arradon avec 22, Peillac avec 13, Guidel avec 13, Le Faouët avec 11.

Je ne surprendrai personne en disant que l'an prochain nous triplerons sans doute le nombre des élèves présentés à cet examen.

Le petit manuel agricole qui vient de paraître aidera d'ailleurs la tâche des maîtres, en même temps qu'il facilitera le travail des enfants. La venue de ce manuel devait être mentionnée ici et je suis persuadé que les parents de nos élèves y jetteront eux-mêmes plus d'une fois les yeux afin d'y chercher les notions d'autrefois oubliées.

J'ajoute que nous donnons, pour encourager les maîtres, des récompenses aux instituteurs qui ont obtenu les meilleurs résultats.

Nous espérons, par ces moyens, conserver à la terre des cœurs fidèles et des bras plus experts, y retenir nos jeunes Bretons qui ne sont vraiment eux-mêmes que quand ils demeurent attachés au sol des ancêtres, continuant comme leurs pères à l'arroser de leurs sueurs, en demandant à Dieu de bénir leurs travaux.

Mais il leur faut des compagnes ayant, elles aussi, le même amour profond et indéracinable. — Nos jeunes Bretonnes se laissent parfois entraîner à préférer un citadin ou un fonctionnaire à un cultivateur.

Jeunes filles de chez nous, descendantes de celles qui jamais n'auraient consenti à quitter le seuil de leur porte, demeurez au pays, et que votre idéal soit de choisir pour compagnon dans la vie le cultivateur, libre sous le soleil du Bon Dieu et qui, fidèle à sa terre, vous sera fidèle à vous-mêmes!

Eh bien, Messieurs, vouloir retenir à la terre nos jeunes filles, leur apprendre à mieux comprendre leur rôle d'épouses de cultivateurs et de mères de futurs paysans et paysannes, leur montrer comment l'on peut rendre un intérieur agréable et gai, et comment avec presque rien l'on peut faire quelque chose d'appétissant pour le repas de celui qui, les membres rompus, vient goûter à la table un repos bien gagné et y refaire ses forces pour un nouveau labeur, en goûtant les joies du foyer, tel est, en un raccourci trop bref, hélas! le rôle de l'enseignement ménager ambulant dans le Morbihan.

Depuis plusieurs années, Madame Cézard le dirige avec un tel dévouement que le succès ne peut aller qu'en croissant. Ces écoles fonctionnent durant la mauvaise saison, d'octobre à fin avril. En 1923, 5 cours, d'une durée de trois semaines environ chacun, avaient été donnés; en 1924, 6 communes ont été visitées et 2 sont déjà inscrites pour 1925, qui n'ont pu être visitées cette année.

Et Madame Cézard me disait qu'un progrès sensible est déjà réalisé, en ce sens que l'on commence à comprendre l'utilité de cet enseignement et que l'on en voit la nécessité.

D'autre part, les maîtresses de ces cours, comme la Directrice, se rendent compte qu'elles obtiennent à l'heure actuelle un meilleur rendement; les jeunes filles s'y intéressent davantage.

Ici encore, il y a progrès. Puisse un jour le Morbihan rivaliser avec les Côtes-du-Nord, où le dévouement de Madame de Keranflech a fait surgir des œuvres admirables pour les jeunes femmes et les jeunes filles qui veulent bénéficier de l'enseignement ménager!

J'ai déjà fait passer devant vos yeux en un bref aperçu tant d'œuvres que je dois m'excuser de continuer encore quelques minutes pour mentionner la dernière-née des initiatives de l'Union du Morbihan — je veux parler du service de Contentieux, que dirige avec sa capacité professionnelle, jointe à une grande bienveillance, Monsieur Lebreton.

Ce service, qui fonctionne depuis 6 mois, a déjà donné bien des consultations. Certains syndicats et syndiqués, fort en peine pour des questions délicates, ont eu recours à lui, ainsi que nos propres services; et nous ne doutons pas que, plus connu encore, nos amis n'y viennent plus souvent, pour les cas vraiment compliqués ou susceptibles d'être diversement interprétés.

Messieurs, j'aurai terminé quand je vous aurai dit que nous avons créé aussi cette année un service de propagande et d'action, qui, par des conférences multiples, des démarches, des lettres sans nombre, a beaucoup contribué au développement général de notre activité et au rayonnement très accru de l'Union.

Tout à l'heure notre Président, Monsieur Roger Grand, avec son savoir et son éloquence, vous montrera le bien économique et social réalisé dans le département depuis 27 ans grâce à l'action de nos syndicats, dont 27 nouveaux ont été formés cette année.

Aussi, Messieurs, c'est devant lui, c'est devant vous, que je dépose la gerbe imposante de nos œuvres. Jamais certainement il n'en avait été récoltée une aussi belle rue Richemont. Dieu soit loué! Je lui demande de bénir toujours le blé que nous semons, afin qu'il talle de plus en plus dru et rapporte une moisson de plus en plus abondante en bien social à notre Union des syndicats agricoles du Morbihan, qu'anime désormais une vie exubérante.

Monsieur de Saint-Quentin, Président de la Coopérative de l'Union du Morbihan, présente ensuite, au nom du Conseil d'administration de ce puissant organisme économique, l'exposé très documenté que l'on va lire et qui résume clairement, en une vue d'ensemble, l'œuvre considérable accomplie depuis 1909 et surtout depuis la guerre.

Rapport de M. de Saint-Quentin.

Le premier souci de l'Union des syndicats agricoles du Morbihan fut, dès son origine, de créer un organisme capable de procurer à ses membres les produits nécessaires à leur exploitation et d'écouler leurs récoltes à des taux rémunérateurs.

Ce fut, en 1897, le rôle du Syndicat agricole des deux cantons de Vannes; puis, en 1899, celui d'un Office d'achats et de ventes; et enfin, depuis 1909, c'est celui d'une coopérative agricole dont le capital initial était de 1.250 francs, en parts de 25 francs. — Cette coopérative est une Société anonyme à capital et à personnes variables, sous le régime de la loi de 1867.

Ses dispositions fondamentales sont les suivantes:

Interdiction d'attribuer des dividendes au capital;

Ristournes aux sociétaires, proportionnelles au chiffre d'affaires traité par eux;

Attribution de l'excédent d'actif, en cas de dissolution, soit à une société analogue, soit à une œuvre d'intérêt agricole.

Cette coopérative agricole prospéra, dès ses débuts, sous la direction du regretté commandant Guillemin et de Monsieur Langlois, fondateur de notre Union. Elle traversa la crise de la guerre sous la présidence de Monsieur Roger Grand, actuellement président de l'Union.

Nous la trouvons en 1919 avec un capital social et des réserves atteignant 21.151 francs. — Elle possède alors comme immeubles l'hôtel Cibois de la rue Richemont, à Vannes, et un entrepôt à Pontivy. La valeur d'achat de ces deux immeubles est estimée à 48.351 francs.

L'inventaire des marchandises qu'elle a en entrepôt au 30 juin 1919 accuse une valeur de 4.581 francs. Elle dispose d'une page dans le Bulletin mensuel de l'Union qui atteint 3.500 abonnés; — elle a deux employés et son rayon d'action s'étend sur 69 syndicats.

Son chiffre d'affaires pour le dernier exercice de la période de guerre fut de 600.000 francs. Elle a fourni 42.000 sacs d'engrais, un peu de semences et quelques articles divers. C'est beau pour l'époque.

Si nous faisons un bond de cinq ans et que nous prenions la situation de notre dernier exercice allant du 1er juillet 1923 au 30 juin 1924, nous constatons les résultats suivants:

Notre capital social et ses réserves atteignent 1.020.823 fr. 95; la valeur de nos immeubles se monte à 436.701 fr. 33; nos syndicats coopérateurs sont au nombre de 186; nous avons 25 entrepôts sans compter les mécaniciens dépositaires de nos machines agricoles. L'inventaire des marchandises existant dans nos entrepôts se chiffre sur le dernier bilan par 1.247.598 fr. 55. Le nombre de nos employés de bureau a été décuplé.

Dans le Bulletin de l'Union des syndicats agricoles, qui de 3.500 abonnés est passé à près de 19.000, nous disposons de quatre pages. En outre, nous avons créé une « feuille d'informations » hebdomadaire qui touche trois ou quatre des dirigeants de chacun de nos syndicats agricoles. Cette « feuille d'informations » sert aux chefs de quartiers de nos syndicats agricoles pour renseigner leurs membres, leur donner le prix d'achat des marchandises dont ils ont besoin et les prix de vente des produits qu'ils veulent écouler.

Notre chiffre d'affaires, du 1er juillet 1923 au 30 juin 1924, a été de 9.433.721 fr. 66. A remarquer que ce chiffre d'affaires est obtenu en forte partie par la fourniture de marchandises de faible valeur, comme les scories et les phosphates naturels à 15 ou 20 francs le sac. Ce chiffre d'affaires s'augmenterait de nombreux millions si la nature de nos sols et de nos cultures nous réclamait quelques centaines de tonnes d'engrais azotés ou complets, à plus de 100 francs le sac.

Actuellement notre coopérative comprend les services suivants : engrais, semences, alimentation du bétail, machines agricoles, quincaillerie, produits agricoles.

Le service des engrais a fourni près de 250.000 sacs, surtout en engrais phosphatés qui sont la base de la fumure du Morbihan. Il a en outre livré plus de 3.500 tonnes de chaux. Dois-je signaler que, pour les engrais phosphatés, nous avons entrepris une campagne, qui porte déjà ses fruits, prônant l'emploi des phosphates naturels à très hauts dosages et surtout à très grande finesse de mouture? Faut-il rappeler aussi que dans l'Ouest notre coopérative fut la première, avec la coopérative des Côtes-du-Nord et celle du Finistère, à exiger des fournisseurs de chaux une garantie en chaux pure de toutes leurs livraisons.

Notre service de semences a fait aussi un effort considérable. En céréales par exemple, nous nous sommes attachés à faire accepter dans le Morbihan des semences de sélection généalogique. Nous avons eu la satisfaction de constater que certains rendements, dans la région de Pontivy spécialement, seraient enviés des cultures les plus prospères de la France. N'y a-t-on pas vu des rendements de 30, 35 et même 40 quintaux à l'hectare?

Notre service d'alimentation du Bétail a fait développer dans le Morbihan l'emploi des tourteaux. C'est par centaines de tonnes que nous livrons actuellement les arachides et les palmistes, alors qu'en 1919 les tourteaux n'étaient presque pas employés dans nos fermes.

Mais les deux services qui, sans conteste, ont été ces dernières années les innovations les plus appréciées des cultivateurs furent celui des produits agricoles et des machines agricoles.

Nous fournissons à peu près toutes les machines que nos syndiqués peuvent nous demander; nous avons dans nos divers entrepôts une exposition assez complète; de nombreux mécaniciens sont nos agents.

A Vannes même, à notre siège social, nous disposons d'ateliers de réparations où un chef mécanicien avec ses aides fait les réparations courantes et même celles qui sont un peu délicates.

Le service des produits agricoles était ardemment souhaité par nos adhérents qui s'entendaient dire fréquemment: « Allez donc vendre vos patates au syndicat agricole où vous achetez vos engrais! »

Actuellement c'est par centaines de wagons que nous écoulons les « saucisses rouges de Bretagne », « l'institut de Beauvais », les « rondes jaunes », les « chardonnes » et autres variétés de pommes de terre très recherchées pour l'alimentation et surtout pour la semence dans toutes les régions de la France.

C'est aussi par centaines de wagons que nous écoulons les spécialités du Morbihan qui sont le sarrazin et le seigle.

Que dire des « pommes à cidre »? — Certaines années nous sommes acheteurs, d'autres années, comme celle-ci, il nous faudrait vendre. A quoi aboutirons-nous cette année? — En ce moment, nous constatons que les cours de pommes à cidre sont dominés par de puissants groupements d'acheteurs et qu'il faudrait une entente très disciplinée de tous les producteurs pour obtenir un écoulement rémunérateur.

Voilà l'énumération de nos principaux services .

Il est des gens que nos résultats effarouchent: ce sont ceux qui redoutent l'autorité sociale qu'acquièrent les dirigeants de syndicats coopérateurs, à la faveur des services économiques qu'ils rendent à leurs adhérents.

Nous travaillons pour le bien du cultivateur et pour l'ordre social, en dehors et au-dessus des partis; et on nous fait grand honneur en nous accordant à juste raison que nous ne sommes pas uniquement une affaire de gros sous, et que, selon la doctrine sociale de l'Union, nous recherchons autant l'amélioration morale du cultivateur breton que son indépendance économique.

Cette indépendance économique, n'a-t-on pas prétendu qu'elle ne provient que des exonérations fiscales dont nous jouissons? — Ceux qui ne sont pas aveuglés nous jugent plus sainement: ils savent que, si nous bénéficions actuellement de certains avantages légaux, justifiés par la nature spéciale de nos opérations strictement syndicales et coopératives, nous avons d'autres charges à supporter. — Jamais, par exemple, la coopérative n'a hésité à contribuer pour sa part à l'organisation professionnelle agricole du Morbihan, qui est le but de l'Union des Syndicats, dont elle représente la force économique. — Elle a été heureuse de pouvoir ainsi, à l'appel de l'Union, favoriser le développement des diverses branches de la Mutualité qui se rattachent à l'activité syndicale, jusqu'au jour où elles ont pu voler de leurs propres ailes et contribuer à leur tour à un plus ample rayonnement de toute notre organisation agricole.

Que pensent de leur coopérative nos syndicats coopérateurs? — La foule des syndiqués qu'ont amenés ce matin à Vannes autos, camionnettes, camions, chemins de fer et bateau, prouve leur sympathie à nos œuvres. Nous nous plaisons à penser que les services rendus par notre coopérative y ont contribué pour leur part, et cela nous encourage à les développer encore.

Notre progression n'est due qu'à la fidélité de tous nos membres, entretenue par l'action des présidents et secrétaires de nos divers groupements qui ont droit à nos vifs remerciements. Et cette prospérité n'est pas près de s'achever, espérons-nous.

La Coopérative agricole, qui a plus que décuplé sa puissance en 5 ans, pourra à l'avenir profiter largement de l'éclat nouveau que vont donner à l'Union ses mutualités de toutes sortes que nous sommes heureux d'abriter dans notre immeuble de la rue Richemont, devenu vraiment, comme l'a dit M. le Président, tout à l'heure, l'Hôtel des syndicats agricoles du Morbihan, la « Maison de l'Union ». Nous sommes fiers, et il nous est infiniment agréable de constater que la prospérité de votre Coopérative, qui est votre œuvre, a rendu possible un tel résultat.

Il lui est très doux de rendre ainsi à l'Union, le tribut de reconnaissance qu'une fille doit à sa mère.

Le Port de Vannes

La parole est ensuite donnée à Monsieur de Lantivy, Président du groupe Morbihanais des Caisses rurales, et de la Caisse centrale du Morbihan, pour la lecture de son rapport sur le Crédit rural dans le Morbihan.

Rapport de M. de Lantivy.

Notre crédit rural du Morbihan est le crédit mutuel à responsabilité solidaire et illimitée, introduit en France au cours du dix-neuvième slécie, et qui s'y est fort heureusement développé.

Le principe, les organes et le fonctionnement vous en sont bien connus. Sans donc s'arrêter aujourd'hui à l'examen des traits d'où lui viennent son originalité, sa force et sa valeur aux yeux du moraliste comme du sociologue, je me bornerai à observer qu'il constitue l'instrument le plus simple, en même temps que le plus souple et le plus

2

sûr, pour un échange de services entre prêteurs et emprunteurs. Aussi bien peut-il être considéré, du point de vue de l'intérêt général, sous le double aspect d'une « affaire » et d'une « œuvre », selon que l'esprit de charité, venu du christianisme, apparaît et s'affirme le stimulant du progrès, jusque dans le domaine économique.

Chacune de nos Caisses rurales a pour base la commune. Ainsi l'argent qui, par nature, constitue l'élément d'échange, il n'y connaît point d'autre frontière qu'une frontière territoriale, à vrai dire tout à fait restreinte et bien circonscrite, dans les limites de laquelle son rôle s'exerce librement au profit de la collectivité rurale.

Au regard de celle-ci, pour en déterminer la composition, l'on ajoutera qu'ils sont rares les habitants de nos campagnes auxquels on ne puisse attribuer sous un certain rapport la qualité de cultivateurs.

Le type de nos Caisses, dites de droit commun, n'en diffère pas moins, en principe, d'avec celui des Caisses proprement appelées syndicales; mais les circonstances amenèrent l'Union des syndicats agricoles du Morbihan à leur donner son patronage. Ces Caisses, en effet, se rattachent à la forte organisation spécifique du Crédit Durand, dont l'extension dans nos campagnes, sous le souffle chrétien, ne pouvait manquer de frapper le syndicaliste du Morbihan. Et d'autre part, aux mutualistes du Crédit Durand, parce qu'ils avaient la juste compréhension des intérêts agricoles, ne pouvaient échapper tous les avantages offerts à nos cultivateurs par l'organisation professionnelle.

Les uns et les autres, pleinement d'accord sur les principes fondamentaux de la doctrine sociale, eurent donc la sagesse, au lieu de s'attarder à discuter des nuances plutôt théoriques, de conclure une alliance dont ils ont le droit d'affirmer qu'elle est et qu'elle sera de plus en plus féconde.

Au fond, le but que tous, mutualistes et syndicalistes, ont en vue dans la pratique du Crédit Rural, c'est de garder à la terre l'argent de la terre, afin que la vieille nourrice puise des forces nouvelles, grâce aux vertus familiales et particulièrement à la vertu d'économie de ses propres enfants. Voilà pourquoi tous les « terriens », pour user d'une expression bien significative, c'est-à-dire tous ceux qui se consacrent d'une manière quelconque au service de nos campagnes — soit du point de vue tout professionnel comme l'agriculteur, soit du point de vue moral comme le prêtre — se groupent si volontiers, si fortement et si étroitement, autour de nos Caisses rurales.

Eh bien, Messieurs, dans le Morbihan, le lien n'est pas moins fort, la solidarité n'est pas moins étroite entre la direction du crédit rural et celle de l'Union des syndicats agricoles.

Afin que nul n'en doutât, nous avons tenu à témoigner publiquement de cette solidarité par une double mesure: nous avons donc décidé que le président du Crédit Rural serait l'un des vice-présidents de l'Union, et que le président de l'Union serait aussi président du conseil de surveillance de la Caisse Centrale de Crédit. Tout cela se réfère à l'exemple, trop rare peut-être, d'hommes d'œuvres partis de points quelque peu différents, mais sachant se rejoindre, s'accorder, communier même dans le service d'intérêts supérieurs, à la fois bien définis et largement envisagés. Vous ne m'en voudrez certainement pas de m'y être arrêté au passage.

Avant la guerre, notre crédit rural était encore fort peu de chose; et l'on peut dire qu'il a marché, depuis quelques années, à pas de géant. Les renseignements suivants, puisés dans le dernier rapport d'inspection de nos caisses, pourront suffire à vous convaincre.

Au premier janvier 1922, le groupe Morbihannais comprenait 65 caisses rurales, dont 22 en sommeil depuis leur fondation; quarante-trois seulement fonctionnant donc avec plus ou moins d'activité.

Aujourd'hui, c'est-à-dire 2 ans plus tard, le nombre de nos caisses atteint 90; et toutes — à l'exception de 2 qui sommolent encore, il est vrai, mais pas pour longtemps — sont en pleine activité. Les caisses nouvellement fondées ou reconstituées sont au nombre de 42.

Depuis janvier 1922, notre inspecteur a pris part à 150 réunions générales de caisses, auxquelles ont assisté environ 9.000 auditeurs, qu'il a entretenus des conditions de fonctionnement d'une caisse rurale dans son triple rôle: économique, moral et social. Depuis la même date, nos caisses ont réalisé 65.000 opérations de toute sorte, dont 26.000 prêts consentis par elles.

Au 1er janvier 1922 l'ensemble de nos caisses offrait un actif de...................................... 5.786.749 fr. 47
Au 1er janvier 1924, cet actif atteignait........ 13.177.455 fr. 20
Soit une augmentation de...,.................... 7.390.705 fr. 73
Le mouvement de fonds pour l'ensemble de nos caisses était:
Au 1er janvier 1922...........................,. 9.153.456 fr. 25
Il atteignait au 1er janvier 1924................. 24.302.129 fr. 92
Soit une augmentation de....................... 15.148.673 fr. 67

En ajoutant au mouvement de fonds de nos caisses rurales, 24.302.129 fr. 92 le mouvement de fonds de notre caisse centrale, 12.043.751 fr. 96, on trouve pour le mouvement général de fonds de notre crédit rural en 1923, 36.345.881 fr. 88.

Quant à l'exercice de 1924, les prévisions que l'on peut faire à son sujet permettent d'envisager pour l'ensemble des Caisses rurales un mouvement de fonds s'élevant à un chiffre de trente-cinq à quarante millions. En y ajoutant celui de la Caisse Centrale, dont le rôle devient de plus en plus efficace, on approchera probablement dans l'évaluation du mouvement général de notre crédit rural du chiffre de cinquante millions.

Ces beaux résultats, à la fois simples et rapides, qui valent aujourd'hui au crédit rural du Morbihan l'un des tout premiers rangs dans le tableau du crédit rural français, tiennent à plusieurs causes. Il ne sera pas inutile de rappeler brièvement les principales.

Tout d'abord, les conditions économiques de l'existence ont dans nos campagnes une répercussion profonde et très complexe. D'une part, l'argent n'y manque point; d'autant moins que le paysan a de bonnes raisons pour préférer un placement sûr et local, fût-il d'un taux médiocre, à tous ceux que viennent lui proposer chaque jour tant de financiers véreux. D'autre part, à la campagne on a plus que jamais besoin de crédit, car la terre, plus que jamais désirable, est maintenant d'un prix élevé. Prêteurs et emprunteurs forment donc tout naturellement pour nos caisses une fort nombreuse clientèle.

En même temps, le dévouement de leurs administrateurs et celui de leurs animateurs se montrait plus clairvoyant, surtout depuis que furent apportés certains perfectionnements à l'organe central de notre crédit.

Je signalerai en particulier la réorganisation de l'inspection, devenue régulière, permanente, susceptible à la fois de redresser sans retard les erreurs et de prévenir leur retour, en portant remède aux causes profondes de tout désordre dans le fonctionnemnt local du crédit. J'ajouterai que l'inspection s'attache à poursuivre l'éducation des administrateurs d'une manière méthodique et pratique, en même temps qu'elle exerce une action plus étendue dans le but de promouvoir la fondation de caisses nouvelles.

Enfin, c'est au moyen de l'inspection que le groupe morbihannais des caisses rurales, bien secondé par un agent jeune, actif et zélé, est parvenu si vite, après la stagnation des années de guerre, aux résultats qu'on vient de dire.

Tel quel, le succès de notre crédit rural demeure évidemment relatif. Il doit donc nous être un stimulant pour obtenir davantage. Or, dans les circonstances où nous vivons, parmi le jeu de facteurs si variés, aux réactions souvent brutales, progresser implique un redoublement de discipline, de la part de toutes nos Caisses, et jusque dans la direction de leur ensemble.

Là, au poste de commandement, l'unité vient d'être assurée par une mesure qui a joint la présidence du conseil d'administration de la Caisse centrale à celle du Groupe morbihannais. C'est encore une heureuse réforme, bien que ce double poids soit lourd sur les mêmes épaules. En sentir la charge ne signifie point d'ailleurs qu'on en méconnaisse la valeur; et j'avoue qu'elle est de nature à donner du courage.

Aussi bien, le principe du Crédit rural, tel que nous le pratiquons, est-il trop fortement enraciné dans le terrain de la légalité pour n'être pas inébranlable. Les critiques, même empoisonnées, les attaques hypocrites ou violentes dont on a prétendu l'accabler, alors que son caractère moral et social devait suffire à l'en préserver, sont lourdement retombées sur leurs auteurs.

Mais à nous qui voulons davantage, à nous qui poursuivons une large diffusion du crédit rural à travers nos campagnes, dans l'intérêt du bien public et de la véritable paix intérieure, il appartient, en perfectionnant toujours son exercice quotidien, de le faire mieux aimer de tous.

Aucune de nos Caisses locales, désormais pleinement conscientes de leur devoir, n'y manquera. De même notre Caisse Centrale, à qui son président d'hier — M. Busque — laissa des principes de comptabilité si fermes et de si précieux avis, apportera toute son ardeur à l'exercice de sa délicate non moins qu'importante fonction. Ainsi pourrons-nous envisager l'avenir avec pleine confiance.

Messieurs, je termine. Vous voyez que le Crédit rural constitue dans le Morbihan une œuvre vivante et prospère, tenant bien sa place en la grande maison de l'Agriculture établie à Vannes, rue Richemont, sorte de ruches où toutes les branches de l'activité dans le domaine des œuvres rurales se coudoient sans se confondre, sous le patronage de l'Union des Syndicats Agricoles. Là, grâce au double stimulant de l'idéal professionnel et de la charité chrétienne, tous travaillent du même cœur et dans le même esprit. Là, se sentent chez eux, en pleine sécurité, au sein d'une atmosphère quasi familiale, beaucoup de ceux qu'on pouvait croire éloignés entre eux, d'une autre façon encore que par la distance matérielle. Là se nouent chaque jour des amitiés loyales qu'aucun voisinage n'avait pu faire prévoir, et dont le faisceau constituera demain une force importante au service de l'ordre. C'est que, parmi nous, entre ceux que je nommais tout-à-l'heure les « terriens », sous l'influence et par le patronage de nobles convictions, de la diversité même des origines, des goûts et des tempéraments il résulte une sorte de fusion proprement spécifique, où la volonté mise en commun se renouvelle, devenant à la fois plus forte, plus originale, mieux aiguisée. Mais, d'une manière générale, n'est-ce pas ainsi que parviennent à se manifester dans la direction d'un organisme social bien conduit, de même que dans celle d'une vie humaine de qualité supérieure, cette mystérieuse alliance de l'intelligence avec le sentiment, dont le divin modèle se trouve dans l'Evangile, et sans laqulle il ne saurait y avoir jamais d'œuvre vraiment grande ni d'action vraiment féconde?

Ces trois rapports furent écoutés avec l'attention la plus soutenue et salués par des applaudissements nourris qui prouvèrent aux rapporteurs que l'Assemblée appréciait à la fois les résultats si encourageants qui lui étaient présentés et la forme dans laquelle ils étaient exposés.

Monsieur Roger Grand se lève ensuite, et l'attention des auditeurs redouble pour entendre le résumé qu'il va faire de la marche de l'Union du Morbihan depuis sa fondation, il y a vingt-sept ans.

Rapport du Président de l'Union du Morbihan.

Après les rapports que vous venez d'entendre de notre dévoué Secrétaire Général et des Présidents de notre Coopérative et du Crédit Rural, la tâche du Président de l'Union est bien simplifiée.

Il lui reste d'abord à se féliciter avec vous des résultats acquis au cours de l'année passée, qui marquent une progession extrêmement satisfaisante dans tous les branches de notre activité sociale ou matérielle; puis à féliciter et à remercier hautement, devant vous et en votre nom, ceux qui ont eu la tâche, de plus en plus lourde, des divers services qu'on a fait défiler sous vos yeux.

Les rapporteurs n'ont oublié de signaler qu'une chose: la part qui, dans ces succès, revient à leur direction, à leur dévouement, à leur tact et à leur sens des réalités.

Songez, Messieurs, que la Coopérative est devenue une très grosse affaire, tout en restant fidèlement ce qu'elle doit être avant tout: une œuvre d'entr'aide sociale; et représentez-vous les soucis que comportent pour son Président, pour son Directeur, le sentiment des responsabilités qu'entraîne la conclusion de marchés de plusieurs centaines de milliers de sacs d'engrais par exemple, les démarches, les voyages, les pourparlers sans nombre, les mille petits ou gros ennuis qui s'attachent à la recherche des débouchés pour vos produits aux prix les plus rémunérateurs, la règlementation, l'entretien et la surveillance des multiples dépôts répartis dans tout le département pour la plus grande commodité de vos syndicats, la direction d'un personnel très important, etc...

Songez que les assurances mutuelles constituent un portefeuille de tel volume que beaucoup d'assureurs seraient, dit-on, bien capables de l'envier et demandez-vous ce que la fondation, la surveillance de toutes ces caisses mutuelles exigent de tournées, de conférences, de causeries, de correspondance pour éclairer, décider, conseiller, diriger.

Songez aussi qu'une société de crédit qui aurait annuellement le mouvement de fonds de nos caisses rurales et de notre Caisse Centrale se considérerait comme une grosse banque, et voyez la prudence, la discrétion, le tact, la patience et l'expérience qui sont nécessaires à la gestion et à la bonne utilisation de tout cet argent, fruit du travail de la terre paysanne, réserve, que le Crédit rural, rattaché à notre grande maison mutualiste de la rue Richemont, cherche à faire servir à d'autres travailleurs de la terre et à protéger des aventures financières que lui fait courir le beau papier, à vignettes alléchantes, de titres inconnus placé trop souvent dans nos chaumières par de louches démarcheurs à la parole facile.

A cet ensemble d'œuvres corporatives, il faut joindre le Bureau administratif chargé de la correspondance générale, de la comptabilité de l'Union, du contrôle des listes de syndiqués, du paiement des cotisations et des cartes syndicales; — le service de la Propagande que nous avons particulièrement intensifiée cette année; — la section de l'Enseignement, avec ses concours annuels, son Ecole ménagère et sa

Semaine rurale, sans compter le patronage qu'elle donne a la seule école d'Agriculture du Morbihan, celle de Lamennais, à Ploërmel; — la section du Contentieux; — le bureau de la Main-d'œuvre agricole; — le service du Bulletin qui tire à 18.000 exemplaires tous les mois.

Voilà en raccourci, et sans entrer dans plus de détails, la silhouette de l'harmonieux édifice social que l'on commence à connaître un peu partout dans le département sous le nom de « la rue Richemont », absolument comme on dit de l'Union Centrale « la rue d'Athènes ».

186 syndicats payant fidèlement et intégralement cotisation à l'Union, soit 27 de plus que lors de notre dernière assemblée générale en septembre 1923, (quatre autres en formation) alors que le département compte seulement 258 communes et que certains syndicats étendent leur action à plusieurs d'entre elles; 90 Mutuelles-Incendie et Accidents; autant de Caisses Rurales... forment les assises désormais inébranlables de cet édifice dont les bienfaits se font sentir, dans une proportion très variable selon la vitalité et la discipline de chaque association, à plus de 25.000 adhérents que comptent nos syndicats et nos Caisses réunis.

Voilà, Messieurs, des chiffres qu'il faut méditer, si l'on veut apprécier la force qu'ont acquise les idées mutualistes et syndicalistes chez les agriculteurs du Morbihan.

Vingt-cinq mille chefs de famille! Savez-vous bien que cela représente — en comptant une moyenne de 7 personnes par famille rurale: parents, enfants et domestiques fixes, et ce doit être un minimum dans notre région — cela représente 175.000 âmes auxquelles s'étend, plus ou moins, notre action, soit environ le tiers de la population totale du département et largement la moitié de la population agricole.

Vingt-cinq mille adhérents, c'est le nombre qu'au Congrès de 1906, un rapporteur indiquait comme devant être approximativement celui des syndiqués de toute la Bretagne, soit de cinq départements!

En 18 ans, le Morbihan, le moins peuplé et le moins riche des cinq, est arrivé à atteindre ce chiffre, lui tout seul.

Quel chemin parcouru depuis ce jour de 1897 où Monsieur Edmond Langlois créait notre Union et lui donnait comme siège social, d'abord son propre cabinet de travail, puis, rue des Chanoines, le modeste appartement de cet homme de bien, si dévoué aux classes rurales, humble et précieux conseiller de notre fondateur, Monsieur Guézel, en religion frère Théodule, dont l'âme doit tressaillir de joie au spectacle d'une réunion que son optimisme n'eût pas osé rêver!

Ah! Les services n'étaient pas compliqués en ce temps-là, ni le personnel, ni le mobilier, je vous assure; et les assemblées pompeusement dénommées générales n'étaient pas nombreuses. Mais quelle foi, quelle ardeur généreuse, quelle soif d'initiative et de dévouement! C'était l'âge héroïque, c'était le beau temps où l'on avait quelque mérite à poursuivre le labour parce que la moisson paraissait bien incertaine. Heureusement, celui qui tenait les mancherons de la charrue ne connut jamais ni le doute ni le découragement; les yeux fixés bien au-delà des misérables contingences, Monsieur Langlois continuait droit et ferme le sillon commencé.

Les quelques-uns — comme nos amis Le Mintier de Lebellec et Simonnot, qui furent si longtemps, l'un vice-président, l'autre secrétaire général (et avec quel dévouement!) de notre Union, ou comme notre président actuel de la Coopérative et un nombre de plus en plus restreint, hélas! des membres de notre chambre syndicale — qui ont connu ou entrevu cette période de notre histoire, s'en souviennent toujours avec attendrissement.

Cette phase des débuts, où le problème était de faire beaucoup avec rien, peut être considérée comme close par la fondation, en 1909, de notre Coopérative, dont la présidence, comme ensuite celle de la Caisse centrale de crédit, fut confiée au Commandant Guillemin, homme d'une activité dévorante, grand réalisateur, volonté ferme, esprit hardi, qui sut imprimer à la partie matérielle et pratique de nos œuvres un essor nouveau contenant en germe presque tous les progrès obtenus depuis lors.

En 1910, par un heureux coup d'audace — car nous n'avions pas en caisse, avouons-le maintenant, le premier sou du prix d'achat — la coopérative de l'Union devenait propriétaire de cet immeuble admirablement placé et qui, agrandi ces dernières années par des achats et des constructions successifs, est devenu comme le quartier général des œuvres agricoles du Morbihan, la vraie « Maison du Paysan », où nous voudrions que tous, mes chers amis, vous vous sentiez bien à l'aise et chez vous, puisque tout ce qui s'y fait, s'y fait pour vous.

La guerre arrive et, bien entendu, ralentit notre action; mais heureusement ne désorganise pas notre institution qui, cahin-caha et tant bien que mal, réussit à gagner l'armistice.

Le laboureur du début était toujours dans le sillon. Ses deux principaux collaborateurs, MM. Guillemin et Guézel, étaient allés recevoir dans l'autre monde la récompense promise par le Maître aux bons travailleurs de la vigne. Lui-même avait subi au cours de la guerre, avec une admirable résignation chrétienne et une patriotique abnégation, les plus cruelles épreuves familiales. M. Charles Riou, qui avait, depuis 1897, accepté la responsabilité du titre de Président de l'Union, venait de se retirer pour prendre un repos bien gagné. M. Langlois ajouta dès lors le titre à la fonction qu'il exerçait en fait, depuis quelques années, d'accord avec le titulaire.

La « rue Richemont » réorganisée, rajeunie dans tous ses rouages, confiée à des présidents qui, jeunes encore, sont pourtant chez nous de vieux routiers pleins d'expérience, munie de directeurs ardents, d'un personnel nouveau, actif et zélé, prit dès le lendemain de la guerre un développement rapide qui ne s'est plus ralenti.

Et quand, l'année dernière, Monsieur Langlois, faisant une amicale violence à celui qui vous parle, lui imposa comme un devoir d'accepter sa succession malgré des occupations déjà trop lourdes, il ne lui donna guère, vous le voyez à présent, que des fruits à cueillir, ayant pendant vingt-six ans défriché le terrain en tous sens et pris pour lui les ronces et les épines.

Eh bien! Messieurs, mes chers amis, la chambre syndicale de votre Union a pensé qu'il pouvait tout de même y avoir une justice en ce monde, sans préjudice de celle d'au-delà à laquelle notre fondateur croit fermement et dont l'espoir a certainement soutenu sa marche dans les étapes les plus pénibles. Elle a estimé, sûre d'être votre interprète, que le devoir social si noblement accompli pendant vingt-six ans appelait une récompense de la part de ceux qui en ont bénéficié et que, pour une âme si haute, la seule récompense qui pût avoir du prix était le témoignage unanime et solennel de la gratitude des syndicats qui lui doivent la vie. Elle a décidé de lui faire aujourd'hui, devant tous les syndiqués du département représentés par des centaines de délégués, la surprise de cet hommage de respectueuse affection, et d'en conserver le souvenir à jamais sur une médaille gravée spécialement à cet effet par un artiste de grand talent, Albert Herbémont, déjà auteur de plusieurs œuvres dans cette région, notamment du beau médaillon qui orne le monument aux morts de l'Ile-aux-Moines.

Cette médaille représente un paysan breton semant le grain sur ses sillons, comme M. Langlois sema la bonne doctrine sociale dans nos campagnes. Elle porte cette inscription: « L'Union des Syndicats Agricoles du Morbihan à son Président-Fondateur, Edmond Langlois, 1897-1924. »

Cette effigie du semeur breton sera désormais la médaille et la marque spéciales de l'Union du Morbihan. Au nom de cette Union, j'ai l'honneur d'en remettre l'original à Monsieur Edmond Langlois, en hommage de perpétuelle reconnaissance.

Monsieur Roger Grand offre alors à Monsieur Edmond Langlois la superbe médaille, dont nous donnons la reproduction.

Médaille offerte à M. Langlois

Le vénérable fondateur de l'Union du Morbihan n'avait pas été prévenu. Aussi son émotion fut-elle égale à sa surprise et lui permit-elle à peine de prononcer quelques touchantes paroles de remerciements.

Monsieur de Vogüé tint à associer à cet hommage l'Union Centrale, où depuis bien longtemps il a appris à connaître les hautes qualités morales et intellectuelles de M. Langlois, l'un des plus anciens membres de sa chambre syndicale.

Par une splendide ovation, l'Assemblée s'unit à ces paroles et prouve sa gratitude à celui dont l'initiative première et la persévérance ont assuré le succès des œuvres dont cette réunion est un si magnifique témoignage.

Quand l'émotion se fut apaisée, le Président donna la parole à Monsieur Le Léannec, vice-président de l'Union du Morbihan, pour la lecture d'un rapport très documenté et qui obtint le plus vif succès, sur « *le cheval et le bétail bretons* ».

Rapport de M. Le Léannec.

La Bretagne est une province essentiellement agricole, favorisée par un climat doux, humide et tempéré. L'élevage y est prospère et constitue l'une de ses principales richesses. Ses chevaux, son bétail sont particulièrement renommés et recherchés. Parmi tous les articles d'exportation de notre province, les animaux bretons font l'objet d'un commerce régulier et actif avec les autres régions de la France et même de l'étranger, car la réputation de nos races locales est telle qu'elle a dépassé les frontières, voire l'Océan, depuis déjà pas mal d'années.

Le cheval tient une place d'honneur dans notre élevage. « De tous les pays du monde, a-t-on pu écrire, dans un livre sur les chevaux bretons, de tous les pays du monde où l'on fait naître et où l'on élève des chevaux, il n'en est sans doute aucun qui, à égalité de superficie, possède autant de variétés que la région située à l'extrémité Ouest de la France: la Bretagne. On y trouve, ici le gros limonier, là le trait moyen, le trait léger, le postier, tracteurs incomparables pour le transport de poids lourds à allures accélérées; ailleurs la bête de sang ou de demi-sang, cheval de selle, d'attelage, roadster, cob, voire hunter.

« ...Ainsi, vraie mosaïque hippique, ordonnée suivant les conditions du sol, du climat, du lieu, la Bretagne est donc en mesure de fournir par ses propres moyens, et malgré son étendue relativement restreinte, des chevaux pour les besoins les plus divers (1). »

Faut-il ajouter encore ceci: le Breton aime le cheval, il le monte bien et volontiers trafique sur les chevaux.

La prudence m'engage à passer sous silence la provenance primitive des chevaux bretons; je risquerais de faire naître des discussions auxquelles je ne suis nullement préparé. Je préfère laisser aux érudits que la question intéresse le soin d'éclaircir le sujet. D'ailleurs, aujourd'hui il nous importe peu de savoir si la gent chevaline fut importée sur notre presqu'île en tout ou partie par les Romains, les Kimris ou les Celto-Irlandais. Point n'est besoin de chercher si loin pour tirer les conclusions que ce rapport comporte. Bornons-nous à retrouver l'origine de nos races dans les montures des Celtes des VIIe et VIIIe siècles, lesquelles, en dehors des combats, vivaient en liberté complète dans les forêts d'Armorique. Elles formèrent la race du bidet breton, type non encore disparu, qui est bien l'ancêtre de nos chevaux actuels.

Le bidet breton vécut pendant des siècles à l'état presque sauvage. Habitué à affronter la rigueur des saisons, sans autre toit que le firmament, sans autre nourriture que celle qu'il trouvait lui-même sur une terre naturellement pauvre et accidentée, il resta petit. Mais il acquit à ce dur régime la rusticité, l'endurance et la vigueur qui font encore au XXe siècle la réputation de ses descendants.

La reproduction se faisait entre individus de la race même. Cependant à différentes reprises au cours des siècles, du sang oriental s'introduisit chez le bidet breton. On admet généralement que des seigneurs bretons prenant part aux Croisades ramenèrent des étalons orientaux. On signale aussi qu'au XIIIe siècle, le vicomte de Rohan reçut du Soudan d'Egypte neuf étalons arabes qu'il lâcha avec ses juments vivant en liberté dans la forêt de Porhoët.

Au XVIIIe siècle les Etats de Bretagne firent l'acquisition d'étalons danois. Mais ces essais ne furent sans doute pas entrepris sur un grand pied puisqu'on n'en trouve plus de trace.

Jusqu'au jour où des routes praticables sillonnèrent la Bretagne, le bidet servit habituellement de cheval de selle ou de bât. Les étalons étaient l'apanage des moulins: le meunier, homme important signalé même par un habit bleu de roi, assurait sans dérangement pour sa clientèle la production chevaline en même temps qu'il livrait la farine et prenait le grain.

Les premiers croisements importants datent du XIXe siècle. Napoléon Ier fit bâtir à Langonnet, dans la partie Nord-Ouest du Morbihan le premier haras national de Bretagne. Il y plaça des étalons pur-sang

---

(1) Bléas, *Les chevaux bretons*.

anglais, arabes et des demi-sang anglo-normands. Plus tard, sous Napoléon III, le dépôt de Langonnet fut transféré à Hennebont; celui de Lamballe fut construit. Ils furent dotés encore de reproducteurs pur sang anglais, arabes, anglo-arabes, puis de percherons, vendéens, boulonnais, normands, norfolk-anglais. Ces mélanges souvent heureux, mais parfois malheureux, ont été employés jusqu'à ces dernières années. Peu à peu des règles plus sages ont fait éliminer les sujets qui donnèrent des mécomptes pour ne garder que ceux qui pouvaient vraiment convenir à l'amélioration de la race. Aujourd'hui que les races sont fixées, on tend de plus en plus à supprimer l'importation étrangère et à chercher dans la province même les reproducteurs de choix.

Les variétés chevalines élevées en Bretagne se rattachent à quatre types: le trait proprement dit, le trait léger, le postier ou Norfolk breton, le cheval de sang.

Les caractéristiques de ces différentes races sont suffisamment connues; je me dispense de les décrire. Parcourons plutôt en détail nos cinq départements; examinons en détail les différentes catégories que chacun d'eux produit et les débouchés qui leur sont offerts.

La *Loire-Inférieure* n'appartient pas à la Bretagne hippique proprement dite. Sa population chevaline est peu nombreuse: 38.670 têtes d'après les statistiques de 1922. La raison en est que l'on utilise surtout les bœufs pour les travaux des champs. Le cheval ne sert que pour les petits transports et les labours dans les vignes. On trouve dans ce département des carrossiers vendéens, des carrossiers normands, des chevaux de sang et quelques postiers bretons; c'est-à-dire des chevaux ayant des aptitudes pour la traction rapide et pour la selle. Le dépôt d'Angers y fait des achats importants pour la cavalerie de ligne et l'artillerie (selle). Le commerce s'approvisionne chez les maquignons de Nantes et des environs en chevaux achetés en grande partie dans les autres départements bretons.

L'*Ille-et-Vilaine* a une population chevaline sensiblement supérieure à celle de la Loire-Inférieure: 49.530 têtes. On y produit en général un cheval de gros trait, mélange de breton et de percheron. Dans l'arrondissement de Vitré et le Nord-Est de celui de Rennes on rencontre les chevaux les plus grands et les plus étoffés; ils sont très prisés du commerce. — Le trait léger n'existe qu'en bordure du Morbihan, aux alentours de la forêt de Paimpont. — La remonte achète en Ille-et-Vilaine des chevaux pour l'artillerie et le train des équipages. Mais la vente est surtout importante en poulains de six mois, un an et deux ans, vers les régions plus riches de la Beauce et du Perche, où, après avoir reçu une alimentation soignée, ils sont revendus comme percherons.

Entrons dans le *Morbihan* qui possède 46.000 chevaux et où le cheval de trait léger domine. De taille assez réduite — 1 m. 40 à 1 m. 50 dans les arrondissements de Pontivy et de Ploërmel — il devient plus important en bordure de la côte, vers le golfe du Morbihan, Auray, Hennebont, Lorient. Les foires du printemps surtout sont très fréquentées par les marchands du Centre qui achètent des animaux destinés à la culture dans ces régions. Depuis quelques années, des maquignons italiens font dans certains centres des acquisitions importantes de poulains mâles de six mois à un an destinés, paraît-il, au service de l'étalonnage en Italie.

C'est vers Gourin, Pontivy que l'on rencontre encore le type du bidet breton, l'ancêtre dont je vous parlais au début. On peut le voir sur les plateaux broutant l'herbe des landes, ou trottant à travers les sentiers cailloux et les chemins creux sans jamais faire un faux pas.

Sa rusticité, son endurance, sa sobriété, sont légendaires. A la suite d'expériences ordonnées par le Ministre de la Guerre en 1910, dans le but d'éprouver le bidet breton, l'armée envoya au Maroc nombre de ces bidets pour servir de tracteurs au matériel de campagne du corps d'occupation. Le résultat très satisfaisant que l'on obtint fit que l'on renouvela à plusieurs reprises les achats. Le bidet est encore activement recherché dans l'Anjou, la Touraine et le Midi pour les labours dans les vignobles.

Arrivons aux *Côtes-du-Nord*, département que les statistiques placent au deuxième rang de la production chevaline française: 94.150 sujets. Tous les types de chevaux bretons y sont représentés. D'abord le gros trait, élégant, bien trempé, d'allures vives, de 1 m. 50 à 1 m. 60, que l'on rencontre à Plancoët, Matignon, Perros-Guirec, Lamballe, La Bouillie. Plus à l'Ouest, de Perros-Guirec à Morlaix en passant par Lannion, de gros chevaux plus grands — 1 m. 60 à 1 m. 66 — et plus communs. Ces deux types révèlent un fort courant de sang percheron ou boulonnais.

Vers Paimpol le trait léger, ainsi que plus au Nord, à Quintin, Uzel et Loudéac.

Puis, vers Callac et Bourbriac, un type plus fort, plus trapu, dénommé le bidet de Callac. Enfin le cheval de sang, autrefois beaucoup plus préparé pour le turf, aujourd'hui simplement cheval de selle, à Corlay, Rostrenen, Loudéac.

Ces différentes variétés de chevaux sont exportées un peu partout. Les Côtes-du-Nord avec le Finistère fournissent les remontes, l'agriculture, le commerce, le luxe, dans toute la France, la Suisse et beaucoup d'autres pays étrangers. — Les foires sont très importantes sur toute l'étendue du territoire; citons celles de: Guingamp, Lamballe, Pontrieux Les fermes sont visitées toute l'année par des marchands qui y cherchent les animaux de choix.

Le *Finistère* se place premier parmi les départements français pour l'élevage du cheval: 106.500 têtes. Divisée en deux zones par les Montagnes Noires et les Montagnes d'Arrhée, la région du Nord ou Léon est la plus riche. Elle est le berceau de la race bretonne de trait. L'étalonnage particulier y est en faveur et l'on peut dire que c'est lui qui a conservé vivante la race de trait indigène. La sélection s'y fait d'une façon minutieuse.

C'est vers Saint-Renan, Guipavas, Gouesnou, Plabennéc, que l'on rencontre les poulains les plus lourds. — Plus au Nord, dans le Haut-Léon, à Pleyber-Christ, Saint-Thégonnec, Guiclan, Guimiliau, Landivisiau, on achète les produits mâles élevés dans les Côtes-du-Nord et la première partie du Léon pour en faire les beaux étalons connus, dont quelques-uns ont encore fait l'admiration des connaisseurs au dernier Concours agricole de Paris.

Le centre et le sud du département produisent le trait léger avec quelques tendances vers le cheval plus étoffé à Quimper, Châteaulin, Rosporden.

Il faut parler ici du postier, orgueil de l'élevage breton, que tout le monde connaît au moins de nom. C'est le cheval d'artillerie par excellence. On le trouve dans tout le Finistère: plus lourd, plus près du trait dans le Léon, à Saint-Pol-de-Léon, Plouescat, Lesneven; moins étoffé dans le Sud, à Elliant, Scaër, Quimper. — Issu de l'étalon Norfolk anglais et de la forte jument de trait léger, il constitue le meilleur type du cheval à double fin.

Citons encore dans les Montagnes Noires quelques échantillons du bidet breton connu sous le nom de bidet de Briec. Au sud de ces monts, quelques chevaux de sang, chevaux de selle, poids lourds et trotteurs.

Mais l'élevage de cette dernière variété tend de plus en plus à être abandonné.

Si le Finistère est le département grand éleveur de chevaux, il est, cela va sans dire, gros exportateur. De toutes les régions de France et d'un grand nombre de pays étrangers on vient y chercher des sujets. C'est, par excellence, la pépinière des chevaux d'artillerie. Les haras nationaux y approvisionnent largement la plupart de leurs dépôts, parmi lesquels nous citerons spécialement — en dehors des deux dépôts bretons, bien entendu — ceux de Rodez, Aurillac, Annecy, Angers, Tarbes, Paris, Compiègne, la Roche-sur-Yon, Cluny.

L'Italie, la Pologne et surtout l'Espagne y achètent des reproducteurs. C'est, pour les autres catégories de chevaux, la Vallée de la Loire, le Centre, le Midi, l'Espagne, l'Italie, la Suisse, la Belgique, le Japon, le Brésil, la Grèce, la République Argentine qu'il faut placer parmi les bons clients des éleveurs finistériens.

Si nous considérons maintenant la Bretagne dans son ensemble, nous constatons combien l'élevage du cheval tient chez elle une grande place. Dans toutes les fermes, petites ou grandes, on élève quelques sujets; et tous, hommes, femmes, enfants, s'intéressent aux chevaux.

Les statistiques accusent pour la Bretagne une petite diminution de la population chevaline: 345.454 tête en 1912; 334.930 en 1922. Ce fléchissement provient, à l'heure actuelle, des villes où la traction mécanique remplace de plus en plus les chevaux dans les services de transports. Les éleveurs entretiennent, à peu de chose près, le même nombre d'animaux qu'avant la mobilisation. Ce nombre s'accroîtra sensiblement sans doute d'ici quelques années, car les acheteurs affluent. A quelque chose malheur est bon.

La guerre, qui a accumulé tant de ruines, a augmenté la renommée du cheval breton, sa popularité, si j'ose dire. Chacun sait la résistance qu'a montré notre petit cheval dans la tourmente. Après avoir fait toute la campagne, quatre et même cinq ans de mobilisation dans l'artillerie et les trains régimentaires, malgré le surmenage et les privations, bon nombre de nos chevaux sont revenus assez alertes pour fournir encore plusieurs années de travail dans les fermes et dans les villes.

Cette redoutable épreuve est venue confirmer le jugement de la Commission militaire, chargée d'enquêter en 1912 sur les qualités de vigueur, de puissance, de rusticité et d'endurance des chevaux bretons. Après des manœuvres très sévères, exécutées par les régiments d'artillerie de Vannes, cette Commission concluait: « Leur puissance et leur énergie en font d'excellents animaux que l'armée sera heureuse de posséder au moment d'une mobilisation ». Jugement amplement justifié!

On a pu craindre, alors que l'armée restreignait ses achats, que le développement toujours croissant de la traction mécanique fût, sinon fatal, tout au moins très préjudiciable à notre commerce hippique, et par conséquent à notre élevage. Il n'en est rien. J'ajoute que nous pouvons nous tranquilliser à ce sujet. Les anciens débouchés ne sont d'ailleurs pas complètement fermés; ils ne le seront sans doute jamais. L'armée, par exemple, si réduite qu'elle soit, aura toujours besoin d'attelages et de montures. Nos étalons seront longtemps encore certainement les améliorateurs recherchés dans les autres régions de la France et à l'étranger.

Et puis, si l'auto de luxe tend à détrôner le bel attelage, le camion à remplacer le cheval de gros trait, il y aura toujours place pour le cheval genre moyen, trait breton ou postier, soit à la culture dans les moyennes et petites exploitations, soit au tombereau ou à la carriole du petit commerçant et du négociant; partout, en somme, où l'on recherchera un animal rustique, moyen de taille et de poids, fortement membré et se nourrissant de peu.

Le commerce, notre principal acheteur du moment, exigerait l'animal compact avec un gros squelette, quoique très vigoureux. Il nous est facile de diriger la production dans ce sens, à condition toutefois de ne pas trop augmenter la taille dans la crainte de ne pas pouvoir assurer à nos chevaux un écartement correspondant.

Le postier restera notre article de réclame par excellence à l'étranger. Il se vendra toujours cher.

Cet exposé eût été plus complet, si j'avais pu vous montrer par chiffres l'importance de l'exportation hors de Bretagne. Malheureusement je n'ai pu obtenir que des renseignements très incomplets, concernant la seule catégorie des reproducteurs vendus à l'étranger.

L'Espagne achète en Bretagne pour les haras royaux, chaque année depuis la guerre, environ 200 étalons bretons purs, dont les 2/3 postiers et le reste en trait de différentes tailles.

La Pologne a acheté 26 étalons de janvier 1920 à mai 1923.

Le Japon fait en ce moment l'expérience avec 10 étalons postiers de petite taille; les résultats ne sont pas encore connus.

Une campagne très active est faite actuellement par certaines revues en faveur de l'introduction de l'étalon postier en Norvège, qui en a déjà fait l'essai avant la guerre.

Le Canada a délégué en Bretagne, vers novembre 1923, son sous-Ministre de l'Agriculture, afin d'étudier sur place le type du cheval breton et de s'inquiéter, s'il y a lieu, du moyen d'introduire dans ce pays l'étalon postier. La grande distance qui nous sépare du Canada ne sera pas, nous l'espérons, un obstacle insurmontable à nos futures relations commerciales.

Et maintenant, voici quelques chiffres de vente, qui nous édifieront sur la valeur des étalons:

« Valmy », premier prix des étalons postiers au Concours Central de 1924, a été acheté 20.000 francs par les Haras français. Les mêmes ont payé, en octobre 1923, pour 42 postiers achetés à Landerneau, une moyenne de 11.547 francs; et en 1924, toujours à Landerneau, une moyenne de 9.512 francs, pour 77 étalons de trait. Ce sont encore les Haras français qui ont acheté le bel étalon de trait de quatre ans « Unann », au prix de 16.000 francs.

La Commission japonaise a payé, l'an dernier, des poulains postiers bretons de 30 mois 11.000 à 16.000 francs.

La Commission polonaise, pour des sujets de même âge, a payé des prix variant entre 7.500 et 15.000 francs, soit une moyenne de 9.257 pour 26 étalons.

Les Espagnols ne dépassent guère 12.000 francs, pour aucun cheval; ils ont cependant acquis, l'année dernière, un postier de 3 ans, de toute beauté, au prix de 17.500 francs.

La Commission italienne a payé, cette année, 7.500 à 12.000 francs les étalons postiers.

Les étalons de trait atteignent en général des prix moins élevés. J'ajoute que ces chevaux, de vente plus courante et d'entretien plus facile, sont vendus cependant à des taux rémunérateurs; car, dans ce genre, il y a beaucoup moins de laissés pour compte que chez le postier, qui doit être réussi en tous points pour trouver acquéreur.

Et voilà l'exposé sommaire de l'élevage du cheval en Bretagne.

Les bovidés bretons se composent actuellement d'un grand nombre de variétés, issues pour la plupart des divers croisements avec les vieilles races du pays. Ces dernières, au nombre de trois: la Pie-noire, la Pie-rouge et la Froment, constituaient exclusivement autrefois la population bovine de la Basse-Bretagne.

La *Pie-noire*, la plus connue à l'extérieur et la mieux conservée dans son caractère primitif est souvent considérée comme d'origine hollandaise tellement elle a d'analogie avec la race de ce pays. Son berceau est cette région des landes du Morbihan et de la Cornouaille, terrain granitique pauvre, où elle n'a guère pu se développer, mais où elle a acquis son tempérament rustique. Elle est la plus petite des races françaises. — Sa taille, de 1 mètre à 1 m. 15 à l'intérieur du Morbihan, atteint parfois 1 m. 30 dans les régions plus riches de la côte et du Finistère. Son poids varie de 200 à 400 kilos suivant les régions.

En dépit de sa petite taille, ses qualités reconnues de laitière et surtout de beurrière l'on fait apprécier partout. La vache Pie-noire fournit de 1.200 à 1.800 litres de lait par an; ce lait, riche en matière grasse (en moyenne 45 grammes par litre) permet de produire le kilo de beurre avec 18 à 20 litres de lait.

La race *Pie-rouge* est originaire des Côtes-du-Nord. Ses caractères généraux ne se différencient guère de ceux de la Pie-noire, à part la couleur de la robe.

Un peu plus grande que celle-ci, elle mesure de 1 m. 20 à 1 m. 35; son poids varie de 350 à 600 kilos. — La vache Pie-rouge est un peu supérieure généralement à la Pie-noire dans le rendement en lait; elle lui est à peu près égale dans le rendement en beurre.

La race *Froment*, dont le lieu d'origine est le Nord-Finistère, est plus forte que les races précédentes. Ayant vécu dans une région plus riche, son squelette s'est mieux développé. Sa taille varie de 1 m. 25 à 1 m. 40; son poids de 400 à 700 kilos.

Laitière et beurrière comme ses deux congénères, le rendement de la vache Froment varie de 10 à 18 litres de lait par jour après le vélage, et sa production annuelle atteint de 1.800 à 2.000 litres. La qualité de son lait est semblable à celui de la Pie-noire.

Malheureusement ces trois races ont subi des altérations nombreuses au cours des deux siècles précédents. Livrées aux croisements les plus divers, elles ont perdu beaucoup de leur homogénéité. — La race Pie-rouge et la race Froment en ont tellement souffert qu'il est bien difficile de trouver actuellement des sujets véritablement purs.

Ce furent tour à tour des taureaux vendéens, durham, ayr, jersiais, hereford, poitevins, normands, suisses, que l'on importa sous le prétexte de grandir ces races présumées trop petites? — Ces essais, en général désastreux, parce que faits sans discernement, ont encore de nos jours des répercussions sérieuses sur la valeur générale de la population bovine bretonne.

Aujourd'hui le croisement durham est à peu près le seul employé. Il tend à former un type dénommé race Armoricaine, dont les caractères ne sont pas encore bien définis. Dans l'esprit de ses initiateurs, les sujets de ce croisement devaient avoir des aptitudes mixtes en viande et en lait. En réalité, ce sont surtout des animaux de boucherie.

Refaisons, si vous le voulez bien, le même parcours que tout à l'heure à travers les départements bretons, et jetons un coup d'œil sur l'élevage des bovins dans chacun d'eux.

La *Loire-Inférieure* possède une population bovine d'environ 150.000 têtes. Elle appartient à la race dite Nantaise, qui est une variété de la race Parthenaise. — Ces vaches sont assez bonnes laitières, ayant à discrétion de bons pâturages.

Les travaux des champs sont exécutés par des bœufs et parfois par des vaches. — Les animaux gras sont vendus sur place et au marché de la Villette. D'assez forts contingents de bœufs destinés à l'engraissement sont dirigés chaque année sur les herbages du Nord.

L'*Ille-et-Vilaine*, malgré ses 240.000 bêtes à cornes, ne possède pas de race propre. Dans le voisinage de la Manche, ce sont des animaux normands; vers la Mayenne, des durham-manceaux; et autour de Redon, du bétail nantais. Un peu partout, et spécialement aux environs de Rennes, des durhams bretons achetés dans les Côtes-du-Nord ou le Léon. — Les transactions importantes portent, comme dans le département précédent, sur les animaux de boucherie destinés à Paris et à certains centres de Normandie.

Nous trouvons dans les *Côtes-du-Nord* environ 200.000 sujets. — Des croisements normands dans certains cantons de l'arrondissement de Dinan. Dans le reste du département, ce sont des croisements durham — pie-rouge. Vers le littoral, ces animaux ont plus de taille et de rendement laitier; leur taille oscille entre 1 m. 20 et 1 m. 40; leur poids de 400 à 700 kilos.

Dans la zone intérieure, les vaches sont plus petites, mais meilleures beurrières. Par ci, par là, quelques bretonnes pie-rouges pures. Aux environs de Saint-Brieuc, de rares éleveurs s'adonnent à la sélection de la race froment.

Les foires des Côtes-du-Nord sont nombreuses et fréquentées. C'est du Limousin, du Plateau Central, de la Gascogne, de la Saintonge et du Poitou que l'on vient faire des achats. Des veaux gras — dont les régions de Plœuc, Quintin ont la spécialité — sont expédiés en assez forte quantité sur Paris. Les bœufs de boucherie font l'objet d'un commerce actif avec la Villette. Les herbagers du nord viennent encore ici chercher des bœufs pour leurs pâturages.

Il faut arriver dans le Morbihan pour enfin trouver la petite vache Pie-noire, celle qui est la plus recherchée par la clientèle extérieure. On l'élève un peu partout dans le département; mais la région de Vannes est réputée pour les sujets les plus purs. Son élevage est prospère sur la côte, où les sujets sont plus forts. — A l'intérieur, les pâturages, en général moins riches, nourrissent des animaux plus petits.

L'exportation se fait vers le Centre et le Sud-Ouest; dans la région de Dax, Orthez, Pau spécialement, il n'est pour ainsi dire pas une exploitation qui n'ait, pour aider la race locale, laitière assez ordinaire, une ou plusieurs Pie-noires. La Gironde importe constamment un certain nombre de reproducteurs bretons pour maintenir les qualités laitières de la race dite Bordelaise, également de couleur Pie-noire, mais plus grande.

Vannes reçoit aux foires des 1er et 3e samedis, la visite des marchands girondins, landais et béarnais, qui achètent des vaches et des génisses pure-race. — Locminé est fréquenté par les marchands du Midi, qui y commencent leurs achats le jeudi pour les finir le samedi à Vannes ou le lundi à Auray.

L'élevage des bœufs se fait en grand dans l'Est du département. Questembert est renommée pour ses foires à bœufs nantais, bretons, ou croisés. Les animaux vendus sont en partie destinés à l'engraissement dans le Nord comme dans les départements voisins, ou à la boucherie à Paris. — Les foires de Gourin fournissent aux herbagers un assez grand nombre d'élèves du croisement durham armoricain ou manceau.

Le *Finistère* est classé parmi les meilleurs producteurs et exportateurs de bétail. Deux races principales se partagent les 200.000 sujets élevés dans ce département: l'armoricaine et la pie-noire.

La première se tient surtout dans le nord du département, dans les arrondissements de Brest et de Châteaulin. La taille de ces animaux varie entre 1 m. 20 et 1 m. 45; le poids peut atteindre 700 et 800 kilos. — On rencontre encore dans cette région quelques sujets purs de la vieille race Froment du Léon; mais ils deviennent assez rares. Cette race, excellente laitière et beurrière comme viennent de le prouver les résultats du dernier concours de Paris, a fourni le troupeau de l'île de Guernesey où sa sélection, objet de soins constants, l'a portée à un degré de perfection qui la fait rechercher à de très gros prix par l'Amérique.

Les foires du deuxième mercredi de chaque mois à Landivisiau, du troisième samedi à Landerneau, du dernier lundi à Lesneven, sont fréquentées par les marchands de tous pays.

Citons aussi quelques Pie-rouges et même des Pie-noires aux environs de Châteaulin; celles-ci très renommées pour leurs qualités laitières et beurrières.

Le pays de Quimper est le foyer réputé le plus pur de la race pie-noire. Pont-l'Abbé, Plonéour, Plogastel, Pouldavid, Pont-Croix sont des centres importants d'élevage et de vente.

A Quimper, il y a foire tous les samedis. On y vient de loin faire des acquisitions de laitières, de bœufs pour la boucherie ou les herbages du Nord? Quelques autres cantons dans cette petite région, Melgven, Saint-Yvi, Fouesnant, Coray font aussi l'engraissement des bœufs: le marché pour ces bœufs est à Rosporden.

L'arrondissement de Quimperlé, renommé avant la guerre pour ses vaches bretonnes pie-noires, abandonne peu à peu cet élevage pour s'adonner aux croisements durham. Les foires du vendredi à Quimperlé sont néanmoins très fréquentées par les marchands de Locminé et d'ailleurs, qui exportent des laitières vers le Midi et le Sud-Ouest.

Carhaix s'est spécialisé dans l'engraissement des bœufs du pays, des départements voisins et même des sujets durham-manceaux.

Tout ceci vous montre à quel point la Bretagne est pays d'élevage.

Les animaux gras, expédiés surtout à Paris, obtiennent un rendement en viande de 50 à 60 %. Leur chair délicate est appréciée des gourmets; ils atteignent les plus hauts prix.

Les bœufs d'herbage sont d'un engraissement facile. Transportés dans les riches pâturages du Nord, où ils sont recherchés, ils prennent bien vite viande et graisse. Leur poids augmente aisément de 100 kilogs après trois ou quatre mois d'herbage.

Les animaux d'élevage sont surtout l'objet d'importantes transactions. Il est expédié tous les ans hors de Bretagne, de 30.000 à 40.000 vaches pour la seule variété Pie-noire. Elles vont un peu partout dans toute la France, en Algérie et Tunisie, en Espagne, en Italie et même en Belgique. Mais les régions du Centre, du Midi et du Sud-Ouest de la France constituent les plus gros débouchés.

La petite vache Pie-noire, de 1 m. à 1 m. 10, est vendue dans les Landes, les Basses-Pyrénées et le Gers; sa valeur oscille entre 1.200 et 1.300 francs. Un grand nombre de sujets sont présentés sur les champs de foire dans ces départemnts; on peut citer parmi les forts marchés en vaches pie-noires: Dax, Saint-Vincent de Tyresse, Pau, Saint-Justin dans les Landes.

La Pie-noire de 1 m. 10 à 1 m. 20 et plus, payée de 1.600 à 2.600 francs, suivant la taille et la qualité, se vend sous le nom de bordelaise à Langon, Bazas, Agen et Périgueux. Souvent, lorsque sa conformation le permet, elle est déguisée sous le nom de petite hollandaise.

Certains sujets de concours sont quelquefois vendus dans ces deux régions à des amateurs de race pure; leur prix peut atteindre et même dépasser 3.000.

L'Armoricaine pie-rouge, dont la valeur est très variable, trouve preneur vers Limoges, Périgueux, Brive. Les sujets les plus forts changent aussi parfois de nom: ils sont vendus sous l'appellation de petite cotentine. — La vache armoricaine est encore vendue dans la région de Saint-Quaix, en Saône-et-Loire, où elle sert à nourrir les veaux des vaches charollaises.

Quelle est l'orientation actuelle de l'élevage du bétail en Bretagne? Il semblerait que l'on ait tendance, dans les endroits à sol riche tout au moins, à abandonner les vieilles races pour se livrer à l'élevage des croisements durham.

Je ne veux pas prendre la défense exclusive de l'une ou l'autre de ces deux manières; je risquerais peut-être de ranimer des discussions qui furent assez vives.

Et puis, il y a place en Bretagne pour les deux modes d'élevage. Mais il faut à tout prix se spécialiser et renoncer à ces métissages sans valeur qui risquent de corrompre, un jour à venir, tous nos sujets.

Que les bons amateurs de bêtes de boucherie choisissent la race armoricaine, il ne faut pas leur en vouloir. Ils auront sans doute bien des déboires avant d'arriver à la fixité de la race; mais l'expérience est tentante à une époque où la viande est hors de prix.

Les autres, qui veulent conserver des animaux laitiers et beurriers, vont rechercher dans la sélection de nos vieilles races, pie-noire, pie-rouge ou froment, et là seulement, les éléments nécessaires. Il faut bien se dire que la race apte à l'engraissement et parfaite en même temps pour la production du lait et du beurre n'est pas encore trouvée Cela n'existera probablement jamais.

A chacun de choisir et d'examiner ce qu'il peut faire. Je dis: ce qu'il peut faire; car il serait insensé de croire que l'élevage des races de boucherie puisse être pratiqué partout sur notre sol avec le même succès. Il est inutile d'en énumérer les raisons; elles sautent d'elles-mêmes à l'esprit.

Et, en dehors de cela, il serait très dangereux pour l'avenir économique de la Bretagne que l'on exagérât vers ce nouveau système, où elle risque de se trouver étranglée par de terribles concurrents nationaux et étrangers, le jour où une crise économique trop grave entraînerait l'abaissement ou même la suppression des barrières douanières qui assurent seules au marché français de la viande des prix suffisamment rémunérateurs.

Notre vieil élevage, au contraire, est à l'abri de ces aléas. La vache bretonne a encore, plus peut-être que le cheval breton, son avenir assuré, si nous savons lui conserver ses qualités. Laitière et beurrière rustique, facile à nourrir, elle convient mieux que toute autre au sol breton, puisqu'elle en est le produit, et aux conditions de l'exploitation familiale bretonne en petite et moyenne culture. — Mais au dehors, à l'encontre d'autres races similaires, elle s'acclimate partout, prend de la taille et du volume dans les pays riches, conserve ses qualités à peu près intactes dans les pays de sécheresse prolongée.

Pour ces raisons, auxquelles il faut ajouter son prix abordable et sa résistance à la tuberculose, qui décime au contraire les durham insuffisamment soignées, elle est très recherchée là où les races laitières ne sont pas exploitées.

Mais il est fort probable — et l'expérience le prouve en partie déjà — que la vache bretonne ne conservera pas ses aptitudes laitières et beurrières pendant plusieurs générations dans la majorité des pays importateurs. Il faudra de temps en temps revenir à la source; c'est donc un monopole que la Bretagne possède du fait de sa situation, monopole que nous pouvons exploiter d'une façon plus rationnelle en améliorant nos races.

Le dernier concours central de Paris vient de confirmer que par la sélection nous arrivons à obtenir un rendement remarquable par rapport au poids de l'animal... N'est-ce pas une vache froment des Côtes-du-Nord et une pie-noire du pays de Vannes qui ont remporté les deuxième et troisième prix à l'épreuve du rendement beurrier aux cent kilos de poids vif? Toutes deux se plaçant devant une flamande et une vache de Savoie.

C'est un encourageant résultat; sachons en faire notre profit. Mais déjà, à côté de ce courant vers la production des animaux de boucherie, on voit jaillir un peu partout — principalement dans notre Morbihan et le Sud du Finistère — un mouvement vers la sélection de nos races bretonnes et en particulier de la race pie-noire.

Ceux qui ont visité le concours interdépartemental de la race pie-noire qui se tenait à Vannes, il y a une quizaine de jours, ont pu constater, comme moi, combien le progrès était sensible et par le nombre respectable d'animaux présentés et par les formes irréprochables de certains individus. La masse des cultivateurs, c'est vrai, n'a pas encore été touchée? Mais il me semble qu'elle ne pourra pas rester longtemps insensible devant les résultats acquis par des éleveurs intelligents.

Voilà que nous avons déjà fait deux fois le tour de la Bretagne. Malgré le plaisir que j'aurais à vous conduire une troisième fois, je ne soumettrai pas votre patience à une semblable épreuve. Il faut que je vous dise cependant quelques mots du *porc*, puisque son élevage est le complément nécessaire de celui du cheval et de la vache.

Le porc actuel est un descendant de la race celtique, dont le type est à peu près disparu.

Le porc celtique peuplait autrefois toute la Bretagne. Il était haut sur jambes, à corps mince, plat, à dos convexe; ce qui lui donnait un aspect caractéristique. Il n'atteignait jamais un grand poids, se développait lentement, s'engraissait difficilement et donnait un faible rendement en viande nette; mais cette viandre était très savoureuse.

Il laissait à désirer au point de vue économique; aussi cherchait-on à l'améliorer par l'introduction de reproducteurs étrangers. Des verrats craonnais et quelquefois normands furent employés à cet effet. Ils ont donné satisfaction. Les sujets obtenus répondent bien à la demande des acheteurs, qui recherchent en général l'animal précoce, produisant une bonne couche de viande sous une faible épaisseur de graisse. — On a eu recours également aux races anglaises, particulièrement le Yorkshire; les sujets obtenus sont encore, je crois, plus précoces, d'aucuns disent au détriment de la qualité.

Les porcs utilisent les résidus de la laiterie, les grains et divers aliments grossiers.

La population porcine est passée, d'après les relevés officiels, de 531.410 têtes en 1913, à 683.970 en 1922; soit une augmentation de plus de 150.000 sujets en 10 ans. Cela tient évidemment aux bénéfices que cette industrie procure aux agriculteurs depuis la guerre.

La production des petits porcelets est partout très élevée. D'autre part, l'élevage des porcelets sevrés, et l'engraissement vers 8 ou 10 mois sont des spécialités existant dans toutes les fermes de la Bretagne.

Les ventes sont faites soit dans les fermes, soit dans les foires ou marchés; elles donnent lieu à un commerce très actif. Le total des exportations, qui se font surtout sur Paris, représente chaque année une valeur considérable.

CONCLUSION

Il est écrit quelque part: « On a reproché à la Bretagne d'être restée longtemps impénétrable, indifférente, hésitante devant les progrès de l'Agriculture et de la Zootechnie. — Cette hésitation fut souvent de la prudence permettant de conserver des coutumes, des traditions, de maintenir intactes des ressources diverses où, de bien loin, on vient puiser en ce moment. »

Que faut-il penser de ce jugement?

Si nos chevaux, notre bétail sont partout appréciés aujourd'hui, n'est-ce pas surtout à cause de certaines qualités que l'on ne trouve nulle part ailleurs, et qui ont été acquises avec le temps par des ascendants vivant à l'état naturel, à l'abri de la contagion étrangère?

N'est-ce pas aussi là ce qui explique la conservation par nos animaux de leurs aptitudes héréditaires principales, malgré les altérations qu'ils ont subis au cours des deux siècles précédents?

Ceci dit, pour calmer certains esprits trop enclins à faire litière du passé et à se rire des vieux usages dont ils sont les heureux bénéficiaires, loin de moi la pensée, vous le devinez bien, de vouloir revenir aux vieilles méthodes qui sont à jamais périmées. Il s'agit au contraire d'exploiter d'une façon rationnelle, suivant les procédés de la science moderne, le trésor que la sagesse de nos pères a su nous conserver.

A la tête de toute amélioration il faut placer la sélection.

Pendant un certain temps, on a considéré chez nous que l'amélioration des races, quelles qu'elles soient, devait aboutir simplement à une augmentation de taille et de volume. Ce raisonnement un peu simpliste, qui ne tenait pas compte de l'influence du sol, de celle du climat, de l'affinité plus ou moins grande des races les unes pour les autres, poussa les propagateurs de la méthode rapide à essayer tous les genres de croisement qu'ils trouvèrent à leur portée. Cette erreur fut très préjudiciable à l'élevage, surtout chez les bovidés, comme je l'ai déjà dit.

Le croisement est une chose délicate, qu'il ne faut envisager qu'avec beaucoup de prudence. — Sans rejeter par principe cette méthode qui peut avoir ses avantages dans des cas bien déterminés, je me range à côté de ceux qui prétendent que seule, en général, la sélection dans la race est à encourager.

« A mon avis, a écrit un zootechnicien émérite, M. Desjacques, ancien vétérinaire des Haras d'Hennebont, à mon avis, c'est la méthode la plus rationnelle, celle qui donne le moins de déboires, et qui, secondée par toutes les influences combinées du sol, des soins, de l'hygiène, produit des résultats d'autant plus certains que tout tend à confirmer ce qui a déjà été obtenu, ce qui a été constitué par des années et des années de conditions vraiment naturelles. Avec la sélection, on marche avec toutes les ressources, avec toutes les influences naturelles qui sont les facteurs puissants des races. Avec la sélection on a moins à redouter les caprices de l'hérédité, de l'atavisme, observés dans les autres méthodes. »

Depuis quelques années un mouvement sérieux se dessine dans ce sens. Les syndicats d'élevage se développent et se fortifient; les stud-books, les hord-books voient grossir chaque jour leurs pages d'inscription. Les encouragements pécuniaires de l'Etat, les conseils éclairés des Services agricoles départementaux viennent aider les associations qui travaillent en vue de ce résultat.

Les terres, mieux cultivées, enrichies par des apports fréquents d'engrais chimiques, favorisent davantage le développement des espèces.

L'agriculteur enfin, soucieux de ses intérêts, comprend mieux qu'autrefois la nécessité d'une direction nette et suivie.

Toutes ces conditions réunies permettent de fonder les plus grands espoirs sur l'avenir de cet élevage dont je viens de vous faire un rapide exposé.

Banquet à Vannes

Dès que les applaudissements ont cessé, le Président déclare terminée cette séance bien remplie et invite les assistants à se rendre au banquet en traversant l'immeuble de la rue Richemont, pour juger d'un coup d'œil l'installation des divers services de l'Union et les dépôts et magasins de la Coopérative, que tant de syndiqués ont l'habitude de fréquenter assiduement.

Il est midi et demie quand le banquet commence. — Dans l'immense Halle aux grains, aimablement prêtée par la Municipalité et élégamment décorée de fleurs, de plantes vertes et de drapeaux, vingt grandes tables se dressent perpendiculairement à la table d'honneur qui aligne ses 60 couverts le long de la muraille Sud et d'où l'on plonge sur cette mer de têtes.

Plus de 1.250 convives prirent part à ces fraternelles agapes et l'on dut refuser à la porte, faute de places libres, d'assez nombreux retardataires. Jamais, de mémoire d'homme, Vannes ne vit un banquet si nombreux à beaucoup près. « Combien aurions-nous été, entendait-on dire de tous côtés, si au lieu d'être un jeudi, la fête était tombée un dimanche! »

A la table d'honneur, le président de l'Union du Morbihan avait à sa droite M. de Vogüé et M. Langlois; à sa gauche, M. le vicaire général Guillevic, représentant Mgr Gouraud, retenu par la maladie, M. André Courtin, vice-président de l'Unoin Centrale. A la suite, de chaque côté, avaient pris place les autres délégués de l'Union Centrale et ceux des Unions Régionales, les parlementaires, les présidents de sociétés d'agriculture et de Comices agricoles qui avaient bien voulu honorer la réunion de leur présence, les membres des comités directeurs de l'Union du Morbihan, des conseillers généraux et d'arrondissement, diverses personnalités agricoles, etc...

Au dessert, des toasts fort applaudis furent portés, d'abord, par MM. Roger Grand et Langlois. Nous reproduisons ci-dessous ces deux toasts.

Toast de M. Roger Grand.

Nous sommes au pays des fêtes de famille, des noces pantagruéliques. C'est bien ici la fête de famille par excellence des cultivateurs morbihannais groupés autour de leur mère, l'Union des Syndicats. Et c'est bien aussi le festin de noces, car nous avons voulu attendre cette occasion pour célébrer les noces d'argent de l'Union. — Nous eussions pu le faire deux ans plus tôt, puisqu'aussi bien il y a 27 ans que l'Union a contracté mariage avec le paysan morbihannais; mais de même que dans nos familles on attend souvent pour célébrer les fêtes l'arrivée d'un parent très cher, mais éloigné, de même nous attendions la venue de l'aïeule de la rue d'Athènes, notre chère Union Centrale, l'*Alma Mater*, du sein de laquelle sont sorties, comme la nôtre, toutes ces Unions départementales ou régionales si prolifiques en œuvres sociales, aïeule bénie comme Abraham dans son innombrable postérité jusqu'à la troisième et à la quatrième génération.

Et maintenant la fête est complète. L'Union, dont le cœur bat si fort contre le mien et dont les sentiments s'expriment par ma bouche, est heureuse et fière de voir auprès d'elle, à sa table, son père et son grand-père; mais par un singulier hasard, dont les personnes morales présentent sans doute de nombreux exemples, le père est un peu plus âgé que le grand-père! Aussi le grand-père a-t-il pu venir de plus loin: Monsieur le marquis de Vogüé, président de l'Union Centrale et de la Société des Agriculteurs de France, un vieil ami des Vannetais.

Depuis 18 ans il connaît par expérience personnelle nos syndicats du Morbihan. Nous lui sommes infiniment reconnaissants d'avoir bien voulu, malgré les multiples occupations qui l'assaillent sur le terrain national et international, où il défend avec une si courtoise fermeté les intérêts de l'agriculture française, venir prouver à l'Union, en ce jour mémorable de son histoire, la sympathie de l'Union Centrale et de la Société des Agriculteurs de France, qu'il incarne avec autant de grâce que d'autorité.

Messieurs Courtin, vice-président, et Toussaint, délégué général de l'Union Centrale, qui lui font escorte, me permettront de les associer à ces remerciements. Bien connus de ceux d'entre vous qui fréquentent les Semaines rurales, ils sont de longue date presque des nôtres. Sans eux, il eût manqué quelque chose à notre joie.

Notre père, c'est Monsieur Langlois. Nous lui devons doublement la vie: et pour nous l'avoir officiellement donnée par la grâce des actes légaux et des paperasses administratives en un jour heureux de 1897, et pour nous l'avoir conservée au milieu des mille vicissitudes d'une croissance, très sûre évidemment, mais lente et parfois laborieuse. — Que de veilles n'a-t-il pas passées, soucieux, au chevet de son enfant, qu'il avait mis en nourrice entre les bras de M. Charles Riou, mais dont il surveillait amoureusement les moindres gestes et guettait les vagissements pour en chercher anxieusement les causes!

Il n'est pas d'usage qu'à la table de famille, les enfants fassent devant les invités l'éloge de leurs parents. Comme l'Union, à présent grandette, se pique d'avoir de l'éducation, elle ne vous répétera pas ici ce que vous avez entendu ce matin sur ce qu'elle doit à Monsieur Langlois. — Au surplus ne le lui permettrait-il pas. Mais ce qu'elle tient à crier bien haut, c'est sa joie d'avoir vu luire ce jour où son père vénéré reçoit enfin de la foule immense de ceux qui lui doivent tant de bienfaits sociaux, un magnifique hommage d'unanime reconnaissance.

L'Union a encore le bonheur d'avoir auprès d'elle, aujourd'hui, quelques-uns de ses frères, qu'elle est heureuse de saluer à sa table. Ce sont les représentants des autres Unions régionales ou départementales. Et d'abord, ses voisins immédiats, ceux qui lui sont chers avant tous les autres, ses frères bretons. les représentants du Finistère, de la Loire-Inférieure, des Côtes-du-Nord, de l'Ille-et-Vilaine. — Puis, ces grands frères, puissants et riches, dont les maisons plus complètes, plus luxueusement garnies d'œuvres variées, lui offrent des exemples permanents qu'elle s'efforcera d'imiter: le Sud-Est, les Alpes et Provence, le Plateau Central. — Enfin, tous ceux qui, comme les délégués des Vosges, du Calvados, du Pas-de-Calais, d'autres encore, accourus de partout à la voix de l'Union Centrale et de celle du Finistère, se hâtant vers Quimper, n'ont pas dédaigné de nous consacrer une étape du voyage.

Qu'ils soient tous remerciés de leur aimable visite.

A côté de ses parents, l'Union a désiré grouper de nombreux invités: — autorités religieuses qui représentent parmi nous cette flamme de l'idéal sans lequel il n'est pas de dévouement humain durable et cette sanction morale, base de tout édifice social stable et bien fondé; — autorités civiles, que des engagements antérieurs et variés ont généralement empêchées de répondre à l'appel cordial et désintéressé de nos institutions indépendantes qui ne réclament rien de l'Etat, sinon la liberté, ni du Trésor public, sinon la justice, mais leur apportent, au contraire, bénévolement, pour le maintien et la défense d'une société que tant d'éléments de dissolution assaillent de toutes parts, les forces d'ordre, de travail et de paix que représente leur organisation strictement professionnelle; — autorités militaires, qui doivent savoir toute la valeur guerrière et patriotique du paysan breton et quel parti merveilleux la France en a tiré pour son salut aux plus mauvais jours de la grande guerre comme à toutes les époques sombres de son histoire; — autorités parlementaires, en la personne de MM. le sénateur Lamy et de MM. les députés Robic, Cadic, Violle, Inizan, Mathis..., qui ont compris que leur place était aujourd'hui aux côtés de ces agriculteurs représentants de la majorité des travailleurs morbihannais.

Notre département est avant tout un pays agricole; aussi, en dehors et au-dessus de tous les partis comme nous le sommes et devons le rester, leur demandons-nous de défendre énergiquement au Parlement les droits et les libertés de nos associations professionnelles dont le seul but est l'amélioration matérielle et morale de tous ceux qui vivent sur la terre et de la terre.

— Autorités agricoles: à défaut des membres de l'Office Agricole, du Directeur des services agricoles, des présidents de la société départementale d'agriculture et de celle de Pontivy, du président de la caisse régionale de crédit agricole, de M. le Directeur des Haras..., tous malheureusement retenus ailleurs, je salue: MM. les présidents des sociétés d'agriculture de Lorient et de Ploërmel, M. Guilloteaux, président du groupe morbihannais des membres de la Société des Agriculteurs de France, les présidents de nombreux comices agricoles, un nombre imposant de conseillers généraux et d'arrondissement heureux de se trouver ici au milieu de ces agriculteurs dont ils administrent les intérêts dans nos assemblées régionales, un plus grand nombre encore de maires et de conseillers municipaux, enfin, tous les amis notables de nos associations qui m'excuseront de ne pas les nommer tous; ils sont trop, Dieu merci!

Parmi nos invités présents se trouvent encore des membres de la presse. Nous les remercions de la marque de sympathie qu'ils donnent à notre œuvre sociale. La presse est la forme moderne de l'antique trompette, attribut de la Renommée aux cent bouches. Nous prions ses représentants ici présents de redire partout, avec les mille et mille bouches que sont tous les exemplaires des journaux que noircira leur prose, ce qu'ils auront vu et entendu, et j'espère qu'ils voudront bien accorder leur éclatant concert sur une note sympathique.

Et maintenant, Messieurs, je me tourne vers le groupe tout intime des serviteurs habituels de l'Union, vers les membres du bureau et de la chambre syndicale, vers les présidents de la Coopérative, du Crédit rural, du Bureau départemental de la main d'œuvre agricole, de la section du Contentieux, vers la dévouée présidente de notre école ménagère, vers notre excellent secrétaire général, vers les membres de la commission spéciale chargée d'organiser cette splendide journée, vers tous ceux qui, dans les multiples conseils de la rue Richemont, donnent sans compter leur cœur, leur intelligence, leur temps et souvent leur argent.

— Et je ne veux pas séparer de nous les collaborateurs de notre grande maison, directeurs et personnel des divers services de l'Union, de la Coopérative et du Crédit, dont le zèle et l'activité de tous les instants assurent la vie et les incessants progrès de cette ruche bruissante de travail utile et ordonné.

Je leur dirais à tous un grand merci, en votre nom; mais je suis sûr qu'ils le refuseraient: le succès de cette journée n'est-il pas pour eux la meilleure récompense, la seule qu'ils aient ambitionnée?

Les absents, dit-on, ont toujours tort. Pas chez nous, Messieurs. La pensée de l'Union va vers ceux de ses enfants qui ont été retenus chez eux par les soins de leur travail, de leurs affaires ou de leur famille; vers tous les membres de cette armée pacifique, mais consciente et résolue, de jour en jour plus étroitement unie et disciplinée pour la sauvegarde du bien commun.

Elle va surtout vers deux grands absents qui lui sont chers: vers M. Charles Riou, son premier président, qui resta si longtemps à sa tête et dont la verte vieillesse prend en ce moment un repos légitime au pays de Retz, sa terre natale; vers mon collègue et ami, Hervé de Guébriant, Président de l'Office Central et de l'Union du Finistère qui, pour n'avoir pas ménagé ses forces au service de nos œuvres sociales, est condamné à l'immobilité sous peine de ne pouvoir diriger ce Congrès de Quimper qu'il a préparé avec tant d'amour. Il m'écrit de dire à ses « frères Morbihannais » son « vrai désespoir » de n'être pas avec eux aujourd'hui. Nous prierons les représentants de l'Union du Finistère de lui porter, avec tous nos vœux de complet rétablissement, l'assurance que notre Union marche avec la sienne la main dans la main, au nom du même idéal social, vers le même but, avec l'espoir de rendre les mêmes services aux vaillantes populations rurales de Basse-Bretagne.

Enfin, Messieurs, il est un usage traditionnel et bien touchant dans nos noces de campagne, usage dont les étrangers qui ont l'occasion d'en être témoins ne manquent jamais de se montrer profondément émus. C'est d'unir la pensée des morts de la famille à celle des vivants, manifestant ainsi que la famille n'est qu'une longue chaîne indissolublement liée, dont les maillons périmés s'enfoncent profondément dans le passé.

Ce matin, nous avons, nous aussi, évoqué le souvenir de nos défunts et demandé à l'Église, en qui l'immense majorité d'entre eux croyaient, de prier pour leurs âmes. Mais j'éprouve le besoin de saluer spécialement la mémoire de deux hommes — MM. Louis Delalande et Marin — qui seraient ici mes plus proches voisins, si la mort impitoyable ne les avait brutalement ravis à l'affection de leurs concitoyens avant qu'ils aient pu voir la réalisation de cette journée sociale agricole dont ils avaient accueilli l'idée avec la plus bienveillante faveur.

Il me semble que je manquerais à un devoir sacré si je ne disais pas quels sentiments de cordiale bonté d'un côté, de respectueuse affection de l'autre, unissaient le très regretté président de l'Union Centrale au très novice président de l'Union du Morbihan, et qu'en définitive c'est M. Delalande qui a décidé l'arrêt à Vannes des membres du Congrès; — si je ne disais pas aussi que M. Marin, maire de Vannes, m'avait très chaleureusement promis le plus efficace concours à cette manifestation agricole dont il souhaitait faire une véritable fête pour sa ville.

La Providence a voulu heureusement que le successeur de M. Louis Delalande fût le digne continuateur de ses pensées et de son attentif dévouement; et que l'actuelle municipalité de Vannes, dont les représentants n'ont pu se trouver ici par suite de circonstances tout à fait indépendantes de leur volonté, soit entrée dans les vues de son ancien Maire. Je ne saurais trop la remercier de l'empressement avec lequel cette magnifique salle et sa décoration ont été mises à notre disposition.

Et vous tous, mes chers amis, vous que je ne puis nommer ni même nombrer, tellement votre foule s'étend pressée jusqu'aux extrémités les plus reculées de cet immense vaisseau, n'aurez-vous pas aussi votre part de remerciements? — Oh! si. Je terminerai par vous, parce que vous êtes les enfants de la maison, les fils chéris de l'Union, et qu'à ses fils une mère n'a pas besoin de dire longuement qu'elle les aime. Vous êtes ici chez vous, et c'est en votre nom que je parlais aux autres.

Mais ce qu'une mère ne peut voir sans attendrissement, c'est l'amour de ses enfants pour elle; c'est de les voir accourir de partout pour lui marquer leur attachement, de sentir qu'ils vibrent à son appel, que ses joies sont leurs joies, qu'en un mot ils ont confiance en elle.

Ah! Messieurs, de cela soyez remerciés avec la plus profonde émotion, par ceux qui n'ont d'autre ambition en ce monde que de vous être utiles, de mettre dans votre vie un peu plus de bien-être, un peu plus de lumière, un peu plus de bonheur.

Elle est donc venue, cette heure qu'ils attendaient depuis longtemps, où ils sentent enfin que leurs efforts n'ont pas été stériles, que la doctrine sociale à laquelle ils croient a germé en bonne terre fertile; que des continuateurs de leur œuvre se lèvent de toutes parts dans nos campagnes pour en assurer l'avenir; que l'individualisme proverbial du cultivateur breton est en train de céder devant la mutualité, forme moderne de l'esprit de charité; que le doute, le soupçon, la calomnie même dont ils étaient entourés jadis, deviennent de plus en plus rares.

Sans doute, ne nous leurrons pas, il y a des résistances; bien des préjugés courent encore les mille chemins creux du Morbihan, où leur course est protégée et accélérée par tous les intérêts individuels que notre action contrarie.

Mais il suffit que nous vous ayons vus si nombreux en ce jour, autour de nous, pour ne plus connaître jamais le découragement. Soyez de plus en plus fidèles à vos syndicats, ayez de la discipline, si vous voulez que nous puissions défendre en toutes circonstances vos intérêts avec autorité. Soutenez vos chefs; suivez leur avis; renseignez-les; ne les trompez jamais; car le tort que vous feriez à votre syndicat, c'est à vous-mêmes qu'il serait fait: il retomberait sur votre tête en affaiblissant l'association qui vous aide, vous sert et vous défend.

Vous allez retourner chez vous, et vous porterez aux quatre coins du département les fortes impressions que vous aurez ressenties ici. Vous direz qu'il y a dans le Morbihan une armée bien organisée pour la marche vers le progrès, vers tous les progrès moraux et matériels de la vie agricole, et résolue à les réaliser avec la plus complète indépendance sur le terrain professionnel et par l'union des classes rurales, dans l'ordre, la liberté et la paix sociale.

Et votre parole et votre exemple entraîneront les hésitants de bonne foi. Quant aux récalcitrants, que retiennent des arrière-pensées d'intérêt personnel ou de politique, ceux-là, eh bien! ceux-là ne résisteront pas au succès. Nous irons donc notre chemin sans regarder ni à droite ni à gauche. Bretons, nous dirons avec bonne humeur, comme notre ancêtre du XIV° siècle, le grand connétable du Guesclin, qui inventa le mot redit par Jeanne d'Arc, puis par le généralissime de 1917: « On les aura, les gars! »

On les aura, l'envie, la jalousie, l'indolence, la peur, la routine et la mauvaise foi! Oui! grâce à vous, on les aura!

Je lève mon verre à l'Union Centrale dont notre Union est la fille dévouée; à tous nos hôtes d'un jour; à tous les syndiqués agricoles morbihannais, présents et absents; au développement toujours plus grand de nos associations, pour la prospérité croissante de l'Agriculture et, par elle, du pays tout entier qu'elle fait vivre.

Toast de Monsieur Edmond Langlois.

Il y a plus d'un quart de siècle, le 16 Janvier 1897, quelques hommes de bonne volonté, dévoués aux intérêts agricoles, se réunissaient à l'Hôtel de Ville de Vannes sous la présidence de Monsieur Riou, et fondaient l'Union des Syndicats agricoles du département du Morbihan.

Les débuts furent modestes. Beaucoup se tinrent à l'écart, craignant qu'il n'y eût dans la création de cette belle œuvre syndicale une arrière-pensée politique de la part de ses fondateurs.

Il fallut plusieurs années pour faire tomber toutes les méfiances. Mais quand on se fut rendu compte que l'Union morbihannaise, s'inspirant absolument de l'esprit de l'Union Centrale des Syndicats des Agriculteurs de France, n'avait qu'un but: servir les intérêts économiques et moraux des cultivateurs, les adhésions vinrent nombreuses... et aujourd'hui on peut dire que l'Union départementale, avec ses 186 Syndicats, son Bulletin mensuel qui tire à 18.000 exemplaires, sa forte Coopérative, ses 59 Caisses mutuelle Incendie, ses 30 Caisses mutuelles Accidents, dont la première date de quelques semaines, ses 90 Caisses Rurales de crédit agricole, etc... constitue vraiment la représentation de la profession agricole dans le Morbihan; en même temps qu'elle est un puissant facteur de paix sociale.

J'ai eu la joie l'an dernier de céder la présidence de l'Union à mon ami M. Roger Grand; je dirai même la très grande joie: car je sais qu'avec lui l'Union prendra un nouvel et vigoureux essor. Sa science d'organisation, son dévouement, sa puissance de travail m'en rendent certain. Les nombreuses associations qu'il a déjà créées pendant l'année qui vient de s'écouler sont la preuve évidente que je ne me trompe pas.

Je tiens en mon nom personnel, et au nom de tous les cultivateurs du Morbihan, à le remercier publiquement d'avoir accepté cette charge, toujours intéressante, mais parfois bien lourde.

Messieurs, notre beau nom d'Union est symbolique. Il indique le groupement de tous les intérêts agricoles par l'entr'aide mutuelle. Restons fidèles à ce principe dont l'application est si féconde. Plus nous serons unis, plus nous serons forts, et plus nos intérêts seront respectés.

Messieurs, je bois à la grande famille agricole Morbihannaise.

Monsieur le sénateur Lamy, au nom des tous les parlementaires présents, assure l'auditoire de leur sollicitude pour la classe laborieuse des paysans, qui est la force principale du Pays.

Monsieur de Vogüé s'écrie: « Le spectacle si vivant que vous offrez, est de nature à rendre fiers vos amis. Au nom de toute la France agricole que je représente aujourd'hui parmi vous, au nom des autres paysans français, je salue le Paysan breton au caractère ferme, à la volonté tenace, qui se place au premier rang des serviteurs de la patrie. »

Monsieur Cadic, président du Syndicat agricole de Noyal-Pontivy, le « député paysan », qui assiste au banquet avec son beau costume de « mouton blanc», est réclamé avec insistance par une clameur unanime. Il se lève, souriant, et déclare qu'il ne parlera pas comme député, mais comme cultivateur: titre dont il est le plus fier et qui « éclipse, dit-il, celui de parlementaire ». Il note les joies et les peines du cultivateur, la beauté du travail de la terre, sa noblesse, son indépendance, et lève son verre à l'avenir du syndicalisme rural et à l'union dans la profession et pour la profession agricole. — En terminant, il entonne le beau chant breton, aux notes religieuses et graves, « *Bro goz ma zadou* », repris debout et en chœur par l'assistance.

La sortie s'opère sous cette impression profonde, et les groupes compacts que forment les délégations des divers syndicats se dirigent en ordre parfait, à travers les rues de Vannes, et sous les yeux de passants ébahis de voir à la fois tant de chapeaux bretons, vers le port où les attendent les deux plus grands vapeurs de la Compagnie vannetaise de navigation, le *Roi Grad'lon* et le *Gavr'inis*, affrêtés par l'Union, pour leur faire visiter, de 15 à 18 heures, le Golfe du Morbihan.

Ce fut, à travers les îles de la « *petite mer* », une promenade délicieuse, par un temps d'automne idéalement calme, qui révéla à beaucoup de Morbihannais, sans parler de leurs hôtes, les beautés de cette région, aux tons nacrés, au charme profond, si doux et si prenant, qu'on pourrait appeler la « Côte d'opale ».

Fin exquise d'une heureuse journée, dont le souvenir et les fortes impressions ne s'éteindront pas de si tôt, et qui aura été probablement pour plus d'un, la révélation inattendue de la force et de la cohésion du syndicalisme agricole dans le Morbihan.

XIIe CONGRÈS NATIONAL
DES
SYNDICATS AGRICOLES

QUIMPER

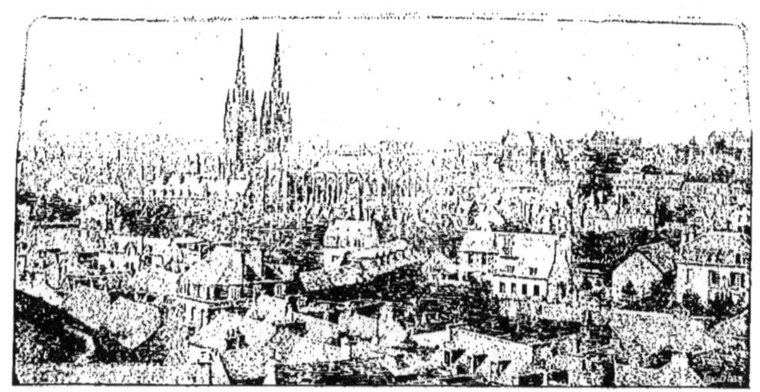

Vue Générale de Quimper

COMITÉ DE PATRONAGE

Monsieur le Préfet du Finistère,
Monseigneur l'Evêque de Quimper et de Léon,
M. LE HARS, Maire de Quimper, Sénateur, Président de la Caisse Régionale de Crédit agricole du Finistère,
M. LOUPPE, Président du Conseil Général, Sénateur,
MM. les Sénateurs et Députés du Finistère,
M. Jules MELINE, ancien Président du Conseil des Ministres
M. VIGER, ancien Ministre de l'Agriculture, Président de la Fédération de la Mutualité et de la Coopération agricoles,
M. Victor BORET, ancien Ministre de l'Agriculture, Président de la Fédération Nationale des Collectivités d'Electrification Rurale,
M. Fernand DAVID, ancien Ministre de l'Agriculture, Président de la Société Française de protection de la Main-d'œuvre agricole,
M. J.-H. RICARD, ancien Ministre de l'Agriculture, Président d'honneur de la Confédération Nationlle des Associations Agricoles (C. N. A. A.),

M. VIALA, Président de l'Académie d'Agriculture,

M. JULES GAUTHIER, Président de la Confédération Nationale des Associations Agricoles,

M. PALLU DE LA BARRIERE, Secrétaire Général de l'Union Nationale des Paysans,

M. HENRY GIRARD, Président de la Confédération des producteurs de lait,

M. LESAGE, Directeur Général de l'Agriculture au Ministère,

M. TARDY, Directeur Général de l'Office National du Crédit agricole,

M. PICQUENARD, Directeur du Travail au Ministère du Travail,

M. DE TARDE, Directeur de l'Office National du Commerce extérieur,

M. LE VICOMTE O. DE ROUGE, Président de l'Office Régional agricole de l'Ouest, Sénateur,

M. DE REALS, Inspecteur Général des Haras du 3me arrondissement,

M. CAILL, Président de l'Office départemental agricole du Finistère,

M. VACHERONT, Président de la Société Départementale d'Agriculture du Finistère,

M. SOULIERE, Directeur des Services Agricoles du Finistère,

M. VINCENT, Directeur de la Sation Agronomique du Finistère,

M. OLLIVIER, Inspecteur Général Honoraire des Haras, Président de la Fédération des Sociétés Hippiques de Bretagne,

M. CAZIOT, Inspecteur Général du Crédit Foncier de France, ancien Chef du cabinet du Ministre de l'Agriculture,

M. VIMEUX, Secrétaire Général de la Fédération de la Mutualité et de la Coopération Agricoles,

M. RISLER, Président du Musée Social,

M. PLUCHET, Président Honoraire de la Société des Agriculteurs de France.

M. PROSPER GERVAIS, Vice-Président de la Société des Agriculteurs de France,

M. PETIT, Vice-Président de la Société des Agriculteurs de France,

M. LE COMTE J. DE NICOLAY, Vice-Président de la Société des Agriculteurs de France,

M. PLICHON, Vice-Président de la Société des Agriculteurs de France, Député,

M. HENRI HITIER, Administrateur Général de la Société des Agriculteurs de France,

M. THOMASSIN, Secrétaire Général de la Société des Agriculteurs de France,

M. DUFOURMANTELLE, Président du Centre fédératif du Crédit populaire,

M. DEDE, Directeur du *Mutualiste Français*,

M. KERGALL, Président du Syndicat Economique Agricole de France,

M. DE GAILHARD-BANCEL, Président du Syndicat Agricole d'Allex,

M. GAVOTY, Vice-Président de l'Union Centrale des Syndicats des Agriculteurs de France, Président de l'Union des Aalpes et Provence,

M. LE MARQUIS DE MARCILLAC, Vice-Président de l'Union Centrale des Syndicats des Agriculteurs de France, Président d'Honneur de l'Union du Périgord et Limousin,

M. ANGLADE, Vice-Président de l'Union Centrale des Syndicats des Agriculteurs de France, Président de l'Union du Plateau Central,

M. GARCIN, Vice-Président de l'Union Centrale des Syndicats des Agriculteurs de France, Président de l'Union du Sud-Est,

M. COURTIN, Vive-Président de l'Union Centrale des Syndicats des Agriteurs de France, Président d'Honneur du Syndicat des Agriculteurs du Loiret,

M. Ambroise RENDU, Secrétaire Général de l'Union Centrale des Syndicats des Agriculteurs de France, Président de l'Union du Sud-Ouest,

M. Adrien TOUSSAINT, Délégué Général de l'Union Centrale des Syndicats des Agriculteurs de France, Vice-Président de l'Union Saônoise,

M. Stanislas DE ROUGE, Secrétaire Général adjoint de l'Union Centrale des Syndicats des Agriculteurs de France, Secrétaire général de l'Union de la Somme,

M. BRAME, Secrétaire Général adjoint de l'Union Centrale des Syndicats des Agriculteurs de France, Président de l'Union de l'Ile-de-France.

M. Roger GRAND, Secrétaire Général adjoint de l'Union Centrale des Syndicats des Agriculteurs de France, Président de l'Union du Morbihan.

MM. les Présidents d'Unions Régionales et Départementales de Syndicats agricoles affiliés à l'Union Centrale des Syndicats des Agriculteurs de France: Comte d'ANDLAU (*Alsace-Lorraine*), de BOHAM (*Champagne*), CARON (*Doubs*), CHAMPONNOIS (*Normandie*), DAMECOUR (*Manche*), DARBLAY (*Loiret*), DEBRETONNE (*Aisne*), DISSEZ (*Basses-Pyrénées*), Marquis de FROISSARD (*Jura*), de GOUTTEPAGNON (*Vendée*), de GUILBERT des ESSARTS (*Aude*), Comte d'HESPEL (*Nord*), Comte de KERANFLECH-KERNEZNE (*Côtes-du-Nord*), LANGLOIS et Roger GRAND (*Morbihan*), LEFEUVRE (*Loire-Inférieure*), Comte de LORGERIL (*Ille-et-Vilaine*), MATHIS (*Vosges*), Comte de MENTHON (*Bourgogne et Franche-Comté*), Comte de MONTALEMBERT (*Mayenne*), »1 MONTBRON (*Lot-et-Garonne*), Comte de MONTRICHARD (*Nièvre*), Comte d'OILLIAMSON (*Calvados*), Marquis de PALAMINY (*Haute-Garonne*), de PRESLE (*Périgord et Limousin*), RATOUIS de LIMAY (*Indre*), Vicomte de ROQUETTE-BUISSON (*Gironde*), TAILLANDIER (*Pas-de-Calais*), Comte de WARREN (*Meurthe-et-Moselle*).

La Cathédrale de Quimper

PREMIÈRE JOURNÉE
Vendredi 10 Octobre.

Réunion d'Ouverture

Le Port de Quimper

L'assistance est nombreuse. Deux cents délégués environ des Associations agricoles finistériennes sont réunis dans la Salle du Théâtre mise à la disposition des congressistes par la Municipalité.

à 9 heures, Mgr Duparc, Evêque de Quimper et de Léon, accompagné de M. le Chanoine Cogneau, son Vicaire Général, prend place sur l'estrade, auprès de MM. le Marquis de Voguë et de M. Le Hars, Sénateur-Maire de Quimper.

A leurs côtés, nous reconnaissons M. le comte Lubiensky, Sénateur de Pologne, représentant son gouvernement; M. Strevenster, attaché à l'Ambassade de Hollande à Paris, représentant la Reine des Pays-Bas; MM. Prosper Gervais, Courtin, Comte J. de Nicolay, Thomassin, membres du Conseil de la Société des Agriculteurs de France;

M. Toussaint, délégué général de l'Union Centrale;

M. Mathis, député, Président de l'Union des C. A. Vosgiens;

M. Brame, Président de l'Union de l'Ile de France;

MM. Garcin et Morand de Joufray, de l'Union du Sud-Est;

M. de Gouttépagnon, de la Vendée;

M. le Comte F. de Vogüé, Président de l'Union du Centre-Est;

M. le Comte de Keranflec'h-Kernesne, Président de l'Union des Côtes-du-Nord;

M. Le Febvre, Président de l'Union du Nord et du Pas-de-Calais;

M. le Comte d'Andlau, Président de l'Union d'Alsace-Lorraine;

M. Roger Grand, Président de l'Union du Morbihan;

M. Lapierre, Secrétaire Général de l'Union du Plateau Central;

M. Le Coq, délégué de l'Union de la Somme;

M. Augi-Laribé, Secrétaire de la C. N. A. A.;

MM. Laroche, inspecteur de l'Office général du Crédit agricole; Charrière, ingénieur des Chemins de fer de l'Etat; le Chanoine Thomas; Cabillic, directeur des P. I. des Services agricoles représentant le Préfet du Finistère;

MM. Inizan, Henry, Simon, Trémintin, députés du Finistère;

MM. de Saint-Quettin, Le Feuvre, Bonan du Chef du Bos, de Lestapis, etc., etc.

Nous avons noté parmi les journaux représentés:

L'Action Française, Le Petit Journal, La Croix, Le Paysan de France, L'Agriculture Nouvelle, Le Journal d'Agriculture Pratique, L'Express du Midi, L'Ouest-Eclair, Le Nouvelliste de Bretagne, La Journée industrielle, Le Courrier du Finistère, La Dépêche de Brest, Le Progrès du Finistère, Le Citoyen, Le Militant, Le Finistère, La Presse Régionale, l'Agence Havas, etc., etc...

Le Comité d'organisation du Congrès de Quimper a reçu des lettres d'excuses des personnages suivants:

M. Queuille, Ministre de l'Agriculture;

M. Le Trocquer, ancien Ministre;

M. le Préfet du Finistère;

M. Méline, ancien Président du Conseil des Ministres;

M. Viger, ancien Ministre de l'Agriculture;

M. Victor Boret, ancien Ministre de l'Agriculture;

M. Fernand David, ancien Ministre de l'Agriculture;

M. J.-H. Ricard, ancien Ministre de l'Agriculture;

M. le Ministre de l'Agriculture de Belgique;

M. le Ministre de l'Agriculture de la province de Québec;

M. le Ministre de l'Agriculture et des Pêcheries de Grande-Bretagne;

M. le Ministre de l'Agriculture d'Espagne;

M. le Ministre de l'Agriculture de Pologne;

M. le Ministre de l'Agriculture de Hollande;

M. le Ministre de l'Agriculture de Suisse;

M. Anglade, Président de l'Union du Plateau Central;

M. le Président de l'Union Lorraine des Syndicats Agricoles;

M. Gavoty, Président de l'Union des Alpes et Provence;

M. le Président du Syndicat Agricole de la Champagne;

M. le Président de l'Union des Syndicats Agricoles du Jura;

M. le Président du Syndicat des Agriculteurs du Loiret.

M. Balanant, Député du Finistère;

M. Bouilloux-Lafont, Député du Finistère, etc., etc...

M. Le Hars, sénateur-maire de Quimper, souhaite la bienvenue à M. de Vogüé et aux congressistes, dans cette ville charmante qui a revêtu pour la circonstance sa plus riche parure automnale. Il se défend d'avoir fait autre chose que son devoir en offrant à l'assemblée qui s'ouvre l'hospitalité du théâtre municipal. Quimper s'intéresse à tout ce qui touche à l'agriculture locale, mais elle est aussi très accueillante à l'échange. Si La Fontaine ressuscitait, à supposer qu'il ait jamais connu notre capitale, son étonnement serait grand d'y voir, comme aujourd'hui un flot toujours renaissant de visiteurs épris de nos paysages, de nos monuments et de nos costumes.

M. Le Hars souhaite que les hôtes de sa ville, venus à l'occasion du congrès national des Syndicats Agricoles gardent de leur séjour le meilleur souvenir. Il y aidera de tout son pouvoir.

Monsieur de Rodellec donne lecture des lettres d'excuses de MM. Queuille, ministre de l'Agriculture, de Fernand David, Bonet, Le Trocquer, ancien Ministres; puis il fait part en ces termes de l'indisposition de M. de Guébriant:

MESSIEURS,

Je suis désolé d'avoir à vous apprendre que le Président de l'Union du Finistère ne pourra prendre part au Congrès.

A la suite de fatigues répétées, notre ami a senti se réveiller en lui de vieilles misères oubliées; et les médecins l'ont momentanément condamné au repos.

Vous savez tous, mes chers amis, et moi mieux que personne, de quelle ardeur notre Président s'était mis au travail pour que l'Union Centrale reçut ici un accueil digne d'elle, des services qu'elle nous rend, des hommes qu'elle nous envoie. — Mais cette tâche ne fut pas, à beaucoup près, la seule qu'il ait entreprise au cours d'une année qui pesa sur ses épaules d'un poids vraiment surhumain: à Paris et chez nous, il a mené pour l'organisation de la Mutuelle-Accidents un combat particulièrement rude, et qu'il paie aujourd'hui de la plus cruelle des déceptions.

Quand j'ai quitté Guébriant hier matin, j'ai senti que sa tristesse se doublait d'une inquiétude: cette inquiétude du Chef à la pensée que l'action dont il a préparé les moindres détails se passera sans lui...

Je vous demande, Messieurs, d'être indulgent pour celui qui, chargé d'accueillir à Quimper, le XII° Congrès National des Syndicats Agricoles, n'a contre sa faiblesse que l'appui de votre amitié.

Allocution d'ouverture de Monsieur de Guébriant, Président de l'Union du Finistère.

MONSEIGNEUR, (1)

MESSIEURS,

Ce fut, pour notre Union du Finistère, un honneur redoutable que la mission de préparer le Congrès National des Syndicats Agricoles, succédant immédiatement à celui de Rodez.

L'Union du Plateau Central qui vous recevait il y a deux ans, est l'un de ces magnifiques groupements régionaux vers lesquels la France rurale a les yeux constamment tournés et qui, lors de vos précédentes assises, se montraient, plus que nous, dignes de votre visite.

Les différentes organisations présidées par Monsieur Anglade s'offraient, au sortir des séances de votre précédent Congrès, comme de vivantes leçons de choses dont le programme des Cours et des Confé-

____

(1) Mgr Duparc.

rences se complétait heureusement; ces incomparables circonstances ne se trouveront plus ici. Nos services feraient certes humble figure auprès de ceux du Plateau Central; tels qu'ils sont, nous aurions aimé toutefois vous en faire les honneurs; mais 80 kilomètres séparent Quimper de Landerneau où nos fondateurs ont établi notre Siège.

M. H. de Guébriant

Une modeste Union Départementale vous accueille cette année, Messieurs; elle réclame votre indulgence. Jeune encore — ses débuts remontent à 1912 — elle se vit imposer une vie ralentie de 1914 à 1919, par la terrible épreuve qui l'a décimée et décapitée. Elle ne doit donc pas à de sensationnelles réalisations la précoce récompense qu'elle reçoit aujourd'hui; mais l'Union Centrale a voulu reconnaître sans doute le profond attachement des Syndicats Bretons à ses doctrines et les efforts persévérants poursuivis, conformément à ses principes, en cette extrémité du territoire français où battent des cœurs dont la réputation est d'être fidèles et tenaces.

Si dans quelques régions de France, l'organisation rurale est plus complète que chez nous, nulle part, j'ose le dire, l'esprit de solidarité professionnelle n'est plus vivace que dans notre vieille et chère Bretagne où les vertus ancestrales préparaient de longue date la floraison du Syndicalisme et de la Mutualité.

Vous en avez eu la preuve hier chez nos voisins du Morbihan; la présence de nombreux congressistes des Côtes-du-Nord, accourus dès aujourd'hui, le confirme hautement.

Vous le constaterez encore dans le Finistère, où plus de 350 Associations rurales se groupent étroitement autour de notre Union.

En leur nom, j'exprime à l'Union Centrale notre profonde reconnaissance, je souhaite la bienvenue aux membres du Congrès et j'adresse un salut spécial et reconnaissant aux représentants des pays étrangers qui nous honorent de leur visite.

*
* *

En cette réunion d'ouverture notre pensée se porte d'abord vers celui qui devait la présider et dont l'Union Centrale porte le deuil récent. Homme de doctrine et d'action, Monsieur Delalande a présidé pendant de longues années notre grande Association: nous devons à ce chef aimé et respecté la puissance de notre groupement, fort aujourd'hui de plus de cinq mille Syndicats: il fut l'un des meilleurs serviteurs de l'agriculture nationale.

A tous les cultivateurs syndiqués de France sa mémoire restera chère; nous la conserverons pieusement dans ce pays avec celle de ses deux disciples auxquels le Finistère doit son organisation syndicale et que la mort nous a ravis.

L'édifice professionnel que nous construisons repose tout entier sur les fortes assises qu'Amédée de Vincelles et Augustin de Boisanger lui donnèrent: sans eux nous n'aurions pu mériter que, peu de jours avant sa mort, M. Delalande désigne Quimper comme siège de ce Congrès.

Pour une puissante Fédération dont les directives orientent dans la France entière l'activité de plusieurs milliers d'Associations, une crise présidentielle est toujours une chose redoutable. Celle ouverte, il y a quelques mois, par la mort du vénéré M. Delalande recevait une solution rapide et heureuse puisque l'Union Centrale donnait au chef disparu un successeur digne de lui.

Sans affaiblir le souvenir de celui que vous remplacez, le choix unanime qui s'est porté sur vous, Monsieur le Président, vous conférait une indiscutable autorité, calmait des inquiétudes que la succession vacante inspirait peut-être à certains de nos amis, et fortifiait notre confiance dans les destinées de notre groupement.

Par votre parole portée dans toutes les provinces de France, par vos écrits, par l'étude des problèmes les plus complexes que soulève l'organisation agricole, et la découverte de solutions ingénieuses aussitôt mises en pratique, vous vous êtes classé parmi les ouvriers les plus ardents et les plus écoutés de l'idée syndicaliste rurale.

L'essor merveilleux que vous avez donné à la Mutualité agricole, notamment sous ses formes d'assurances contre l'incendie et contre la mortalité du bétail, la divination, puis-je dire, dont vous avez fait preuve en créant il y a 15 ans cette Caisse Syndicale des Agriculteurs de France, premier stade de l'organisation professionnelle de l'assurance contre les accidents, qui sert aujourd'hui d'arc-boutant à nos Caisses Centrale, Régionales et Locales; la confiance que vous accordait le Gouvernement en vous chargeant de représenter la France à Genève au Bureau International du Travail, confiance justifiée puisqu'à maintes reprises votre sagesse fit prévaloir les points de vue favorables à notre pays; votre nomination à l'Académie d'Agriculture et au Conseil Supérieur de l'Agriculture; votre présidence enfin de la Société des Agriculteurs de France: tous ces travaux, tous ces titres et ces honneurs, recueillis sans avoir été recherchés, vous désignaient comme le chef que nous voulions à la tête de toutes les activités dont la rue d'Athènes est le Siège.

Sous cette direction unique, sage et ferme, c'est la cohésion assurée, l'harmonie certaine de toutes les initiatives; ce sont les travaux et les recherches agronomiques, le laboratoire, la science juridique, conjuguant leurs efforts avec l'activité sociale, la propagande syndicale, la coopération, la mutualité; c'est l'irrésistible pénétration de nos principes et de nos méthodes dans les hautes sphères de l'Agriculture comme au plus profond de nos campagnes.

Sous votre présidence, notre Congrès réalisera les espoirs qu'il éveille chez tous les amis et tous les serviteurs de l'organisation rurale. Pouvions-nous lui souhaiter un cadre plus avenant que ce Théâtre aimablement mis à notre disposition par Monsieur le Sénateur, Maire de Quimper? Monsieur le Sénateur, nous vous exprimons toute not.e reconnaissance pour le bienveillant accueil que vous avez réservé à nos démarches. Grâce à vous, grâce au dévoué concours de l'architecte municipal, M. Deroux, cette salle élégante et vaste, puis les Halles pour notre Banquet, nous permettront de recevoir, dimanche, dans un décor digne des circonstances qui les assembleront à Quimper, les nombreux cultivateurs dont l'arrivée nous est annoncée. Au nom de tous nos amis, je vous en remercie.

Je veux adresser également à Monsieur le Préfet du Finistère et à Monseigneur l'Evêque de Quimper et de Léon un spécial et reconnaissant hommage.

Leur présence à l'ouverture de ce Congrès revêt à nos yeux une éloquente signification: c'est un encouragement précieux accordé par les plus hautes autorités administratives et spirituelles de notre pays aux efforts tentés pour l'amélioration matérielle, morale et sociale de la condition rurale.

A leurs côtés, j'aperçois des membres du Parlement que nous sommes heureux de voir aujourd'hui parmi nous. Nous aurons beaucoup à leur demander pour la réalisation de notre programme agraire, et nous attendons beaucoup d'eux: en assistant à nos séances, ils nous témoignent un bienveillant intérêt dont nous les remercions sincèrement.

Répondant à notre appel, ou s'excusant dans les termes les plus sympathiques, des représentants de l'Administration, du Clergé, de l'Armée, de la Magistrature, des Compagnies de Chemins de Fer, des Professions libérales, des Chambres de Commerce... manifestent à notre égard des sentiments qui nous touchent vivement.

Trop souvent, hélas, nous constatons dans les milieux urbains une regrettable méconnaissance des choses de la terre. La vie du cultivateur est considérée comme une perpétuelle idylle; ses gains apparaissent faciles et fructueux, sa réponsabilité peu lourde dans les difficultés actuelles de l'existence.

Il nous est agréable de constater que d'éminentes personnalités étrangères à l'Agriculture font justice des calomnies dont on nous couvre, et nous leur en sommes profondément reconnaissants.

L'aide des journaux nous est nécessaire pour dissiper les regrettables malentendus dont nous souffrons, et je vois dans l'empressement de leurs représentants la promesse d'un appui auquel notre gratitude est assurée.

Ce Congrès réunit donc, Messieurs, un ensemble de compétences et de sympathies qui présage le succès. Puisse-t-il, avec le concours des distingués conférenciers inscrits à son programme, aboutir à de substantielles réalisations, éclairer notre voie vers de nouvelles initiatives; puisse-t-il surtout avec le concours de toutes les bonnes volontés qui l'entourent mettre en relief cette vérité que l'on ne saurait méconnaître sans compromettre les intérêts supérieurs du Pays: la France est une nation agricole et doit le rester; sa sécurité dépend de la prospérité de son Agriculture.

Discours d'ouverture du XIIe Congrès National des Syndicats Agricoles par M. le Marquis de Vogüé, Président de l'Union Centrale.

MONSEIGNEUR,

MESDAMES,

MESSIEURS,

Le XIIe Congrès National des Syndicats Agricoles s'ouvre aujourd'hui sous d'heureux auspices. Il a recueilli d'éminents patronages parmi les personnalités les plus autorisées de l'Etat et de l'Eglise, des pouvoirs élus et des corps professionnels, de l'Administration française et des gouvernements étrangers. Il a su attirer la foule empressée et attentive des agriculteurs de ce pays qu'anime le souci de leurs grands intérêts professionnels. Il a rallié autour d'eux, en dépit de l'éloignement et de toutes ses pénibles conséquences, une belle phalange d'hommes rompus aux investigations de la science et aux réalisations de la pratique, désireux de voir à l'œuvre des institutions, jeunes encore mais déjà réputées, et prêts à les seconder de leur expérience, — curieux aussi, sans doute, de respirer pendant quelques heures l'atmosphère de cette Bretagne, voilée de poésie et de légende, qui résiste au nivellement du temps.

Pour le Président de ce Congrès, ce n'est pas seulement un motif de se réjouir: c'est encore une raison de remercier. Bien volontiers il se fait l'interprète de tous envers ceux qui ont préparé cette réunion et ceux qui ont bien voulu l'honorer de leur présence ou la soutenir de leurs encouragements.

Je dois ici adresser mon hommage à Monseigneur l'Evêque de Quimper et de Léon, toujours si bienveillant aux ruraux; à M. le Sénateur Le Hars, maire de Quimper, qui a aidé de tout son pouvoir et de la meilleur grâce à la réussite de notre Congrès; à M. Le Comte Lubiensky, sénateur de Pologne, qui représente parmi nous la nation fidèle et amie; à M. Stevenster, délégué par le gouvernement des Pays-Bays, qui nous apporte le salut des cultivateurs hollandais. J'exprime enfin notre gratitude toute particulière pour le Comité d'organisation constitué par l'Union des Syndicats Agricoles du Finistère, et nos regrets profonds pour l'absence de son chef, notre ami Hervé de Guébriant, qu'une indisposition, que nous souhaitons passagère, retient loin de nous, au moment même où il eût trouvé, dans le succès de cette réunion, le couronnement de ses efforts et la récompense de son ardent dévouement.

Comment dire le charme de ces rencontres où, dans les sites si variés de la France toujours une, se retrouvent périodiquement les hommes qui, depuis un tiers de siècle, s'efforcent à propager l'idée d'association? A chaque étape, hélas! ils pleurent quelques uns des leurs, tombés sur le chemin. Des noms qui manquent aujourd'hui à l'appel, je ne veux en citer qu'un, parce qu'il tenait une place prépondérante dans nos Congrès: celui de Louis Delalande.

Depuis vingt ans, il les a tous présidés: avec quel talent, quelle autorité, quelles vues d'avenir, la constance de nos suffrages le dit assez. La tâche est lourde pour celui qui l'assume après lui: votre bienveillance l'aidera à la remplir, non moins que les exemples qu'il trouve dans la succession difficile à laquelle vous l'avez appelé.

M. le Marquis de Vogüé

Mais si la disparition des meilleurs d'entre nous laisse de douloureux regrets, les vides dans nos rangs sont bientôt comblés; et je salue avec joie les recrues nouvelles qui viennent soutenir nos pas vieillissants de leurs jeunes ardeurs.

Elles montrent aussi, ces heureuses rencontres, que dans ce monde où s'affrontent tant de sentiments opposés et tant d'activités contraires, il y a cependant un terrain où l'entente est facile, où les divergences cessent, où les conflits s'apaisent — entre ceux-là du moins qui admettent certains principes essentiels, nécessaires à la conduite des individus comme à la vie des peuples et qui se résument dans ce mot: le respect des droits d'autrui. Ce terrain, c'est celui où nous nous trouvons aujourd'hui réunis: celui des intérêts généraux de la profession.

C'est ce point de contact qu'on vient chercher dans tous les congrès de l'Agriculture, soit qu'ils réunissent entre eux les groupements qui se consacrent à l'étude de telle forme de l'action professionnelle ou de telle branche de la technique agricole, soit qu'ils envisagent dans leur ensemble les problèmes agricoles qui s'imposent à l'attention et appellent l'étude commune de toutes les associations. Entre ces congrès particuliers (mutualité et coopération, élevage, laiterie, pomologie, etc.) et les grands Congrès de l'Agriculture Française, nos congrès des Syndicats ont leur place marquée, de même que les Syndicats ont leur place bien définie dans l'organisation générale de l'agriculture. Au 5ᵉ Congrès National des Syndicats Agricoles, tenu à Périgueux en 1905, notre Maître, Emile Duport, faisait acclamer cette motion préliminaire, qui résume leurs règles d'action: « les Syndicats Agricoles n'ont pas pour unique objet de rendre des services matériels, mais leur but est aussi et surtout d'améliorer la situation sociale des Agriculteurs ».

Et, en effet, sans négliger les intérêts matériels et les intérêts moraux de la classe agricole, — dont d'autres groupements se préoccupent comme eux, — ils ont un grand rôle à jouer dans la défense de ses intérêts sociaux: par la vocation spéciale qu'ils tiennent de la loi du 21 mars 1884, ils forment les cadres de l'organisation sociale de l'agriculture.

C'est pourquoi, Messieurs, nos Congrès ont leur raison d'être au milieu des autres. Ils sont d'autant plus nécessaires que le Syndicat professionnel voit tous les jours s'étendre son domaine — peut-être même au-delà de ses limites légales ou naturelles. Au moment où le Syndicalisme accroit son autorité — ou ses prétentions — il importe de maintenir la formule suivant laquelle a été conçu et réalisé le Syndicat Agricole, de le montrer à l'œuvre, de lui permettre de s'améliorer si possible en suivant l'évolution des choses, de le préparer au rôle qu'il peut avoir à jouer dans les circonstances encore incertaines de l'avenir.

De cette formule si personnelle, — si française, dirai-je, par son harmonie et par sa clarté, — je n'ai rien de plus à dire en ce Congrès, après ce qu'en ont dit dans les congrès précédents des voix qui ne meurent pas.

Le Syndicat professionnel, tel que nous le concevons, n'est pas une formation de combat au service des intérêts différents qui peuvent exister au sein d'une même profession. La profession agricole, par bonheur, ne comporte pas de ces oppositions fondamentales qu'on rencontre dans les autres. Les catégories entre lesquelles se répartissent les individus, — propriétaires, exploitants, salariés, — ne sont pas séparés comme ailleurs par des frontières plus ou moins naturelles, hérissées par la malignité des hommes; elles se pénètrent l'une l'autre, se combinent, se confondent parfois; et il s'en dégage comme un sentiment de famille qui rapproche les individus, créant entre eux la solidarité. Le Syndicat est l'instrument et le lieu de ce rapprochement. Il est ouvert, il doit rester ouvert, à tous les membres de la famille agricole, quelles que soient leurs opinions ou leurs croyances pourvu qu'ils lui donnent le concours loyal de leur bonne volonté. Il y a place dans son sein pour tous les collaborateurs de l'œuvre commune; qu'ils y consacrent leur labeur, leurs fonds ou leurs loisirs, qu'ils apportent l'effort de leurs bras ou celui de leur pensée, qu'ils travaillent pour autrui ou pour eux-mêmes. Ils doivent tous pouvoir trouver dans le cadre professionnel la satisfaction de leurs besoins professionnels. Et si ces besoins exigent que la profession leur procure crédit, assistance ou sécurité contre les risques de leurs personnes ou de leurs biens, le Syndicat y pourra pourvoir par les institutions annexes dont la mutualité et la coopération lui donnent la formule. Habitués à étudier ensemble les questions qui se rapportent à leur vie professionnelle, ses membres seront préparés à traiter dans le même esprit de concorde celles où leurs intérêts individuels peuvent être opposés, sans que cette opposition devienne une source de conflits.

On l'a dit trop souvent pour que j'y insiste encore: c'est le syndicat communal qui est la cellule première de l'organisation professionnelle de l'Agriculture, l'assise fondamentale sur laquelle repose tout l'édifice.

Mais un Syndicat communal ne pourrait rien faire s'il restait isolé: la force lui vient par le groupement avec les syndicats semblables à lui : groupement régional d'abord, groupement central ensuite.

Le groupement régional est une nécessité de fait. Dans la grande et belle unité française il y a une variété d'éléments considérable, due principalement aux différences de sol et de climat, et à l'influence qu'elles ont sur le caractère des hommes et sur leurs coutumes, sur les conditions de leur vie individuelle, familiale ou sociale. De là l'importance qu'il y a à grouper les associations d'une même région, en raison de leurs analogies ou de leurs affinités. C'est ce groupement régional qui est le pivot de tout le système: c'est lui qui tient en main l'autorité directe sur les syndicats locaux et qui, formant un faisceau de leurs institutions annexes, leur donne la solidité qui résulte de la puissance du nombre. L'Union des Syndicats Agricoles du Finistère qui nous reçoit aujourd'hui, comme celle du Morbihan dont hier nous étions les hôtes, sont des exemples concrets de ce qu'un tel groupement de forces peut réaliser: elles méritent d'être citées auprès de leurs sœurs, plus âgées et plus puissantes, comme les Unions du Sud-Est, des Alpes et Provence, du Plateau Central, etc.

Cependant la co-existence de groupement régionaux ne suffirait pas à constituer, au sens complet du mot, une *organisation;* il faut encore réaliser entre eux l'harmonie des mouvements. Un organisme n'est pas la simple juxtaposition de plusieurs organes. Un rouage supérieur est nécessaire pour assurer la coordination de ces mouvements, la collaboration de ces organes en vue de leur fin commune qui est la vie de l'organisme. L'autorité de ce rouage supérieur doit être d'autant plus grande qu'il commande à des unités plus fortes: mais il ne doit pas les annihiler. La constitution féodale de la France au moyen-âge était aussi loin du régime idéal que le pouvoir absolu préparé par Richelieu. Dans notre organisation professionnelle de l'Agriculture, le rouage supérieur, qui est l'Union Centrale, est l'émanation des organes régionaux. Ce sont leurs représentants qui forment ses cadres; elle tient d'eux-mêmes son autorité; son pouvoir ne peut donc pas aller contre leurs intérêts; leur soumission à ses directives est un acte de confiance spontanée et réfléchie, et non pas l'effet d'une coercition tyrannique, appuyée sur les sanctions brutales dont disposait le grand Cardinal. Mais pour être plus douce, l'autorité de l'Union Centrale n'en doit pas être moins effective. Placée au centre de l'activité professionnelle et de l'activité nationale, elle est l'organe naturel par où s'expriment les aspirations, les désirs, les volontés de l'organisation tout entière; elle est en même temps le chef (caput) qui, jugeant mieux de l'ensemble des mouvements parce qu'il les voit de plus haut, peut seul les diriger vers les buts à atteindre.

Pour cela, il ne suffit pas de regarder en soi-même: il faut encore regarder autour de soi; car nous ne sommes pas seuls sur la route. A nous aussi, il faut un « Code de la route », pour définir nos rapports avec ceux qui la suivent en même temps que nous.

Nous trouvons d'abord sur cette route d'autres associations, dont quelques-unes sont de beaucoup nos aînées et qui se sont créés pour travailler de quelque manière au développement de l'Agriculture: sociétés agricoles, comices, sociétés coopératives ou mutuelles. Les unes se consacrent à l'étude des questions d'ordre technique, législatif ou juridique qui peuvent intéresser les agriculteurs; d'autres se sont donné pour objets de récompenser leur effort; d'autres enfin s'appliquent à les garantir contre les risques de toute nature qui découlent de leur profession.

Le champ d'action de ces associations est parfois très éloigné du nôtre, parfois il en est voisin. Mais leur œuvre pour être différente n'en a pas moins sa raison d'être et son utilité: et la logique commande que, cherchant les uns et les autres le bien de l'Agriculture, nous nous concertions pour arriver à nos fins. C'est de cette pensée qu'est née, aussitôt après la guerre, la Confédération Nationale des Associations Agricoles, où toutes les associations de France, grands groupements d'individus ou fédération de petits groupements, se réunissent pour l'étude et la défense des intérêts de l'Agriculture, sans rien perdre de leur indépendance ou de leur autorité.

Nos syndicats, dès le premier jour, sont entrés résolument et loyalement dans cette entente. J'ose dire qu'ils n'ont pas à s'en repentir. Ils ont pu à diverses reprises collaborer utilement à d'heureux résultats; ils ont pu à leur tour assurer le succès de leurs efforts par l'aide efficace reçue de leurs alliés. Pour n'en citer qu'un exemple, — le plus récent, — faut-il rappeler l'émotion soulevée dans nos syndicats et nos coopératives par une circulaire ministérielle qui les imposait, injustement suivant nous, à la taxe sur le chiffre d'affaires? Or, je ne crains pas d'affirmer ici, que si les instructions officielles ont été modifiées en notre faveur, c'est parce que le Président de l'Union Centrale, dans ses démarches pour écarter de nos associations la menace qui pesait si gravement sur elles, sur leur existence même, a trouvé dans le Président de la C. N. A. A., parlant au nom de toute l'agriculture française, l'appui spontané et décisif qui triomphe de tous les obstacles.

Nous y rencontrons aussi, sur cette route où s'allongent nos pas, les services que l'Etat a créés, qu'il devait créer pour jouer son rôle d'animateur et de protecteur des activités nationales. Par raison, et presque par définition même, une collaboration étroite doit s'établir entre les associations que les agriculteurs ont librement formées entre eux pour la défense de leurs intérêts, et les administrations publiques sur l'appui desquelles ils ont droit de compter. Mais ce travail en commun n'est possible, en vérité, que si d'un côté l'Etat respecte l'indépendance des associations, pour qui il doit être un tuteur et un conseiller, non pas un maître, et si de leur côté les associations se consacrent exclusivement à leur tâche professionnelle sans s'égarer sur le domaine de la politique. Ces conditions semblent faciles à réaliser, s'il n'y a de part et d'autre aucune arrière-pensée. J'affirme qu'il n'y en a point de notre part. Jaloux de notre indépendance comme du plus précieux des biens, ne recherchant pour nos groupements ou pour nous-mêmes, ni honneurs, ni faveurs, nous apportons aux Pouvoirs Publics notre concours loyal et désintéressé. Soit pour la préparation des lois, soit pour leur application, nous mettons à leurs dispositions notre expérience et notre bon vouloir; nous en avons donné trop de preuves, notamment en ce qui concerne cette loi sur les accidents du travail en agriculture dont il va être question tout à l'heure, pour que le caractère et les résultats de notre collaboration puissent être mis en doute. L'Etat y puise au demeurant une force et une autorité plus grandes qu'il n'en pourrait trouver dans une adhésion moins exempte de servilité ou de calcul.

Ainsi, Messieurs, les syndicats agricoles, s'ils restent fidèles aux principes qui doivent régler leur vie intérieure et leur action au dehors, seront toujours pour notre agriculture de précieux instruments de stabilité et de progrès. C'est dans les périodes de crise, comme celle que nous traversons, qu'ils peuvent la soutenir le mieux.

De cette crise il serait superflu de parler ici, si dans les discussions qu'elle soulève et dans les conséquences qu'elle peut faire naître n'apparaissaient des menaces contre lesquelles l'Agriculture doit réagir de toute son énergie.

Sur ces origines, il semble qu'il ne puisse pas y avoir de désaccord tant l'enchainement implacable des circonstances laisse peu de place au doute. Les embarras financiers que la guerre et ses suites funestes ont créés dans presque toutes les nations, l'avilissement de la monnaie chez celles qui ont donné le plus gros effort, le déficit de la production dû aux pertes subies par le capital humain et par le capital matériel, les exigences croissantes de la consommation, le déchainement des appétits longtemps contenus, servis par l'abondance d'une monnaie dépréciée: toutes ces causes d'une crise économique qui se traduit par la cherté de la vie sont connues depuis assez longtemps pour n'avoir plus rien d'obscur. Une parole ministérielle vient encore de les mettre en lumière.

La logique voudrait que la solution de la crise fût cherchée dans une action directe contre ses causes: l'assainissement de la situation financière, la diminution des dépenses publiques et privées, l'intensification de la production agricole. Seule une politique économique cohérente et stable, pourvu qu'on lui laisse le temps de porter ses fruits, peut réaliser peu à peu l'équilibre rompu par le malheur des temps.

Cependant la hâte de vivre l'a emporté sur la raison. Les dépenses de luxe augmentent tous les jours. Le budget de l'Etat est présenté avec de nouvelles et lourdes charges et reste ouvert aux surenchères électorales. Au lieu d'encourager la production en lui laissant entrevoir la récompense de ses efforts, on l'inquiète par des restrictions et des taxations qui vont nettement à l'encontre du résultat cherché. Ainsi, par une imprévoyance fâcheuse, par des mesures partielles et arbitraires, qui plaisent à l'impatience irraisonnée de la foule parce qu'elles lui procurent quelques satisfactions passagères, on ne fait qu'aggraver la situation en reculant indéfiniment le terme.

Mais à la prolonger ainsi ne va-t-on pas aux abimes? Qui peut affirmer qu'à la crise économique — doublée il faut bien le dire d'une crise morale — ne succèdera pas une crise sociale où sombrerait la fortune du pays? Dieu nous en garde! Mais d'abord gardons-nous nous-mêmes. Soyons assez énergiques pour nous imposer les disciplines nécessaires, assez forts pour obtenir des pouvoirs publics les mesures de sagesse et de prévoyance que réclame la logique des faits.

Cette force nous la trouverons dans nos Syndicats professionnels organisés. Ils ont été depuis quarante ans les meilleurs artisans des progrès et de la prospérité de l'Agriculture. Ils seront sa sauvegarde. Ils la conduiront, à travers toutes les tourmentes, vers cet avenir lumineux qu'avaient rêvé leurs fondateurs et pour lequel ont lutté, sans autre ambition que de faire leur devoir, tant d'hommes de bonne volonté.

Les Assurances contre les Accidents du Travail en Agriculture

Rapport de M. d'Andlau, Président de la Fédération d'Alsace-Lorraine.

Organisation de l'Assurance-accidents
des exploitations agricoles en Alsace et en Lorraine

Dans les trois départements du Haut-Rhin, du Bas-Rhin et de la Moselle, l'Assurance-Accidents des exploitations agricoles et forestières est régie par le Code des Assurances sociales (C. A. S.) loi d'empire du 19 Juillet 1911, et par la loi locale (loi d'introduction) du 5 août 1912. — Ces deux lois remplacent celles précédemment applicables aux accidents professionnels et notamment celles du 8 Juillet 1884 et du 30 Juin 1900.

Cette législation s'étend en même temps sur l'Industrie, le Commerce, l'Agriculture et les exploitations forestières.

Dans les autres départements (Intérieur) la législation sur les accidents du travail est fixée par la loi du 9 Avril 1898, modifiée par les lois du 22 Mars 1902, ainsi que par celles du 31 Mars 1905, 17 Avril 1906, du 5 Mars 1917 et du 17 Octobre 1919. Ces dispositions législatives qui ne s'appliquaient jusqu'alors qu'à l'industrie, ont été étendues sur l'agriculture par la loi du 15 Décembre 1922.

Ces lois ne sont pas introduites en Alsace et en Lorraine, et nos institutions de prévoyance et d'assurances sociales restent régies par

M. D'Andlau

Ces lois ne sont pas introduites en Alsace et en Lorraine, et nos institutions de prévoyance et d'assurances sociales restent régies par les lois locales. Je n'entre pas dans les détails des différentes législations tant locales que métropolitaines, et je me borne à donner un aperçu sur le mode d'assurance de ces risques, tel qu'il est pratiqué dans ces trois départements.

La différence entre nos deux systèmes est la suivante:

La loi du 15 Décembre 1922 étend la responsabilité professionnelle sur l'agriculture, sans tenir compte si en cas d'accident il y a faute de la part du patron ou non. Ce dernier est libre de s'assurer contre les risques de sa responsabilité. Cette responsabilité peut devenir, le cas échéant, très onéreuse, mais le cultivateur reste toujours entièrement libre pour se garantir contre les suites de cette responsabilité.

Le Code des assurances sociales, en vigueur dans les trois départements recouvrés, veut non seulement garantir à l'ouvrier tous les soins nécessaires en cas d'accidents, mais il veut en même temps préserver le patron des suites de sa responsalbilité en lui octroyant une assurance obligatoire. Ce dernier n'a donc pas à se préoccuper s'il est assuré ou non; quoiqu'il arrive il le sera toujours parce qu'il est obligé de payer son assurance sous forme de centimes additionnels avec son impôt foncier. Cette assurance s'opère pour ainsi dire automatiquement.

La loi sur les assurances des accidents professionnels forme une partie des lois allemandes relatives aux assurance sociales qui ont été peu à peu introduites en Alsace et en Lorraine. L'ère de ces assurances sociales remonte aux années 80 du siècle dernier. Elle a été inaugurée par la loi relative à l'assurance contre les maladies du 15 Juin 1883. Cette loi fut suivie par celle du 6 Juillet 1884, relative aux accidents du travail; par celle du 22 Juin 1889, relative à l'invalidité et à la vieillesse; et enfin par celle du 20 Décembre 1911, relative à l'assurance des employés. Dans le courant des années, ces lois éurent de nombreuses modifications jusqu'au jour où elles ont été codifiées par la Reichsversicherungsordnung (code d'assurances sociales) du 19 Juillet 1911 — C. A. S.

Le Code des Assurances Sociales du 19 Juillet comprend les dispositions relatives à :

1) — L'assurance contre les maladies;

2) — L'Assurance contre les accidents du travail, qui nous occupera spécialement aujourd'hui;

3) L'Assurance de l'invalidité et de la vieillesse.

L'assurance-maladie est obligatoire pour tous les salariés, y compris les ouvriers agricoles ne gagnant pas 8.000 francs par an.

L'assurance-accidents est obligatoire pour tous les salariés du commerce et de l'industrie, s'ils ne gagnent pas 15.000 francs par an. Dans l'exploitation agricole, l'assurance s'étend non seulement aux salariés, mais aussi aux exploitants, leur conjoint ou leur famille, s'ils sont employés dans l'exploitation.

L'assurance invalidité et vieillesse est également obligatoire pour tous les salariés de l'Industrie, du Commerce et de l'Agriculture. La rente d'invalidité ou de vieillesse est allouée aux bénéficiaires de cette catégorie à l'âge de 65 ans ou à une époque antérieure si le bénéficiaire a perdu sa capacité de travail avant cet âge, par la maladie et non par accident. Mais si, par exemple, un ouvrier touche une rente à la suite d'un accident, il en sera tenu compte dans l'allocation de la rente invalidité et de vieillesse et vice-versa, les deux catégories de rente ne pouvant se cumuler.

L'assurance invalidité et vieillesse s'opère de la manière suivante: Chaque salarié est titulaire d'une carte sur laquelle le patron colle toutes les semaines un timbre dont la valeur correspond au salaire. Ce timbre est à payer à moitié par le patron et à moitié par l'ouvrier. L'administration et le contrôle de cette assurance incombe à l'institut de l'assurance invalidité et vieillesse.

Toutes les institutions d'assurances sociales ont le caractère d'une administration publique, mais elles sont administrées par les intéressés eux-mêmes. Patrons et employés sont appelés, par des élections, à participer à l'administration.

La juridiction des assurances sociales comprend trois instances:

1) — L'Office des assurances sociales, au siège de chaque Sous-Préfecture;

2) — L'office supérieur des assurances sociales, au siège de chaque Préfecture;

3) L'Office général des assurances sociales, ayant son siège à Strasbourg et fonctionnant pour les trois départements.

Il résulte du C. A. S., comme nous le démontrerons ci-après, que dans le cas d'accident du travail, les prestations au profit des victimes d'accidents sont à supporter en partie par l'assurance-maladie (13 semaines) et en partie par l'assurance-accidents.

L'assurance contre les accidents est obligatoire pour chaque exploitant et elle est entreprise en vertu de la loi, par des corporations professionnelles. La corporation professionnelle pour les accidents agricoles se compose de l'ensemble des exploitants d'un département. Chacun des trois départements du Haut-Rhin, du Bas-Rhin et de la Moselle a sa « corporation agricole ».

Les bénéficaires de la loi sur les accidents du travail dans l'Agriculture sont non seulement, comme dans le Commerce et l'Industrie les travailleurs manuels, tels que les ouvriers, apprentis, domestiques, agents techniques, etc., ne gagnant pas plus de 15.000 francs par an; mais la loi fait bénéficier aussi *les chefs d'exploitations ainsi que leurs conjoints travaillant dans l'entreprise*. Les enfants et les autres membres de la famille, s'ils sont occupés dans l'exploitation, sont à considérer comme ouvriers ou domestiques.

Tous les accidents professionnels qui se produisent dans une exploitation tombent sous l'application de la loi; — s'ils se produisent en dehors de l'exploitation et qu'ils sont en connexité avec l'exploitation, ils sont encore à considérer comme accidents professionnels.

Mais si, par exemple, un domestique se sert du cheval de son maître pour entreprendre un voyage qui n'est pas en connexion avec l'exploitation agricole, et qu'il survient un accident dans les conditions indiquées, cet accident ne tomberait pas sous l'application de la loi sur les accidents professionnels.

Toutefois le propriétaire du cheval pourrait, dans certains cas, en vertu du § 833 du code civil local, être rendu civilement responsable. C'est donc pour cette raison que la plupart de nos agriculteurs contractent une assurance contre la responsabilité civile.

Les corporations agricoles des départements du Haut-Rhin et du Bas-Rhin, conformément aux droits qui leur sont conférés par le § 844 du C. A. S. ont créé, chacune dans son rayon d'action, une Caisse d'assurance mutuelle contre la responsabilité civile. L'agriculteur est donc couvert sous toutes formes contre toute éventualité.

En cas d'accident donnant droit à une indemnité, la Caisse des malades coopère avec la corporation dans la prise à charge des prestations de l'assurance. Des caisses de malades peuvent fonctionner pour tous les salariés d'une même localité ou d'une même région. Elles peuvent également être établies pour les ouvriers et employés d'un établissement industriel ou commercial. Mais toutes les Caisses de malades sont sujettes à l'autorisation et au contrôle de l'Office Général des assurances.

L'assurance *contre les maladies est obligatoire pour tous les salariés* dans le Commerce, l'Industrie et l'Agriculture. Dans l'Agriculture cette obligation ne s'étend pas sur les exploitants ni sur les membres de sa famille. Les exploitants agricoles peuvent être dispensés d'assurer leur personnel contre les maladies, s'ils donnent les garanties suffisantes, qu'en cas de maladie d'un salarié ils sont en mesure de payer à l'ouvrier malade les indemnités auxquelles il aurait droit aux termes de la loi.

Les cotisations à verser par l'exploitant a la Caisse des malades sont calculées à la base des salaires respectifs de l'ouvrier. De ces cotisations le salarié payera 2/3 et le patron 1/3. Chaque arrondissement possédant une ou plusieurs caisses de malades, celle-ci est le plus facilement accessible aux intéressés; et son intervention permet à ces derniers de recevoir un secours immédiat.

Les prestations des 13 premières semaines après l'accident incombent à la caisse des malades, si le blessé est soumis à l'assurance obligatoire contre les maladies.

Quant aux travailleurs agricoles qui ne sont pas assujettis à l'assurance obligatoire-maladie, tels que les travailleurs occasionnels ou les membres de la famille travaillant dans l'exploitation, c'est la commune qui doit subvenir aux frais de maladie pendant les 13 premières semaines; sans que la commune puisse exercer un recours contre l'exploitant.

Dans le cas où le blessé ne serait pas assuré contre la maladie, la corporation prendait dès le premier jour de l'accident tous les frais de maladie à sa charge, sauf son recours contre qui de droit.

Pendant les 13 premières semaines, la Caisse des malades prend à sa charge en sus de tous les frais médicaux, la moitié du salaire de base fixé antérieurement par la Caisse des malades. Ce n'est qu'à partir de la 14e semaine que l'institution d'assurance-accidents (Corporation agricole) doit contribuer à ces charges.

Les prestations à la charge de la corporation agricole, c'est-à-dire en cas d'accident, comportent tout d'abord le traitement médical (soins médicaux, traitement hospitalier, médicaments, appareils, etc.) et autres moyens de guérison susceptibles d'assurer le succès de la guérison. (§§ 558 et 930 C. A. S.). Pour la durée du traitement, la corporation peut allouer à la victime les soins et l'entretien gratuit dans un établissement hospitalier. Dans ce cas, si la victime est mariée ou soutien de famille, la famille (épouse, enfants, parents) a droit pendant ce temps aux rentes auxquelles elle aurait eu droit en cas d'accident mortel (§§ 598 et 951 C. A. S. — rente des survivants dont il sera parlé ci-après).

En outre du traitement médical, la corporation doit allouer à la victime de l'accident une rente pour la durée de l'incapacité de travail. Cette rente temporaire peut être suspendue en tout ou partie si le malade se refuse à se soumettre sans motif valable aux prescriptions que comporte son traitement (§§ 606, 592 C. A. S.).

Pour toute la durée de l'incapacité absolue de travail, la victime de l'accident touche une rente équivalente à 2/3 du salaire annuel (rente complète). Pour une incapacité partielle de travail, elle touchera la rente en proportion de son incapacité de travail (rente partielle).

Durant les deux premières années après l'accident, la rente peut être modifiée en tout temps, selon les circonstances d'incapacité de travail (rente provisoire). Après ce temps, la rente ne pourra être modifiée que d'année en année (rente permanente-Dauerrente). Si toutefois la victime de l'accident est infirme à tel point qu'elle doit avoir recours aux soins de tierces personnes (cécité ou paralysie), la rente annuelle peut être fixée à la totalité du salaire annuel.

Si l'ayant droit se trouve, pour une cause indépendante de sa volonté (manque de travail à la suite de l'accident) dans un dénuement complet, sa rente pour incapacité peut être facultativement et temporairement portée au montant de la rente correspondant à une incapacité totale.

En cas d'accident suivi de mort, la corporation alloue des frais funéraires se montant au 1/5 du salaire de la victime, sans pouvoir être inférieur à 60 francs.

Une rente de survivants égale au 1/5 du salaire annuel de la victime, est en outre attribuée: 1°) à la veuve survivante, sa vie durant ou jusqu'à convol en secondes noces; dans ce dernier cas il sera payé à la veuve survivante une indemnité forfaitaire égale à 3/5 du salaire annuel; 2°) à chacun des enfants de la victime jusqu'à l'âge de 15 ans révolus; 3°) aux ascendants, si la victime a été leur soutien; 4°) aux petits enfants de la victime, s'ils sont orphelins de leur père et mère et sous les mêmes réserves que pour les ascendants.

En général, la rente des survivants ne peut dans sa totalité dépasser 3/5 du salaire annuel de la victime (§ 950). La rente des survivants sera attribuée de préférence à la veuve et aux enfants de la victime; ce n'est qu'après le désintéressement complet de ces deux catégories d'ayants droits que la 3° et la 4° catégorie peuvent entrer en ligne de compte.

En raison de la hausse des salaires et de l'augmentation du montant de rentes qui résulte de ce fait, il se produit une différence très sensible entre le montant des rentes anciennes et celles récentes. Des allocations supplémentaires peuvent donc être consenties à ceux des titulaires dont le taux d'incapacité de travail est de 66 2/3 %. — L'article 4 du décret du 19 novembre 1921 a étendu le bénéfice de ces rentes supplémentaires aux titulaires de rentes de survivants et l'arrêté du 17 décembre 1921 en règle les conditions.

Les prestations sont donc imposées, non directement à l'employeur, mais à l'ensemble des patrons appartenant aux catégories professionnelles déjà énoncées, groupées obligatoirement pour un motif d'intérêt public en une même association, la corporation d'assurances accidents. — La responsabilité individuelle de l'employeur est, de la sorte, transformée en une obligation collective supportée par la mutualité.

Ce caractère général et obligatoire de l'assurance par les corporations explique que les frais de gestion de ces institutions sont notamment moins élevés que ceux des compagnies d'assurances privées. Il apporte en outre, pour l'assuré, une précieuse garantie à laquelle vient s'ajouter l'obligation pour les corporations, de constituer un fonds de réserves égal au triple des rentes en cours.

En raison de leur caractère public, ces organismes ont des attributions strictement délimitées par la loi. Leurs statuts, règlements de service, tarifs des risques, etc., sont soumis à l'approbation de l'Office Général des assurances sociales, qui a son siège à Strasbourg, sous la surveillance duquel ils se trouvent placés, sans toutefois perdre de leur autonomie. Ces corporations d'assurances, quoi qu'elles soient obligatoires, porteront toujours le caractère de la Mutualité.

Les trois corporations agricoles d'Alsace et de Lorraine englobent chacune, dans leur ressort respectif, l'ensemble des exploitations agricoles de chacun des trois départements recouvrés.

Les organes de la corporation sont: 1°) le Comité Directeur (Bureau) chargé de la gestion de la corporation, de la fixation des indemnités d'accidents et des cotisations; 2°) l'assemblée générale composée des membres de la corporation élus sous le principe de la représentation proportionnelle dans les conditions fixées par un règlement annexé aux statuts; 3°) des hommes de confiance, ou correspondants peuvent être chargés par la corporation agricole de sa représentation dans les enquêtes locales sur les accidents, et de la surveillance des titulaires de rentes.

Tout accident survenu dans une exploitation doit être déclaré dans les trois jours, par le chef d'entreprise, tant à l'institution d'assurances compétente qu'au Maire de la localité. — Un accident n'ayant entraîné qu'une blessure, ne doit être déclaré que s'il y a lieu de présumer une incapacité de travail complète ou partielle de plus de trois jours.

Si l'accident entraîne la mort, ou des blessures susceptibles de donner lieu à l'allocation d'une indemnité, le Maire doit, aussitôt que possible et de sa propre initiative, ouvrir une enquête à laquelle le blessé, l'exploitant, la corporation, la caisse de maladie, l'office d'assurance peuvent se faire représenter. — Le dossier de l'enquête est ensuite transmis à la corporation. — Les prestations de l'assurance-accident (indemnités, rentes, etc...), une fois fixées par la corporation, l'intéressé peut y faire opposition, un mois après la signification de la décision respective.

Après que l'intéressé aura été entendu par la Corporation, celle-ci prendra une décision finale. — Contre cette décision, l'intéressé peut encore appeler à l'Office supérieur des assurances sociales du département. Enfin, l'Office général des assurances peut être appelé à statuer sur le recours contre le jugement de l'Office supérieur.

En cas de litige, l'intéressé peut donc recourir, outre sa propre corporation, à trois instances pour sauvegarder ses intérêts: la corporation, l'Office supérieur des assurances sociales et l'Office général des assurances sociales. — Dans toutes les instances, des représentants, tant des employeurs que des employés, prennent part aux délibérations et aux décisions sous la présidence d'un fonctionnaire technique.

La procédure instituée par le Code des assurances sociales, en ce qui concerne la fixation des rentes-accidents, offre le maximum d'avantages à l'assuré: 1° par la gratuité complète de cette procédure;

2° Par la simplicité et la rapidité avec laquelle sont liquidées les affaires;

3° Par la compétence particulière des deux instances de juridiction qu'elle comporte; compétence garantie d'une part par l'adjonction aux magistrats et fonctionnaires de représentants des employeurs et des employés, et d'autre part par la limitation étroite de ces juridictions aux affaires d'assurances sociales.

Le service des prestations fixées par la corporation ou, en cas de contestation par l'Office supérieur ou l'Office général, est effectué par le bureau de poste du domicile de l'intéressé, sur mandatement de la corporation. Après que le mandatement pour chaque intéressé aura été fait par la corporation, l'ayant droit se rend donc à chaque premier mois, muni d'un certificat de vie délivré par le Maire de sa localité, au bureau de poste de ce lieu pour toucher ses rentes.

Les ressources de la corporation agricole sont formées par des cotisation prélevées dans chaque commune sur tous les propriétaires fonciers au moyen de centimes additionnels à l'impôt foncier. — La contribution globale à fournir par chaque commune est déterminée par la corporation, conformément aux dispositions de la loi locale du 5 Août 1912, en tenant compte de la nature et de l'étendue des surfaces cultivées, du nombre de journées de travail nécessaires à l'exploitation de l'hectare dans chaque catégorie de cultures, ainsi que du coefficient de risque propre aux exploitations.

Toutefois, pour les exploitations n'ayant pas pour objet la culture de la terre (laiterie, distillerie, etc.), la cotisation est fixée, comme dans les corporations industrielles, sur un rôle individuel adressé à chaque exploitant (§ 4 de la loi du 5 septembre 1912).

Remarque: Dans différentes communes, les cotisations à verser à la corporation agricole ne sont pas recouvrées au moyen de centimes additionnels, mais elles sont couvertes par le produit de la location de la chasse dans la banlieue respective, spécialement affecté à ces cotisations par une décision des propriétaires.

Le calcul des cotisations à verser par les propriétaires fonciers dans une commune, s'effectue sur la base de la main-d'œuvre nécessaire à la culture d'un hectare, et d'après un tarif des risques propres à chaque catégorie de culture; donc d'après des principes purement techniques. — Les journées de main-d'œuvre, ainsi que le tarif pour les différents risques sont fixés par l'Office supérieur, en vertu d'une longue expérience et après avoir entendu l'assemblée générale des corporations. Les chiffres de base qui ont été arrêtés pour l'ensemble des terres labourables, prairies et jardins, varient entre 80 et 150 journées de travail par hectare. Dans les communes où la viticulture est prépondérante le nombre des journées est fixé à 150. *Exemple:* une banlieue qui comprend 1.078 hectares de terres labourables, prairies, vignes, jardins, pâturages, friches et forêts. Le nombre des journées de travail servant de base pour le calcul des cotisations s'élève à 79.850; le total des salaires, calculés d'après le salaire de base, s'élève à 666.748 francs. Le montant de la cotisation à la charge de l'ensemble des propriétés foncières dans cette commune, fixée par la corporation agricole en application de ses tarifs, s'élève à 4.321 fr. 45, soit 4 francs par hectare.

Les corporations d'assurance-accidents n'ont pas pour unique rôle le service des prestations aux victimes d'accidents du travail. Elles ont également pour attribution de prévenir ces accidents par des règlements particuliers. Ceux-ci sont établis par les membres du comité directeur de chaque corporation, en collaboration avec les représentants des assurés en nombre égal à celui des employeurs. — Leur exécution est contrôlée par des Inspecteurs techniques.

Ces agents étudient les causes et circonstances des accidents qui se sont produits, et recherchent les moyens d'en prévenir le retour ou la gravité. Les membres qui contreviennent aux prescriptions édictées sont passibles d'une amende pouvant atteindre 1.250 francs.

Les règlements préventifs des corporations qui sont soumis à l'approbation de l'Office général, peuvent ainsi contribuer d'une manière efficace à la diminution du nombre des accidents graves.

Au point de vue, tant de la prévention des accidents que de la réparation du dommage causé aux victimes, il n'est pas exagéré de dire que les corporations d'assurances exercent dans nos trois départements une action d'une portée sociale très importante; susceptible de s'accroître encore dans l'avenir par le placement de leurs fonds en entreprise tendant à l'amélioration de l'hygiène publique, par une collaboration plus étroite avec les institutions de l'assurance-maladie, en vue du traitement curatif de leurs assurés respectifs, enfin par un souci plus grand de la réadaptation professionnelle des invalides du travail.

Les dispositions de Code des assurances sociales en matières d'assurances-accidents agricoles, et celles relatives aux autres branches des assurances sociales, forment un ensemble d'institutions qui se complètent mutuellement; il serait extrêmement difficile de conserver intactes certaines de ces institutions, en éliminant les autres.

On peut dire que nos agriculteurs ne se trouvent nullement gênés ni par l'assurance obligatoire ni par le fonctionnement de la corporation agricole, et qu'ils ne voudraient plus être privés des bienfaits de cette institution basée sur la mutualité.

5

TABLEAUX du fonctionnement des corporations agricoles des départements : Haut-Rhin, Bas-Rhin, Moselle, durant les exercices de 1889 à 1921.

Pendant ces exercices, il a été déclaré 92.659 accidents, desquels il a été constitué 58.666 dossiers et les indemnités ont été fixées pour

Décès	2.789	
Incapacité permanente totale............................	848	
— partielle....................................	30.345	58.666
— temporaire..................................	24.684	

I. — Indemnités payées :	BAS-RHIN	HAUT-RHIN	MOSELLE	TOTAL
a) Secours accordés aux blessés pendant la période d'attente...................	275.934 90	11.464	51.177 35	338.576 25
b) Soins à domicile, rentes aux conjoints, enfants, petits-enfants, ascendants; le cas échéant, frais d'hospitalisation............	1.075.830 10	500.686 40	788.184 92	2.364.701 42
c) Rentes payées aux victimes des accidents, y inclus les rachats de rentes......	14.280.083 40	8.847.374 15	9.355.026 05	32.062.483 60
d) Indemnités funéraires, rentes payées à veuves, enfants, petits enfants, ascendants ; rachat de rente aux veuves en cas de convol en secondes noces...................	1.718.749 20	1.345.965 80	1.054.684 40	4.119.399 40
Totaux....................	17.350.597 60	10.285.490 35	11.249.072 72	38.885.160 67

II. — Prestations autres que les indemnités :

	BAS-RHIN	HAUT-RHIN	MOSELLE	TOTAL
a) Amortissement de la dette flottante contractée en 1909..........................	364.873 80	195.192 60	173.956 80	734.023 20
b) Attributions au fonds de réserves....	355.727 35	207.008 20	226.722 25	789.457 80
c) Frais de mesures préventives........	101.771 35	14.527 30	103.164 65	219.463 30
d) Frais d'administration, personnel et matériel	2.010.552 55	1.489.841 35	1.836.279 75	5.336.673 65
e) Frais de procédure devant office supérieur et office général...................	116.433 50	76.123 25	86.649 95	279.206 70
f) Frais d'enquête, de fixation d'indemnité et contrôle des rentiers.............	1.106.833 95	509.623 60	717.483 75	2.333.941 80
Totaux....................	4.056.192 50	2.492.316 30	3.144.257 15	9.692.756 45

Total des prestations :

	BAS-RHIN	HAUT-RHIN	MOSELLE	TOTAL
Indemnités	17.350.597 60	10.285.490 35	11.249.072 72	38.885.160 67
Plus autres prestations................	4.056.192 50	2.492.316 30	3.144.257 15	9.692.766 45
Totaux....................	21.406.790 10	12.777.806 65	14.393.329 87	48.577.927 12

Rapport de M. Gatheron, Directeur de la Caisse Régionale Accidents du Centre-Est.

Messieurs,

L'objet du rapport que j'ai l'honneur de présenter au Congrès sera limité à deux points:

1° Remarques sur l'application de la loi du 15 Décembre 1922, et sur les conditions générales de l'assurance du risque-loi en Agriculture.

2° Aperçu sur le système de la réassurance.

1re Partie. — REMARQUES sur l'application de la loi du 15 Décembre 1922 et sur les conditions générales de l'assurance du risque loi en agriculture

Nous n'apprendrons rien à personne en disant tout d'abord que le plus grand nombre des agriculteurs ignore presque complètement les caractéristiques de la législation des accidents du travail ainsi que les responsabilités qui découlent de l'application de cette législation.

M. Gatheron

Des articles publiés par la grande presse ou la presse agricole, les agriculteurs ont surtout retenu deux choses :

a) La loi du 15 Décembre 1922 a étendu la responsabilité des patrons vis-à-vis de leurs ouvriers.

b) En cas d'accident on devra le paiement des frais médicaux et pharmaceutiques, et le demi-salaire.

Beaucoup de patrons ont de la peine à distinguer entre le champ d'application de la législation sur les accidents du travail et celui du droit commun. D'où les questions qui sont posées sur « *le chiffre maximum de la garantie accordée par l'assurance vis-à-vis des salariés en ce qui regarde l'application de la loi nouvelle* » ou bien sur la possibilité de se garantir vis-à-vis des « tiers » *dans les limites de la loi.*

Nous avons pu constater que les exploitants agricoles se font très rarement une idée exacte de leur responsabilité *en cas d'incapacité permanente et de mort.* Peu à peu ils arrivent à retenir qu'ils auront, en cas d'accident grave, à servir une rente.

Quel sera le montant de cette rente? A qui elle est dûe? comment et par qui sera-t-elle servie? Pendant combien de temps? Ce sont là des points, cependant importants, que beaucoup n'ont pas encore élucidés.

Généralement les agriculteurs connaissent très mal les conditions qui déterminent l'assujettissement obligatoire et ignorent les formalités à remplir pour l'assujettissement volontaire.

Un assez grand nombre de petits exploitants et notamment des métayers restent encore délibérément en dehors de l'assurance, alors même qu'ils emploient un petit domestique (vacher) à l'année et des journaliers. Ils estiment n'avoir pas une exploitation assez importante pour être assujettis! Ou bien, devant le coût de l'assurance, ils préfèrent courir seuls le risque d'un accident, ignorants qu'ils sont des responsabilités qu'ils encourent.

Nous signalerons, Messieurs, à votre attention une conséquence de l'application de la loi probablement inattendue du législateur.

Nous avons eu à constituer des Mutuelles dans la région de l'Est et du Centre-Est, pays de moyenne et de petite culture, sauf en Côte-d'Or. Nombreux sont donc, dans cette région, les exploitants qui « *travaillent d'ordinaire seuls ou avec la collaboration des membres de leur famille*, en employant parfois des collaborateurs occasionnels et qui se trouvent dans une situation imprécise au regard de la loi.

Un assez grand nombre d'entre eux ont manifesté, soit dans les assemblées constitutives des Mutuelles, soit dans des conversations particulières que nous avons eues ou que les Secrétaires de Mutuelles ont eues avec eux, soit par lettres, leur intention de réduire leur culture, de manière à ne plus employer du tout de main-d'œuvre étrangère à la famille, plutôt que d'avoir à payer une prime d'assurance qu'ils estiment trop élevée, mais que l'assureur ne peut raisonnablement réduire.

Ces décisions nous ont été manifestées le plus souvent par des exploitants d'un certain âge, n'ayant pas d'enfants pour prendre leur place à la tête de leur exploitation. Nous savons tous qu'ils sont hélas trop nombreux.

Il est difficile d'évaluer les répercussions économiques et sociales de telles décisions; mais, si peu fréquentes qu'elles soient, leur nombre sera toujours trop grand et nous devons les regretter, sans voir de quelle façon nous pourrons y remédier. Les avantages de l'assujettissement facultatif avec possibilité de réduction de la prime n'ont pas eu toujours les résultats qu'on pouvait en attendre. Nous pensons néanmoins qu'une campagne de propagande destinée à faire connaître les conséquences de la loi ainsi que les avantages de l'assujettissement facultatif aurait pour conséquence l'assurance de tous les exploitants soucieux de leur sécurité.

En général le coût de l'assurance pour la garantie complète du risque-loi a étonné les exploitants; nous avons entendu à ce sujet de nombreuses protestations. Le monde agricole de nos régions ne soupçonnait pas l'étendue ni la gravité du risque; la surprise a été grande pour lui lorsqu'il a pu connaître quelle répercussion la loi pouvait avoir sur le montant des primes à payer annuellement.

Cet étonnement des agriculteurs est d'autant plus vif que les Mutuelles agricoles régies par la loi du 4 juillet 1900 n'ont pu encore donner leurs résultats, et très souvent leurs cotisations sont apparamment supérieures aux primes proposées par les sociétés ou compagnies d'assurances.

Il en résulte dans les milieux encore peu pénétrés de l'esprit mutualiste un certain désarroi qui se traduit par l'hésitation à adhérer aux Caisses locales. Etant donné le coût initial apparent de l'assurance contre les accidents, on recherche d'abord le plus bas prix. L'assurance contractée dans ces conditions donne le plus souvent une garantie partielle ou mal définie ou engage l'avenir dans des conditions très délicates ou très onéreuses pour l'assuré.

Malgré les informations de la presse agricole, les affiches, les conférences recommandant de ne souscrire en dehors de la mutualité professionnelle que des contrats résiliables annuellement, un grand nombre d'exploitants, sollicités constamment par les agents d'assurance, ont souscrit des contrats pour cinq ans et même dans certaines conditions, qui rendent le contrat valable, pour une durée de dix ans, et se trouvent ainsi engagés pour un temps plus long qu'ils ne l'auraient voulu. Insuffisamment documentés ils n'ont pas pu ou pas su réfuter les arguments qui leur étaient présentés en faveur de telle ou telle société ou contre les Caisses locales.

C'est sur ce point spécial des clauses des contrats souscrits par les agriculteurs aux sociétés d'assurances régies par la loi de 1867 et des Compagnies anonymes que j'ai l'honneur, Messieurs, d'attirer plus particulièrement votre attention. Je me permettrai de vous signaler les cas les plus fréquents qui nous ont paru de nature à menacer dans l'avenir la sécurité des agriculteurs.

Il est bien certain en effet qu'à un coût moins élevé de l'assurance correspondent, dans l'assurance commerciale, des garanties moindres, et il est bien rare que l'agriculteur ait examiné sérieusement les garanties offertes par son assureur. Nous allons voir quelques-unes des conséquences très graves que cette manière de faire a entraînées.

Voici un certain nombre de clauses typiques, contraires le plus souvent aux intérêts des assurés, et que nous avons relevées sur des contrats en cours.

1°. — RESTRICTIONS DANS L'ÉTENDUE DE LA GARANTIE EN CE QUI CONCERNE LES TRAVAUX.

a) Certaines polices indiquent souvent dans leur article I des *Conditions générales* que sont garantis les accidents survenus « *sur l'exploitation* » ou *dans l'exploitation* sans que le contrat précise nulle part la nature des travaux garantis. Sont donc exclus les accidents survenus sur les routes, chemins, foires, marchés, les exploitations voisines en cas d'entr'aide mutuelle, etc...

b) L'usage de la bicyclette pour les besoins de l'exploitation est très souvent omis. La garantie de ce risque n'est alors accordée que sur demande et moyennant surprime.

c) Il en est de même des prestations, et des travaux d'intérieur et de ménage (lessive, couture, etc.) et des travaux exécutés pour les tiers à titre gracieux, etc...

Or les accidents survenus dans ces divers cas aux préposés d'un exploitant tombent, si les conditions qui caractérisent un accident du travail sont par ailleurs remplies, sous le coup de la législation sur les accidents du travail... Si le contrat d'assurance ne mentionne pas ces risques, ou s'il contient des clauses restrictives, l'exploitant reste son propre assureur pour des accidents dont les conséquences peuvent être extrêmement graves.

2°. — RESTRICTIONS DANS LE MONTANT DES INDEMNITÉS ALLOUÉES.

a) Dans les conditions générales de certains contrats d'assurance-loi, nous avons relevé cette clause :

« *En cas d'hospitalisation la société paiera les frais médicaux et pharmaceutiques ainsi que les frais d'hospitalisation dans les limites de la loi, mais le demi-salaire ne sera pas dû à la victime.* »

Or, l'hospitalisation a lieu le plus souvent pour les blessures entraînant une incapacité de travail prolongée. Si le demi-salaire n'est pas payé par l'assureur, c'est l'assuré qui devra le payer.

b) Certaines sociétés limitent les frais funéraires à 100 francs. Or, le maximum légal est de 200 francs.

c) D'autres limitent leur garantie aux salaires préfectoraux ou a un salaire maximum, laissant le patron son propre assureur pour la différence entre le salaire ainsi fixé et le salaire réel du blessé.

Que ces restrictions soient voulues de l'assuré, consenties de l'assureur, moyennant une réduction de la prime et inscrites aux *conditions particulières* de la police, cela ne peut prêter à aucune critique. Mais nous visons le cas où les clauses, inscrites dans les conditions *générales* de la police, imprimées en petits caractères, ou glissées dans les conditions particulières sont ignorées absolument de l'assuré à qui l'on n'a fait miroiter que les avantages résultant d'une prime moins élevée que celle exigée par telle ou telle autre Société.

3° CONTRATS SIGNES depuis la date de publication des décrets relatifs à la loi du 15 Décembre 1922, et GARANTISSANT DES RISQUES INEXISTANTS DANS L'EXPLOITATION.

Ce cas est certainement de tous le plus singulier, et la délivrance d'un contrat dans les conditions que je vais signaler constitue une véritable escroquerie.

Voici les clauses d'un type courant de contrat établis par plusieurs Sociétés importantes et connues. Le texte que je vais soumettre à l'appréciation du Congrès est une transcription exacte.

La police porte en titre:

ASSURANCE AGRICOLE ET VITICOLE

CONTRE LES ACCIDENTS DU TRAVAIL (en gros caractères).

(Lois des 9 Avril 1898; 30 Juin 1899; 22 Mars 1902; 31 Mars 1905)
(en caractères beaucoup plus petits).

POLICE MIXTE

Voici le texte de l'article 2, § 1er :

« ... *La Compagnie garantit en conséquence: le paiement intégral, en faveur du personnel garanti, des indemnités fixées par la loi du 9 Avril 1898, modifiée par celles des 22 Mars 1902 et 31 Mars 1905, et qui pourraient être mises à la charge du souscripteur, soit en vertu de la loi du 30 Juin 1899, soit à la suite d'accidents survenus par le fait ou à l'occasion des travaux spécialement indiqués aux conditions particulières ci-après et assujettis à la dite loi du 9 Avril 1898.*

Aux conditions particulières on lit encore:

« *La Compagnie garantit en conséquence au souscripteur: a) en cas d'accidents régis soit par la loi du 30 Juin 1899, soit par la loi du 9 Avril 1898, et dans ce dernier cas pour les seuls travaux énumérés ci-après, le paiement intégral des indemnités et frais accessoires mis à sa charge par les dites lois.* »

Or, la loi de 1898 s'applique à l'industrie; l'assuré est strictement agriculteur.

La loi de 1899 s'applique aux accidents causés par les moteurs inanimés: l'assuré de la police prise comme exemple n'en possède pas et aucun n'est signalé dans la police.

La garantie de la police en ce qui concerne la loi est donc jusque là absolument inutile, attendu que les conditions particulières ne font en aucune façon mention d'un travail agricole. Elle justifie simplement le taux de la prime.

Mais où nous trouvons un véritable cas d'escroquerie, c'est dans la rédaction de l'article 15, § I, de la même police, ainsi conçu:

« Dans le cas où une loi nouvelle rendrait la loi du 9 Avril 1898 applicable à l'agriculture, en dehors des cas actuellement prévus par la loi du 30 Juin 1899, le souscripteur serait son propre assureur pour les indemnités mises à sa charge par la loi nouvelle. »

Nous ferons remarquer que ce contrat a été signé le 14 janvier 1924, c'est-à-dire 13 mois après la publication de la loi du 15 décembre 1922 et cinq mois après la publication des décrets et règlements d'administration publique (30 août 1923)!!!

La même police porte les clauses suivantes:

ART. 4 § 2. — *« La garantie des frais médicaux comprendra les frais d'hospitalisation, mais l'indemnité journalière ne sera due pendant l'hospitalisation du blessé. — Les frais funéraires sont à la charge de la compagnie à concurrence d'un maximum de 100 francs pour les accidents garantis ».*

C'est évidemment un record!

On nous a soumis un certain nombre d'autres polices contractées dans les mêmes conditions, qui laissent l'assuré *totalement découvert* en face du risque principal: celui résultant de l'application de la loi du 15 décembre 1922. Néanmoins la prime à payer n'est que très légèrement inférieure à celle proposée par les mutuelles agricoles pour la garantie totale du risque-loi.

Ces contrats sont valablement souscrits pour 10 années, et les assurés ne sont garantis pour aucun des accidents qui surviendraient dans leur exploitation! On conviendra qu'en la circonstance les Compagnies d'assurances ont poussé un peu loin l'art de réaliser des bénéfices.

Est-il admissible en tout cas que se prolonge cette situation, due à ce que certains agents ignorants ou peu scrupuleux ont surpris la bonne foi des agriculteurs?

4°. — CONTRATS ÉTABLIS SUR UNE INTERPRÉTATION ERRONÉE OU INCOMPLÈTE DE LA LOI.

De petits exploitants ont, depuis le 30 août 1923, contracté de nouvelles polices sous le régime du droit commun, alors qu'ils sont obligatoirement assujettis à la loi. Témoin cette clause présentant un type trouvé dans plusieurs contrats:

CONDITIONS GÉNÉRALES. — *« L'article 1er garantit à l'exploitant les indemnités mises à sa charge par la législation sur les accidents du travail pour les travaux expressément désignés aux conditions particulières ».*

L'article 2 contient la clause suivante:

« a) *Au cas où la législation sur les accidents du travail ne serait pas applicable à l'exploitation le présent contrat garantit au souscripteur les indemnités en cas d'accidents fixées comme suit aux conditions particulières* ». (Suivant les chiffres d'indemnités contractuelles, variables selon les cas, comme en assurance de droit commun).

CONDITIONS PARTICULIÈRES. — *Le souscripteur déclare qu'il est employeur occasionnel; il n'est donc pas assujetti à la loi du 15 décembre 1922. Dans ce cas, l'article 1*er *des conditions générales est supprimé* ».

Dans l'exemple que nous avions choisi, l'exploitant mal informé qui a signé ce contrat en février 1924, est lié pour 10 ans et ne peut pas se dégager régulièrement. Il emploie des journaliers pendant 150 journées par an. Il devra donc (si la modification à la loi du 15 décembre 1922 et qui fixe à 75 le nombre des journées à employer pour être assujetti à la législation spéciale, votée le 1er août par la Chambre des Députés est définitivement adoptée) souscrire auprès de la même société, qui le tient à sa merci, un nouveau contrat pour remplacer celui en cours actuellement! Il se trouvera en effet assujetti formellement à la loi du 15 décembre 1922. Ou bien, s'il veut s'assurer à la mutuelle locale dont il est président, il paiera une prime à la Cie pour un contrat absolument insuffisant, et une cotisation à la mutuelle!

On peut redouter à juste titre que tous les cultivateurs assurés dans les mêmes conditions ne soient pas prévenus et, rassurés par la signature d'une police qu'ils n'ont pas même lue, négligent de contracter une assurance les garantissant véritablement contre les accidents du travail.

5°. — CLAUSES OBLIGEANT L'ASSURÉ DANS DES CONDITIONS INDÉTERMINÉES OU DANGEREUSES POUR L'AVENIR.

a) Voici une clause que l'on trouve dans certaines polices:

« *L'assuré s'oblige si le montant total des salaires déclarés aux conditions particulières venait à être dépassé ou si le salaire fixé par l'arrêté préfectoral venait à être augmenté à en faire la déclaration le jour même à la Société.* »

Le jour même ! Comment un exploitant agricole saura-t-il au jour le jour le montant des salaires payés à ses préposés? Quand connaîtra-t-il les modifications apportées aux arrêtés préfectoraux sur les salaires?

b) Les contrats réalisés par certaines compagnies sont ainsi établis:

Les travaux d'intérieur et de ménage, les prestations, les accidents de bicyclette ne sont pas garantis.
Le taux d'assurance est basé sur la contenance, à raison de...... l'hectare.

Aucune indication n'est faite des salaires payés par l'exploitant à son personnel, ni du taux de l'assurance sur la base du salaire, mais on trouve l'incroyable clause suivante:

« *Au cas où les salaires réels payés par l'exploitant, ou bien le salaire fixé par l'arrêté préfectoral viendraient à être augmentés, la Compagnie sera autorisée à augmenter le taux de la prime* ».

Les conditions d'augmentation du montant de la prime ne reposent sur aucune base définie dans le contrat. Pour ses primes futures l'assuré se trouve complètement à la merci de son assureur. Est-ce admissible?

6°. — CONTRATS D'ASSURANCE-LOI SOUSCRITS POUR UNE DURÉE SUPÉRIEURE A CINQ ANNÉES, DURÉE LÉGALE.

Certains contrats d'assurances accidents comprennent à la fois: la garantie du risque-loi et la garantie de la responsabilité civile et du risque individuel. Se basant sur le caractère mixte de ces polices, lesdites sociétés ou compagnies fixent leur durée à 10 années.

L'assuré se fiant aux clauses de son contrat et insuffisamment informé pour invoquer la loi du 15 décembre 1922, perd ainsi le bénéfice de la disposition de cette dernière qui fixe la durée des contrats d'assurance à cinq années.

*
**

En assurance de droit commun, les clauses des contrats sont trop souvent incohérentes ou relèvent de la plus haute fantaisie. Nous devons renoncer à indiquer ici tous les cas que nous avons pu relever.

Voici deux clauses qui sont typiques:

ASSURANCE VIS A VIS DES TIERS

1°. — « *Les accidents causés par les animaux et bestiaux d'attelage ne sont pas compris dans l'assurance* ».

C'est-à-dire que 80 % des accidents qu'ils peuvent causés aux tiers ne sont pas garantis!

2°. — « *La compagnie garantit par ces présentes la responsabilité civile des assurés à raison des accidents corporels causés aux tiers par le fait actif, direct et immédiat de leurs ouvriers pendant leurs travaux et ce jusqu'à concurrence de la somme de cinq mille francs par accident à l'exclusion des accidents causés par les chevaux et voitures* ».

« *Cette garantie est consentie aux clauses et conditions générales de la police sus-énoncée et moyennant une prime de... comprise dans celle afférente à la police agricole n°... payable aux époques et calculées d'après les bases indiquées dans la dite police* ».

« *La compagnie garantira en outre le risque des travaux, c'est-à-dire, la responsabilité civile que le souscripteur pourrait encourir par suite d'accidents corporels causés à des tiers et notamment aux ouvriers et employés salariés d'un autre patron, par ses ouvriers et employés salariés ou les membres de sa famille dont il est responsable, ainsi que par ses chevaux, ses voitures, ses instruments agricoles et ses bêtes à cornes, pourvu que l'accident ait lieu au cours de l'exécution et exclusivement par le fait du travail agricole salarié de l'exploitation visée dans la police susdite à l'exception toutefois des accidents occasionnés par des animaux réputés vicieux ou par des voitures suspendues et des chevaux attelés* ».

Je n'invente rien!!!

On peut facilement relever les contradictions d'un tel texte, contradictions qui le rendent inintelligigle. En tous cas les accidents causés par le patron lui-même ne sont pas garantis!

Les assurés trop confiants n'avaient pas lu leurs polices avant de signer!

*****

J'ai simplement signalé, Messieurs, quelques-uns des cas que nous avons relevé dans les centaines de contrats qui ont été soumis à notre examen.

Une enquête plus générale conduirait exactement aux mêmes résultats et démontrerait plus complètement encore que les agriculteurs assurés en dehors des organisations de mutualité fonctionnant sous le régime de la loi du 4 juillet 1900 sont trop souvent mal garantis et que l'application de la législation sur les accidents du travail leur impose malgré leur contrat des charges qu'ils ne pourront, pour la plupart, supporter, une partie du risque restant à découvert.

Les insuffisances ou clauses restrictives des contrats auront donc deux conséquences également graves:

1° Prise en charge par les exploitants eux-mêmes des conséquences de certains accidents contre lesquels ils se croient garantis, et par suite ruine de certains d'entre eux;

2° Intervention plus fréquente de l'Etat pour suppléer les exploitants défaillants et, consécutivement possibilité du relèvement de la taxe versée au fonds spécial de garantie par les agriculteurs; cette conséquence atteindrait tous les assujettis, les assureurs demeurant hors de cause.

Ces faits démontrent que l'éducation de l'agriculteur en matière d'assurance contre les accidents reste à faire.

Les propagandistes de la mutualité agricole professionnelle auraient souhaité pouvoir commenter la loi du 15 décembre 1922 dans le moindre village. Deux motifs principaux ont retardé leur action:

a) La réception tardive des documents (notamment des statuts-types) nécessaires à la constitution et au fonctionnement des caisses d'assurance Mutuelles agricoles;

b) Le mauvais temps qui, dans notre région du moins, a compliqué et retardé considérablement les travaux de la moisson et empêché les agriculteurs d'assister aux réunions.

De nombreuses caisses locales n'ont pu de la sorte être fondées, et bien des exploitants se sont laissés convaincre par les agents des sociétés commerciales d'assurances, faute de temps pour se documenter.

Certaines caisses locales auront donc un nombre trop restreint d'assurés pour réaliser au maximum la répartition parfaite des risques.

Il est certain que dans maintes régions les propagandistes de la mutualité ont dû renvoyer à une date ultérieure au 1er septembre 1924, la constitution de nombreuses caisses locales accidents dans des communes où les Maires, les Présidents de syndicats, ou de mutuelles contre l'incendie ou la mortalité du Bétail ont fait un appel pressant à leur concours. Le temps leur a manqué pour remplir intégralement leur tâche. De ce fait, et malgré le fonctionnement au siège des Caisses Régionales d'une Caisse locale des isolés, de nombreux agriculteurs ont souscrit, très souvent dans les conditions défectueuses signalées plus haut, des contrats aux grandes sociétés d'assurances. Les contrats étant souscrits pour une durée de cinq année, la mutualité ne pourra intervenir de nouveau efficacement que dans cinq ans.

D'ici là les créations de caisses locales n'offriront qu'un intérêt relatif pour les agriculteurs. La plus grande partie des contrats d'assurance contre les risques de droit-commun ont été en effet renouvelés en même temps que les contrats d'assurance-loi étaient souscrits.

Dans l'avenir, le développement des institutions d'assurances mutuelles agricoles contre les accidents ne pourra donc se faire que par saccades, tous les cinq ou tous les dix ans.

La situation de certaines caisses de réassurance au 2° degré ne leur permettra donc pas, avec le système général de la réassurance de ces caisses, de procurer aux assurés des caisses locales affiliées tous les avantages résultant de la mutualité fonctionnant sur une répartition très large des risques. Pour que la mutualité donne tous ses résultats, il est indispensable qu'elle réalise avec un certain minimum les lois de l'assurance: sélection, division, et grand nombre des risques.

Nous pensons notamment que c'est par la mutualité professionnelle et par elle seulement que le taux de l'assurance pourra s'ajuster parfaitement à la nature et à la gravité du risque. Mais encore faut-il que la mutualité puisse fonctionner dans les conditions les meilleures.

Il semble évident que l'intention du législateur, en permettant aux mutuelles agricoles fonctionnant sous le régime de la loi du 4 juillet 1900, de garantir les risques de la loi du 15 décembre 1922 n'était pas d'arriver à la situation que nous venons d'examiner.

En conséquence de ce qui précède, j'aurai l'honneur de proposer au Congrès l'adoption d'un vœu tendant au vote d'une disposition législative permettant la réalisation des contrats souscrits par les assujettis à la loi du 15 décembre 1922 auprès des sociétés d'assurances, lorsque ces contrats n'accordent pas de garanties suffisantes.

Les circonstances particulières dues à l'application de la législation sur les accidents du travail aux agriculteurs généralement peu ou mal informés, parfois d'une instruction insuffisante, suffiraient à justifier la promulgation du texte que nous proposons.

A des circonstances exceptionnelles doivent correspondre des mesures exceptionnelles. Une mesure de l'ordre de celle que nous proposons a été appliquée par la loi du 5 février 1921 permettant aux membres expectants des mutuelles agricoles contre l'incendie démobilisés de résilier leurs contrats en cours aux Compagnies ou Sociétés d'assurances et renouvelés par tacite reconduction au cours des hostilités. La dite loi, du 5 février 1921, constitue à notre avis un précédent qui pourrait, au besoin, être invoqué.

Il faut dire aussi que les conditions imposées aux mutuelles agricoles pour la garantie du risque professionnel paraissent avoir été autrement sévères que celles qui ont pu être exigées des autres entreprises d'assurances. La mutualité agricole n'a pas à s'en plaindre, loin de là, car la sévérité de l'administration ne peut que faire naître et maintenir chez les agriculteurs la confiance dans leur œuvre propre.

Mais nous avons ici en vue, Messieurs, l'intérêt général des exploitants agricoles dont l'immense majorité ignore la loi (qu'on se représente ce que peut apprendre à beaucoup de petits et moyens agriculteurs la lecture du texte des lois des 15 décembre 1922 et 9 avril 1898, pour ne citer que les dispositions législatives principales). Il faut que l'éducation particulière des patrons agriculteurs, éducation qu'exige la mise en application de la loi du 15 décembre 1922, puisse être faite rapidement, avec compétence et impartialité. Cette éducation n'a pu être faite complètement par les dirigeants de la mutualité agricole professionnelle. Les agriculteurs ont eu recours à l'assurance sans posséder les éléments nécessaires à la critique des contrats qu'on leur proposait. Conscients de l'impossibilité où ils étaient de soulever, en dehors du coût de l'assurance, la moindre objection, ou trop confiants, la plupart des agriculteurs n'ont pas lu leurs contrats.

Qu'ils aient dû s'instruire, puisque nul n'est censé ignorer la loi, nous ne le contestons pas. Mais les faits démontrent qu'ils n'ont trop souvent pas su ou pu s'informer. La situation créée de ce fait ne peut se prolonger sans danger. Il faut donner immédiatement à l'agriculture le moyen de se mieux garantir.

Je me permets d'ajouter que le vœu que je proposerai au Congrès ne donnera pas s'il est pris en considération par les Pouvoirs Publics une prime particulière à la mutualité agricole, puisque les agriculteurs conserveront le libre choix de leur assureur.

Alors même que la mutualité agricole n'interviendrait pas, les assureurs par le jeu de la concurrence et sous la pression des désidérata exprimés par les agriculteurs plus avertis délivreraient des contrats beaucoup mieux établis.

2ᵉ Partie. — APERÇU GÉNÉRAL SUR LA RÉASSURANCE

De l'assurance d'un risque somme toute encore peu connu, il y aurait beaucoup à étudier. Me bornant, je me permettrai toutefois de citer quelques points d'un intérêt tout particulier:

1°. — Classification statistique des risques et des sinistres;

2°. — Base d'application du tarif: salaire ou contenance;

3°. — Taux de l'assurance. Cotisation principale et surprime;

4°. — Calcul de l'indemnité journalière, de la rente;

5°. — Règlement des sinistres;

6°. — Relation des caisses locales avec la Régionale. Attribution du Secrétaire-Trésorier de la locale.

Etc., etc...

Toutes ces questions demandent à être examinées sérieusement. Mais tant à cause du temps dont nous disposons que de la nature spéciale de ces questions qui ne permet guère leur discussion en Congrès, nous devons nous en remettre pour leur étude à des techniciens ou à des groupements permanents. A cet égard, la réassurance au 2ᵉ degré, c'est-à-dire la Caisse Centrale, a une tâche de toute première importance à remplir. Tâche longue et difficile dont l'accomplissement demande l'entière collaboration de toutes les Caisses régionales et exige entre les divers collaborateurs une pleine confiance.

Vous me permettrez Messieurs, de vous faire en quelques mots le schéma de l'ensemble technique à réaliser pour que la réassurance donne le maximum de ses résultats sociaux, techniques et financiers.

Loin de moi la prétention de faire ici un cours d'assurance pour lequel je ne suis pas qualifié, mais je serais heureux si la conception théorique que j'exposerai rapidement et qui n'est pas neuve dans l'internationale de l'assurance pouvait recevoir bientôt une application pratique générale, de manière à étendre au maximum la portée sociale de la loi du 15 décembre 1922 en réclamant aux patrons agriculteurs le sacrifice financier minimum.

Nous jetterons tout d'abord un coup d'œil rapide sur les principes de l'assurance. — Les conditions d'une assurance saine doivent satisfaire à quatre principes essentiels:

La loi des grands nombres répartissant les charges entre les assurés en les allégeant pour chacun;

La sélection des risques qui exige l'élimination des personnes ou des risques inassurables;

La division des risques qui garantit la réalisation d'une moyenne satisfaisante de sinistres pour chaque exercice;

Le calcul des probabilités d'après lequel, les 3 autres principes étant satisfaits, on détermine le montant de la prime.

Il est évident qu'au début de son fonctionnement surtout, toute entreprise ayant pour objet l'assurance, ne satisfait que très imparfaitement à ces principes, au moins à la loi des grands nombres et à la division des risques, et que, dès lors, elle se trouve en face de la réalisation possible des risques qu'elle prétend couvrir dans une situation qui s'éloigne peu de celle de l'individu isolé.

C'est ici qu'interviennent deux auxiliaires qui permettent de franchir sans encombre les premières années de fonctionnement;

1°. — *Le Capital de garantie* qui permet de satisfaire à la loi des grands nombres. Il représente en effet un certain nombre de primes qui n'ont pu encore être versées. Lorsqu'elles le seront, le capital deviendra inutile, mais dans les sociétés commerciales il continuera à être rémunéré à un taux d'autant plus élevé que les conditions de l'assurance seront plus parfaites et qu'en particulier les assurés seront plus nombreux. Dans les mutuelles agricoles où n'existe pas le capital de garantie, c'est le procédé du rappel de cotisation qui en tient lieu.

2°. — *La co-assurance et la réassurance* qui satisfont au principe de la division des risques:

Dans la co-assurance, le risque est réparti au premier degré de l'assurance entre plusieurs assureurs, chacun assumant pour son compte une certaine proportion du risque. Le risque divisé est réparti « en surface. »

Dans la réassurance, le premier assureur se décharge sur un autre assureur d'une partie de chaque risque dès que celui-ci excède ce qu'on appelle le plein. Ce deuxième assureur peut en faire autant, et ainsi de suite, chaque assureur, le dernier exclu, s'assure à son tour. C'est une répartition « *en profondeur* » du risque divisé.

Les deux procédés peuvent s'utiliser simultanément et on obtient ainsi des combinaisons très variées dans la division des risques.

La réassurance c'est si l'on veut bien, l'assurance de l'assureur.

La réassurance est un contrat par lequel, dit M. Sumien, l'assureur se garantit lui-même contre les effets de l'assurance qu'il a consentie à l'assuré ».

Le réassureur suit la fortune du réassuré et, à moins que le traité ne renferme des conditions telles qu'il se rapproche fortement d'une cession de portefeuille, le réassuré doit conserver une part de risque en principe égale à celle qu'il cède à son réassureur acceptant la participation la plus élevée.

D'autre part « *rien de ce qui touche le risque ne doit être célé par le réassuré à son réassureur. C'est là le danger grave que présente la réassurance pour un pays dont la majeure partie des risques sont réassurés à l'étranger et c'est ce qui a motivé le vote de la loi du 15 février 1917* ». (Sumien).

Or, ce pays, Messieurs, c'est le nôtre. L'industrie française de la réassurance est très peu développée. Avant la guerre l'Allemagne était le grand réassureur de l'Europe. Depuis, l'Angleterre, l'Amérique, la Suisse, l'Italie ont su exploiter habilement chez nous cette branche de l'industrie de l'Assurance.

Il est probable que les grandes sociétés françaises réassurant les mutuelles locales agricoles auront, surtout si elles se solidarisent complètement avec leurs réassurés de la difficulté à trouver un reassureur français. Les réassureurs français font le plus souvent eux-mêmes de l'assurance en France et la mutualité agricole est pour eux un redoutable concurrent. Ils ne montrent et ne montreront guère de dispositions à l'aider dans son développement.

Il y a quinze ou vingt ans, les réassureurs des locales incendie ont dû chercher leur propre réassureur à l'étranger, ou bien abandonner la réassurance des mutuelles agricoles. Rien ne dit que la situation ne se renouvellera pas pour la réassurance des mutuelles accidents; et il y a là une situation qui présente à nos yeux des inconvénients multiples, sinon des dangers:

1°. — Les bénéfices que doit laisser normalement l'industrie de la réassurance s'accumuleront à l'étranger. Le moment pour cela semble mal choisi;

2°. — Ces bénéfices échapperont en tout cas à la mutualité agricole, c'est-à-dire en dernier ressort aux cultivateurs qui paieront en conséquence trop cher leur assurance;

3°. — Les groupements réassureurs étrangers et par suite leurs gouvernements recevront, sur bien des points, des renseignements fort intéressants sur notre économie agricole. Qu'on songe en effet à la base statistique précieuse qu'offrent les déclarations de surfaces cultivées ou de salaires dans les polices d'assurance-loi! Ces renseignements se retourneraient un jour contre nous, inévitablement.

Dans l'ensemble, les organismes de mutualité agricole accidents, encore trop jeunes peut-être, n'ont-ils pas manqué, dans l'organisation de la réassurance, de la confiance, de l'audace et de la discipline qui leur eussent permis de se réassurer entre eux sans avoir à sortir du domaine de la loi du 4 juillet 1900?

L'état de choses présent, où nous travaillons en ordre dispersé, est-il la conséquence du manque d'expérience, de l'incertitude et de l'indécision quasi-unanime en face du risque à garantir, ou bien est-il simplement le résultat de l'application de la méthode française en assurance qui se caractérise en général, dit M. Sumien « *par une grande prudence et par la recherche d'un bénéfice honorable mais immédiat ?*

Il serait difficile et peut-être vain de répondre à ces questions. Mais nous n'aurions en tout cas rien à perdre et probablement beaucoup à gagner à rechercher le moyen d'appliquer, en restant dans les limites de la loi du 4 juillet 1900, les méthodes de réassurances les plus simples et les moins onéreuses.

Il est bien certain que pour atteindre le but que nous nous proposons un effort considérable doit être fait. Nous nous devons à nous-mêmes, nous devons à l'Agriculture française de l'accomplir sans lassitude et d'appliquer sans timidité la solution que nous aurons adoptée et dont l'importance considérable n'échappera à personne.

Il me suffira pour faire entrevoir la possibilité de nous passer de réassureur externe, de rappeler que l'assureur cherche uniquement par la réassurance à satisfaire aux principes précédemment énoncés et particulièrement à deux d'entre eux: lois des grands nombres, division des risques.

Dans la mutualité professionnelle, la sélection des risques est assurée par les caisses locales dans les limites du possible.

Reste à savoir si les taux d'assurance appliqués par les diverses Caisses Régionales répondent bien au calcul des probabilités. Il règne sur ce point quelque incertitude non point tant dans chaque caisse régionale pour elle-même que de caisse régionale à caisse régionale? Cette incertitude qu'il serait vain de nier procède très certainement de l'ignorance presque complète où se trouve chaque régionale des méthodes appliquées par sa voisine pour répondre à la situation dans laquelle elle est placée.

On comprend dès lors que la première étape à accomplir dans la voie que nous proposons c'est un rapprochement général des organismes de réassurance au 1er degré en vue d'un examen des procédés appliqués par chacun d'eux. Cet examen étant terminé, il restera à tirer la conclusion c'est-à-dire à faire entre les divers procédés une discrimination qui permette de désigner les meilleurs, et à s'entendre pour appliquer ces derniers partout et aussitôt que faire se pourra.

Quand je dis « partout » il faut comprendre dans toutes les caisses régionales qui auront décidé de mettre en pratique la méthode de réassurance mutuelle que nous préconisons.

Dès lors il ne restera qu'à fixer les modalités d'application de cette méthode, ce qui sera, en vérité, bien peu de chose à faire!

Il suffira de la présence d'une Caisse Centrale dont le rôle sera celui d'un simple bureau de répartition, qui distribuera entre les différentes régionales et suivant des conventions préalables les différents risques proposés à la réassurance et règlera les sinistres par une répartition compensatrice. La Caisse Centrale et les Caisses Régionales seront soumises en plus du contrôle financier à un contrôle technique régulier destiné à donner toute sécurité aux réassurés. De cette façon les frais généraux de l'assurance au 3e degré seront réduits à des proportions minimes, la Caisse Centrale n'ayant plus à exister en tant que Société.

Il est facile d'imaginer qu'aucune difficulté d'ordre pratique ne peut s'opposer sérieusement à la réalisation pratique d'un tel projet.

Dans l'ordre technique, les principes de l'assurance seront pleinement satisfaits. Un exemple le fera mieux saisir: cinq caisses régionales ayant versé leur cautionnement, décident de se réassurer entre elles chacune conservant sur les risques qui lui sont passés par ses locales 2/10 et cédant 8/10 aux autres régionales. Celles-ci reçoivent en rétrocession 2/10 de chacun des risques de la première régionale. Ces cessions et rétrocessions ne seraient enregistrées qu'à la Caisse Centrale pour supprimer tous les frais de correspondance et autres entre les caisses régionales.

De cette façon, si chacune des caisses régionales envisagées dans notre hypothèse groupe directement 300 caisses locales, elle en groupera en réalité 1.500 avec le système de réassurance que nous proposons et pour chacun des risques assurés elle ne conservera cependant que 2/10.

Tous les principes de l'assurance se trouveront de cette façon pleinement satisfaits:

Sélection des risques par les locales;

Division des risques par le fractionnement de chaque risque et leur dispersion sur le territoire;

Loi des grands nombres par le groupement de toutes les caisses locales;

Calcul des probabilités par une étude commune, profonde et étendue des bases statistiques et des tarifs.

Du point de vue financier, la méthode proposée est incontestablement meilleure que la réassurance en « profondeur » qui exige les services d'une société réassureur ne fonctionnant pas sous le régime de la loi du 4 Juillet 1900. Le réassureur cherche en effet un bénéfice; tôt ou tard il le réalisera, sinon il abandonnera la réassurance.

Nous devons rechercher le moyen de conserver ce bénéfice à l'assurance professionnelle et *le plus près possible de l'assuré.*

Quelques dispositions statutaires seraient à prendre pour permettre aux régionales de se réassurer entre elles, de façon à respecter les clauses du décret du 8 Mars 1922 (Art. 35 et 38 notamment) auquel la mutualité agricole n'est pas soumise, mais dont elle a intérêt toutefois à s'inspirer.

Nous n'avons voulu, Messieurs, qu'indiquer rapidement les grandes lignes de la formule qu'à notre avis il serait souhaitable de voir mettre en pratique par la mutualité agricole pour sa réassurance.

Elle suppose pour être appliquée la volonté d'aboutir aux résultats les meilleurs pour la classe laborieuse des paysans, l'intention bien arrêtée de conduire nos groupements de Mutualité sur le chemin de la puissance, et chez chacun un tel désir de concorde et d'union que le travail en commun ne puisse qu'alléger la tâche de restauration agraire que nous poursuivons tous pour la plus grande France.

Discours de M. Garcin.

Il y a deux ans et quatre mois, en Juin 1922, à Rodez, Monsieur le Président de l'Union Centrale des Syndicats des Agriculteurs de France, faisait adopter par le Congrès National des Syndicats une motion décidant que les organisations professionnelles agricoles créeraient pour les assurances contre les accidents le même genre de mutuelles qui avaient été constituées pour parer aux risques contre l'incendie. Cette motion votée à l'unanimité venait à son heure, car au mois de Mai 1922 le Sénat avait adopté un texte qui paraissait à peu près définitif, mais, vous le savez, en matière de travaux parlementaires, on peut toujours s'attendre à de larges modifications. Aussi l'Assemblée réunie à Rodez exprimait-elle le vœu que des améliorations fussent apportées au texte qui venait d'être adopté, car sur certains points il présentait de graves lacunes.

Les mois passèrent et en Novembre le texte du Sénat était examiné à la Chambre et sur les instances du Ministre de l'Agriculture il était adopté. Dans ces conditions, les dispositions que l'on appréhendait à Rodez devinrent quelques mois plus tard la loi du 15 Décembre 1922, et la motion que M. de Vogüé, Président de la Société des Agriculteurs de France, avait fait adopter, devenait en quelque sorte un engagement solennel de nos organisations agricoles. Nous avons pris à Rodez une décision, il fallait la tenir et dans un laps de temps assez bref, puisque la loi du 15 Décembre 1922 devait devenir applicable dans un délai d'un an après la promulgation des décrets annoncés dans trois des articles de cette loi. Ceux qui allaient devenir les fondateurs des mutuelles accidents furent consultés par le Ministère de l'Agriculture sur l'élaboration de ces décrets et parvinrent à y insérer quelques modifications intéressantes. Les décrets furent promulgués le 31 Août 1923 avec un retard de deux mois et demi; en conséquence, la loi du 22 devint applicable exactement un an après la promulgation de ce décret, le 1ᵉʳ Septembre 1924, il y a sept semaines exactement. Dans ce court délai d'un an il a fallu constituer dans l'ensemble du territoire français des organisations mutualistes sur une base toute nouvelle pour couvrir un risque qui était à peu près inconnu. C'étaient là des difficultés extrêmement redoutables et je vous prie de croire que ceux qui décidèrent la création de la nouvelle mutualité eurent de lourdes appréhensions pour l'avenir, ne sachant par quel bout commencer, sur quelles bases s'appuyer, pour former les mutuelles assurances accidents. Néanmoins, si pour l'incendie on avait hésité trois ans avant d'organiser une Caisse Centrale de réassurance après la constitution des premières mutuelles locales incendie, pour la mutuelle accidents, en douze mois on créait des locales sur un grand nombre de points du territoire, on mettait sur pied des organisations régionales et en Mars dernier on décidait la création d'une Centrale. Ce ne fut qu'au mois d'Août que cette Centrale fut pourtant constituée et aujourd'hui nous nous trouvons en présence d'un édifice un peu neuf auquel beaucoup de détails manquent. Malgré tout, je crois que les organisations agricoles peuvent être fières du labeur accompli, car la tâche était vraiment difficile, mais elle a été abordée avec courage et résolution et ce fut ce qui entraîna le succès. Dès l'élaboration des statuts-types par les Ministères de l'Agriculture et du Travail, les futurs cadres des mutuelles accidents ont été rapidement constitués grâce au bon accueil reçu dans tout le pays. Les statuts-types du Ministère sont aujourd'hui ceux de presque toutes les mutuelles d'assurances contre les accidents du travail. Il existe maintenant dans la plupart des régions de France sinon des mutuelles accidents complètes, du moins des embryons de mutuelles qui grandissent et se développent de jour en jour. Les mutuelles locales naissent aujourd'hui presque spontanément dans nos départements, les mutuelles régionales se forment plus lentement, plus péniblement car la tâche est aussi plus difficile. Nous avons heureusement un centre à Paris, rue d'Athènes, qui apporte son appui aux organisations trop jeunes ou faibles pour subsister. Les assurances mutuelles peuvent donc être considérées comme créées et nous avons obtenu ces résultats dans un court délai de 12 mois.

Pour ceux qui savent la peine qu'on éprouve à faire pénétrer les idées nouvelles dans nos campagnes, la tâche accomplie nous laisse quelque fierté et une conscience plus claire de notre force. Nombreux, les cultivateurs sont venus à la mutualité, sans même savoir au juste quels risques ils devaient lui demander de couvrir, mais ils ont toujours eu confiance dans leurs chefs, se souvenant des services rendus déjà par la mutualité, notamment par les caisses d'assurances contre l'incendie, dont nous pouvons dire que les résultats ont été superbes. C'est parce qu'ils ont apprécié la sécurité qu'elles leur ont apportée et l'importance des services qu'elles ont rendus que les adhérents de nos syndicats sont entrés dans la mutualité accidents.

Quels chiffres puis-je apporter à l'appui de l'exposé que je vous fais? Je suis mal documenté sur l'ensemble de la France, mais je sais cependant qu'il existe plusieurs milliers de mutuelles agricoles formées en 12 mois et même en moins de 12 mois car nous n'avons pu multiplier les créations qu'à partir d'octobre et novembre 1923 et en raison de l'importance des grands travaux, les fondations se sont pratiquement arrêtées à partir du 15 Juin. Il a fallu faire conférences sur conférences et recourir à toutes les formes de la propagande pour arriver à cette constitution de la mutualité nouvelle d'assurances contre les accidents agricoles.

Pour notre région, dans dix départements, nous comptons 833 mutuelles accidents, bien que depuis plusieurs mois nous n'ayons plus fait de conférences pour la formation de nouvelles caisses, parce que notre activité a dû se concentrer sur l'établissement des polices. Néanmoins les créations nouvelles continuent spontanément et nous espérons arriver à notre millième caisse dans le courant de l'année. Si je me rapporte à 21 ans en arrière, au moment où la mutualité incendie a été lancée sur notre sol, il y a quelque fierté à voir qu'on est allé bien plus vite, à 20 ans d'intervalle; en 1905, en effet, il fallait un an pour arriver à 60 caisses et en 1923-24: 833; pour nos caisses de réassurances nous avons formé 9 régionales, sans parler de 3 ou 4 autres qui ont déposé leur cautionnement et qui pourraient se suffire à elles-mêmes.

Donc, 12 Régionales ont adhéré à la Centrale de la rue d'Athènes.

Il y a toutefois des régions de France qui n'ont pas encore leur caisse d'assurances mutuelles ou même qui en ignorent complètement les avantages. Ailleurs, la mutualité est née, mais sous une forme qu'il est difficile de qualifier, car elle est transitoire en quelque sorte, puisque les fondateurs se sont méfiés de leurs propres forces et ont confié leur réassurance à des sociétés poursuivant un but lucratif. C'est là une forme temporaire qui dans quelques années devra disparaître et être remplacée par la mutualité proprement dite qui intéresse directement ses adhérents à la réduction du risque et calculera ses primes uniquement d'après l'importance des sinistres survenus. Enfin, dans un petit nombre de départements il faudra tout créer car il n'existe rien. Mais partout, pouvons-nous dire, le terrain est bien préparé à l'établissement de la mutualité. Dans les plaines comme dans les montagnes, nous rencontrerons parmi nos paysans de France une extrême bonne volonté dans la création de ces mutuelles agricoles. Ils ont une confiance pleine et entière dans les conseils qui sont donnés, et c'est là un précieux réconfort pour tous ceux qui se sont adonnés à la tâche de promouvoir ces nouvelles organisations. Oui, nos paysans sont prêts à adopter la mutualité agricole, ils la souhaitent, ils la désirent, je supplie donc les dirigeants de nos Fédérations agricoles de ne pas tarder davantage, quand ils ont hésité jusqu'ici, sur la conduite à tenir.

Et là où la mutalité existe, la totalité du travail est-elle accomplie? Non. Je connais un certain nombre de communes de toutes importances, plutôt moyennes et mêmes petites, et je puis vous citer l'exemple d'une commune de 1.200 habitants avec 225 exploitations agricoles. Dans une commune comme celle-ci où l'on a créé aujourd'hui une mutuelle, grâce à 6 ou 7 mutualistes convaincus, lorsqu'on a obtenu 60 ou 70 contrats, on se déclare très satisfait et pourtant les deux tiers des cultivateurs ne sont pas encore garantis. Dans beaucoup d'autres villages, et là même où le plus de travail a été accompli, il n'y a guère que 10 ou tout au plus 20 % de la clientèle qui ait été touché; le surplus est-il allé à des Sociétés d'assurances autres que des mutuelles de 1900? Très rarement. Ceux qui sont venus aux mutuelles forment la clientèle des agriculteurs intelligents habitués aux assurances et qui comprennent les avantages de la mutualité, les autres n'ont guère bougé, et ne se sont pas adressés aux Compagnies d'assurances.

S'il y a beaucoup à faire là où la mutualité s'est implantée, on peut se rendre compte de l'énormité de la tâche là où elle est inconnue. Je crois donc que le Congrès fera bien d'adresser un encouragement pressant aux administrateurs et secrétaires de nos mutuelles pour qu'ils ne cessent de consacrer leurs efforts au développement de nos œuvres d'assurances accidents. Leur activité sera récompensée par les résultats obtenus, par les services rendus aux gens des campagnes.

Nous espérions des modifications profondes au texte du Sénat, elles ne sont pas venues, et pourtant quand nous lisions le texte de la loi du 15 Décembre 1922, nous nous demandions ce que les législateurs avaient voulu dire par tel article, et quelle solution apporter à telle difficulté que la lecture du texte soulève. Peu à peu, il est vrai, soit les décrets d'Août 1923, soit les circulaires ministérielles, soit le texte des statuts-types, soit enfin les réponses des Ministres de l'Agriculture et du Travail à des questions écrites, ont réduit l'importance des difficultés et des incertitudes; mais est-ce à dire que celles-ci soient supprimées? Non, il y a encore des hésitations et des obscurités, des insuffisances dans les textes qui nous régissent, c'est pourquoi nous avons été heureux d'apprendre, il y a trois mois que l'on s'était préoccupé à la Chambre d'élaborer un projet apportant quelques précisions à la loi du 15 Décembre 1922. Ce texte rédigé très rapidement à la Chambre a été voté sans débat le 1er Août dernier. Il est très court, 5 articles au total, et néanmoins il est intéressant, autant peut-être par ses dispositions en elles-mêmes que par les intentions favorables que le législateur témoigne ainsi à la mutualité accidents.

Nous espérions que, saisi par la Chambre du 1er Août, le Sénat profiterait des séances qu'il tint dans la première partie du mois pour adopter sans débat le projet. Nous avons multiplié les démarches pour obtenir ce résultat. Malheureusement, nous n'avons pu y arriver et le Sénat impressionné par diverses contestations, n'a pas encore adopté le texte transmis. Aujourd'hui un certain nombre de sénateurs nous demandent quels sont nos desiderata à ce sujet. Plusieurs d'entre nous ont répondu: « Le texte n'est pas parfait mais, ce qu'il ajoute est utile, votez donc dans vous inquiéter des imprécisions, votez immédiatement, le plus tôt possible sera le meilleur ». On nous a répondu: « Ne serait-il pas possible d'améliorer les propositions votées par la Chambre? »

C'est pour donner satisfaction à cette demande que je saisirai le Congrès des modifications à apporter au texte voté le 1er Août par la Chambre. Je suis persuadé que le vœu voté par le Congrès des Syndicats Agricoles à Quimper aura une importance considérable sur la décision du Sénat.

Le titre du projet voté le 1er Août annonce une extension de la loi du 15 Décembre 1922, et cette indication a effrayé de nombreux députés, comme elle éloignera probablement plusieurs sénateurs. En fait d'extensions, la principale est la suivante: on propose d'ajouter les Sociétés Coopératives agricoles à la liste des exploitations dont le personnel est assujetti à la nouvelle législation. Il n'y a là rien de révolutionnaire, mais les termes employés sont insuffisants. Ne sachant comment définir les Coopératives agricoles on a écrit: coopératives instituées conformément à la loi du 5 Août 1920. Sur ce premier point, nous souhaitons un éclaircissement. Plusieurs sortes de coopératives existent en France. Beaucoup, désirant pouvoir emprunter au Crédit agricole mutuel ont rempli les obligations imposées par la loi de 1920, mais d'autres Coopératives n'y ont pas obéi, parce qu'elles se suffisaient à elles-mêmes: pourquoi le personnel de ces dernières ne bénéficierait-il pas de la loi du 15 Décembre? Il serait bon de soumettre au Parlement nos desiderata à cet égard afin d'obtenir satisfaction.

Le second point concerne la fameuse question des assujettis facultatifs. Vous savez quels sont les termes de la loi du 15 Décembre 1922. La législation sur les accidents du travail est applicable obligatoirement à tous les exploitants agricoles qui occupent habituellement des salariés. Et au contraire, restent en dehors de la loi les exploitants qui travaillent seuls habituellement ou avec l'aide des membres de leur famille et qui recourent seulement aux services de travailleurs occasionnels.

Le texte voté le 1er Août par la Chambre essaye de trancher d'une manière un peu simple quelques-unes des difficultés que soulève le fameux adjectif: travailleur occasionnel. Il propose en effet de stipuler que pourront être assujettis facultatifs les seuls exploitants qui recourent dans l'espace d'un an à 75 journées au maximum de travailleurs occasionnels.

Que vaut cette précision: 75 journées de travailleurs occasionnels? Faut-il entendre par travail occasionnel (le travail accidentel) celui dont l'emploi n'est pas normal, mais résulte d'une circonstance presque exceptionnelle? Si nous acceptons cette définition nous sommes obligés de dire que, si pour une tâche qui se reproduit régulièrement chaque année on est forcé d'avoir recours à une main-d'œuvre étrangère, l'assujettissement deviendrait obligatoire. En nous plaçant sur le terrain juridique, la définition que nous venons de donner est acceptable. Seulement, si nous considérons l'ensemble de la loi de 1922, nous sommes forcés de dire qu'à accepter une telle définition, il ne restera plus d'assujettis facultatifs car il n'y a pas d'entreprise agricole dans laquelle chaque année on n'ait besoin d'un coup de main supplémentaire, notamment pour l'enlèvement des récoltes. Il nous semble que dans les milieux où l'on se préoccupe de cette question, l'intention ne soit pas d'accepter une définition qui supprimerait les assurés facultatifs. On paraît estimer que le terme « occasionnel » correspond plutôt à un emploi restreint au cours de l'année, à certains travaux bien déterminés qui doivent être accomplis hâtivement et qui par conséquent ne peuvent être exécutés par le personnel normal de l'exploitation. Ces controverses méritent d'être tranchées et nous devons être reconnaissants à la Chambre qui a adopté le chiffre maximum de 75 journées de travailleurs occasionnels car elle a voulu ainsi mettre fin à une incertitude regrettable. Par le fait même que l'on adopte ce chiffre 75, l'on se prononce sur le sens à donner à l'adjectif « occasionnel ». On admet l'entreprise assujettie facultativement, à recourir pour quelques travaux pressants à une main-d'œuvre étrangère pour les récoltes notamment.

Un autre point du texte voté le 1er Août mérite une mention particulière, c'est celui qui concerne la résiliation des polices antérieures. Le législateur a prescrit la résiliation des polices conclues avant la publication des règlements d'administration publique et c'est là une très bonne intention, mais ne fallait-il pas donner aux agriculteurs le temps nécessaire pour connaître les conditions que leur nouveau contrat devait remplir?

La proposition de la loi du 1er Août 1924 se préoccupe simplement d'élargir le champ des résiliations de contrat et elle tranche ainsi de nombreuses contestations. Mais si elle est appelée de ce chef à rendre de réels services, ne devrait-elle pas intervenir avec plus de prudence sans priver rétroactivement les assurés de la garantie offerte par leur contrat, et ne devrait-elle pas aussi être étendue aux polices qui couvrent les accidents survenus à l'exploitant lui-même?

Telles sont quelques-unes des modifications qu'il conviendrait d'apporter au projet de loi du 1er Août 1924. Tel qu'il est rédigé, il représente néanmoins une amélioration par rapport à la loi du 15 Décembre 1922, et nous ne saurions trop insister sur l'urgence d'une décision parlementaire à cet égard. Tout retard constitue du temps perdu pour la mutualité agricole, car il permet aux Compagnies d'assurances d'accentuer leur pression sur leurs anciens clients afin de renouveler les liens qui les ont unis jusqu'ici.

Sachant qu'au Parlement on hésite à nous donner complète satisfaction, nous n'entreprendrons pas de formuler ici la liste complète de nos revendications et je me bornerai à proposer au Congrès l'adoption du vœu suivant: (1)

Après lecture des trois rapports sur les accidents du travail en Agriculture, la discussion suivante s'engagea.

M. Berthonneau. — Au cours des conférences que j'ai faites pour créer des Sociétés locales et la Caisse de réassurances-mutuelles agricoles de Loir-et-Cher, on m'a montré — comme on vous a montré certainement — de nombreuses polices de Sociétés Financières. Certaines

____

(1) *Voir page 185.*

étaient établies de telle façon qu'elles couvraient bien mal les risques de la loi du 15 Décembre 1922.

Dans ces conditions, il était possible de faire de l'assurance au rabais, fort mauvaise pour le cultivateur mais séduisante tout de même parce qu'elle apparaissait parfois moins coûteuse que l'assurance-mutuelle, pratiquée par nos petites sociétés communales.

S'il n'en était résulté que des difficultés d'organisation pour nous, fondateurs de mutuelles, le mal ne serait pas très grand. Malheureusement les conséquences peuvent être très onéreuses pour les cultivateurs qui se croient bien assurés et qui le sont mal!

Alors, j'ai pensé que le service du Contrôle n'avait pas dû examiner les polices des sociétés financières avec autant d'attention qu'il a examiné celles de nos sociétés Mutuelles.

J'ai pensé aussi que le législateur de 1922 aurait bien dû imposer une formule de police unique à tous les organismes d'assurance — mutuelles ou financières — décidés à couvrir le risque agricole.

Le cultivateur ne connaît pas toutes les subtilités des textes, qu'il ne se donne pas d'ailleurs la peine de lire; pour cette raison il fallait le protéger malgré lui, par le moyen que j'indique.

Puisque le Parlement envisage déjà des modifications à la loi du 15 Décembre 1922, ne pourrions-nous pas demander — par une addition au texte de M. Garcin — qu'un modèle de *police agricole* fort simple, très clair, soit établi et imposé à tous les organismes d'assurance?

M. de Keranflech. — J'ai approuvé complètement les propositions de M. Garcin; je me permettrai cependant de vous signaler, en quelques mots seulement, ce que nous allons chercher à faire à l'Union des Syndicats Agricoles des Côtes-du-Nord.

Nous n'avons pas cru devoir aller très vite pour la Mutuelle-Accidents, nous ne pouvons espérer toucher d'assez près tous les cultivateurs pour leur en faire comprendre la nécessité.

Nous avons formé une commission composée des ruraux les plus dévoués et les plus compétents; et nous avons fait appel à tous les assureurs du département leur demandant de déposer toutes leurs propositions de polices, voulant faire un type à proposer à nos cultivateurs.

— A ceux-ci nous avons dit: « Toutes les fois que vous pourrez faire de la mutualité, faites-le. Autrement, commencez par signer des polices d'un an, et au plus de cinq ans, en vous adressant à de bonnes compagnies. Etudiez ces polices: l'expérience acquise ainsi vous permettra à tous moments de faire une Mutuelle. Puisque cette loi est délicate, vous arriverez à la connaître, à peser vos obligations et vos droits, et vous pourrez créer des Mutuelles. »

C'est au moyen d'une police-type que, sans prôner une compagnie plutôt qu'une autre, nous avons donné les directives à nos syndiqués. Nous avons fondé quelques Mutuelles, et pensons que peu à peu, instruits par l'expérience, nos cultivateurs seront amenés à en créer d'autres.

Il serait intéressant que les contrats conclus avant le 1er septembre 1924 puissent être dénoncés.

M. Lefeuvre. — Je suis d'accord avec vous pour dire que les contrats faits avant le 1er septembre 1924 devraient être résiliés.

Seulement comme on propose une police d'ordre général, qui serait évidemment une police-type, et qui porterait couverture de tous les risques de la loi de 1922, il me semble qu'on va à l'encontre de principes juridiques certains: il faudrait observer toute la loi de 1922, l'assurance deviendrait obligatoire pour tous.

Voulez-vous qu'on impose au cultivateur tous les risques, quand la loi de 1922 lui donne le droit de s'assurer comme il l'entend?

M. Garcin. — Si les ruraux ont à se plaindre des contrats auprès d'autres organismes que nos Mutuelles, c'est grâce à une erreur commise par le législateur de 1922.

En effet, la loi de 1922 décide que sera résilié tout contrat d'assurance conclu avant la promulgation des décrets prévus par ladite loi. Or, ces décrets ont été pris le 31 août 1923, et les compagnies n'ont pas eu le temps de modifier leurs polices pour satisfaire aux conditions que ces textes exigeaient; en sorte que de nombreux contrats ont été conclus qui ne couvrent pas les risques prévus par la loi de 1922, et qui pourtant ne sont pas résiliés.

Je regrette également que le Ministre du Travail ne se soit pas préoccupé de ce que faisaient les organismes d'assurance autres que les Mutuelles, loi de 1900. — Le Ministre du Travail s'inquiétait de l'action de nos Mutuelles agricoles parce qu'il ne les connaissait pas et parce qu'il avait été documenté sur elles d'une manière défavorable; et il prenait le maximum de précautions pour éviter tout abus de leur part. — Au contraire, comme il connaissait les compagnies d'assurance admises à pratiquer l'assurance-loi de 1898, il ne se souciait pas des contrats qu'elles continuaient à conclure et qui ne donnaient pas pourtant aux assurés les garanties indispensables.

Les ruraux qui ne sont pas au courant des régimes établis par les lois de 1898 et 1922 pensaient qu'il appartenait à chacun de défendre ses propres intérêts, et ils acceptaient des polices qui paraissaient convenir à leur cas particulier mais qui, en réalité, ne les mettaient pas à l'abri des responsabilités auxquelles la nouvelle législation les assujettissait.

Je connais toutes les surprises dont les cultivateurs ont été les victimes, parce qu'ils n'ont pas prévu qu'un lien solide allait les attacher à leur compagnie pendant cinq ou dix ans, et les empêcher d'accéder à nos Mutuelles. Je regrette également qu'ils n'aient pas été à même de discuter les termes de la police, ne sachant pas au juste contre quel risque ils devaient s'abriter.

Il ne faut pas pourtant dépasser la mesure. Contraindre tous les organismes à avoir des polices-types et à ne pouvoir en avoir d'autres, n'est-ce pas lier les assurés par des conditions qui pourront excéder leurs propres désirs? Nous avons en Agriculture des exploitants importants ou des moyens exploitants qui ne veulent s'assurer que contre les risques d'incapacité permanente: c'est leur droit.

Avec le contrat-type, voilà des agriculteurs qui ne pourront pas adhérer à l'assurance-mutuelle. — D'un autre côté, un assujetti obligatoire travaillant avec sa famille et des salariés peut vouloir assurer ses salariés sans s'assurer lui-même, ni sa famille, ni ses enfants; est-ce que nous n'allons pas le lier d'une manière excessive et rendre l'assurance parfaitement impopulaire si nous établissons des contrats-type?

Laissons à chacun la liberté de combiner son assurance, et bornons-nous à le libérer des contrats qu'il a conclus sans en pouvoir connaître les inconvénients et les insuffisances.

M. le Président. — La rédaction de M. Gatheron paraît donner satisfaction aux observations formulées. Des conditions assez dures ont été imposées aux sociétés mutuelles pour être admises à l'assurance, et ces mêmes conditions n'ont pas été faites aux sociétés anonymes.

S'il est admis que les contrats qui ne contiennent pas au profit des assurés les stipulations prévues par l'article des statuts-type peuvent être résiliés, il me semble que M. Berthonneau aura satisfaction.

M. Berthonneau. — Je crois que la proposition de M. Gatheron, approuvée par M. Garcin, resterait inopérante, même si elle devait être sanctionnée par le Parlement.

Ce texte donnerait évidemment la possibilité aux cultivateurs mal assurés de demander la résiliation de leurs polices signées postérieurement au 31 Août 1923; mais comme les compagnies ne consentiraient jamais amiablement à ces résiliations, il serait généralement nécessaire d'en appeler aux tribunaux, de solliciter le concours, souvent onéreux, d'un avocat.

Beaucoup hésiteraient à engager cette procédure, d'autres ne voudraient pas avouer qu'ils se sont laissés tromper. Le plus grand nombre — soyez-en sûrs — attendraient tout simplement le terme de leur contrat pour demander la rectification.

Pour ces raisons, mes préférences iraient à un vœu qui demanderait la résiliation des seuls contrats — postérieurs au 31 août 1923 — qui ne garantissent pas *sans réserve* les cultivateurs des conséquences de la loi du 15 Décembre 1922;

Ou à une proposition qui donnerait aux assureurs comme aux assurés, la faculté de résilier chaque année, et cela durant une période transitoire de cinq années par exemple. Les faits signalés dans le rapport de M. Gatheron, que nous ne connaissons, hélas, que trop, justifient bien, je pense, pareille mesure. Et nos Mutuelles auraient tout à y gagner, car les cultivateurs qui se sont laissés ainsi tromper par de belles paroles, deviendraient, une fois libérés de leurs engagements, les plus ardents de nos mutualistes.

M. Courtin. — La loi elle-même a déclaré que les polices ne pourraient être faites que pour cinq ans: en fait, la proposition de M. Gatheron tendrait à dire qu'elles seraient faites pour un an. Je ne vois donc pas là une injustice, mais une simple modification à un texte législatif.

M. Garcin. — Je me suis élevé contre la possibilité de revenir sur tous les contrats, et j'hésite beaucoup à me rallier au texte proposé parce qu'il n'a pas de fondement juridique.

Nous n'avons pas intérêt à résilier tous les contrats, mais seulement ceux qui portent préjudice. — Si c'est une question de choix d'assureur, inutile de résilier; il faut un fondement à tout et ce fondement c'est la justice. Vous ne pouvez résilier que les contrats qui vous ont lésés.

Nous ne devons demander la résiliation que pour ce qui est préjudiciable seulement. Nous avons à respecter la justice, surtout à l'égard de ceux qui ont été nos concurrents: c'est une tradition de nos organismes agricoles à laquelle je vous demande de ne pas vous dérober.

M. le Président. — Je prie les deux rapporteurs de se mettre d'accord sur un texte qu'ils nous rapporteront demain.

LE CONTROLE LAITIER-BEURRIER

Communication de M. Rostand, Secrétaire Général de l'Union de Normandie des Syndicats Agricoles, lue par le Colonel de Boisanger.

Le XII⁰ Congrès National des Syndicats Agricoles, en prenant pour l'un des objets de ses études la question du contrôle laitier, a voulu marquer toute l'importance qu'il attache à cette forme, relativement nouvelle en France, de l'exploitation de nos ressources animales.

On peut dire que, jusqu'à ces années dernières, l'élevage se faisait selon des méthodes empiriques, suffisantes des demandes de la consommation, mais reconnues insuffisantes, depuis que celle-ci s'est accrue, tant en ce qui concerne la viande, que le lait ou les produits dérivés du lait. Comme, d'autre part, le cheptel bovin a considérablement décru pendant la guerre, et qu'il se reconstitue sous nos yeux avec une rapidité beaucoup moins grande, un déséquilibre s'en suit, auquel il est bon de remédier.

Il est reconnu que, si la quantité des animaux doit être recherchée, la qualité est plus importante encore, dans l'intérêt de tous et de chacun. Or, cette qualité sera obtenue principalement par la sélection. Il s'agit de conserver surtout les sujets d'élite de chaque race, en éliminant progressivement ceux qui valent moins; et de faire produire à chaque race les animaux de meilleur rendement. Cette amélioration, on l'a recherchée pendant longtemps en France en organisant des concours, plus ou moins importants selon les régions, les ressources locales, les initiatives; les encouragements officiels et privés n'étant pas ménagés. Mais la plupart de ces concours ne tenaient compte que des formes extérieures des animaux présentés, que l'on primait surtout d'après leur conformité à un certain type, ou d'après certaines particularités que l'expérience avait fait connaître comme fournissant des indices sur la valeur des sujets. D'excellents connaisseurs, à l'œil très exercé, et à la longue pratique, formaient les jurys de ces concours, et l'on doit reconnaître que leur jugement, pour empirique qu'il fût, n'en était pas moins, généralement, fort sûr.

Mais ces données n'avaient rien de scientifique; surtout pour les races plus particulièrement propres à fournir du lait, la sélection doit se faire sur la production laitière-beurrière, en même temps que sur les formes. Elle doit tendre à la formation de familles laitières et beurrières constituées par des taureaux raceurs, et par des femelles dont la production peut être connue et suivie: car c'est un fait acquis désormais, que les qualités laitières et beurrières se transmettent héréditairement.

Enfin, pour mettre en lumière les résultas obtenus par une heureuse sélection et par une alimentation rationnelle, il est bon que des épreuves publiques aient lieu. Comme on a organisé des courses pour les chevaux, on devra trouver une formule pour rendre sensible le rendement en lait et en beurre.

Pour le premier échelon, c'est au *contrôle* laitier-beurrier qu'on aura recours; pour le second aux *concours* laitiers et beurriers.

**

Ces idées assez simples, voici longtemps déjà qu'elles sont appliquées à l'étranger; et sans aller rechercher trop loin dans le passé (elles apparaissent en Angleterre dès la fin du XVIII° siècle), on peut dire qu'au milieu du XIX° siècle les associations d'éleveurs commencent à se multiplier. Elles ne disposaient pas encore de méthodes scientifiques, et dans la période de leurs débuts, elles avaient surtout en vue, au moyen d'une habile réclame, l'écoulement de leurs produits au meilleur taux.

Après l'Angleterre, la Belgique et l'Allemagne se lancent dans la même voie; de même les Etats-Unis, le Danemark, la Hollande, la Suisse.

C'est peut-être le Danemark qui fournit le plus bel exemple de ce que peut donner une action raisonnée et méthodiquement poursuivie. On sait à quel point ce petit pays est, si l'on peut dire, coopératisé. La coopération de production y est poussée à un degré de perfection qui n'est atteint nulle autre part, aussi bien en ce qui concerne la production de beurre que celle des œufs ou d'autres produits agricoles. A ce point que des marchés étrangers, le marché anglais notamment, ont été conquis par le Danemark. En 1895, y fut fondé le premier syndicat de contrôle laitier. Aujourd'hui, on estime à 15.000 troupeaux comprenant 250.000 bêtes laitières l'effectif soumis au contrôle du lait. Les progrès réalisés ont été surprenants, puisque dans l'une des fédérations danoises, contrôlant en 1900, 4.467 animaux et en 1915, plus de 40.000, les rendements moyens en lait sont passés dans le même espace de temps de 3.100 à 3.600 kilos, et en beurre de 116 à 146 kilos, soit une augmentation moyenne annuelle de 30 kilos par bête.

En Angleterre, la progression a été rapide également. De 16 sociétés groupant 7.331 vaches, en 1914, le nombre est monté en 1920 à 52 sociétés avec un effectif total de 97.903 vaches.

La Hollande, qui possède un troupeaux bovin considérable (on y compte environ une tête de bétail par hectare; en France, une tête par 3 h. 75), le contrôle laitier est également très développé depuis plusieurs années. Comme conséquence, le rendement moyen de la race hollandaise qui était en 1890, de 4.500 litres avec un taux moyen de matières grasses de 3 %, est aujourd'hui de 4.800 à 5.000 litres avec un taux moyen butyreux de 3,25 %.

Observations analogues pour l'Allemagne qui, en 1914, comptait 792 sociétés contrôlant 351.857 vaches, pour la suède, la Belgique, la Finlande, la Suisse.

De l'autre côté de l'Atlantique, le Canada a suivi le mouvement depuis 1904. En 1917, on y comptait 35 centres de contrôle, avec un effectif de 29.249 vaches; on estime que depuis que le contrôle laitier est pratiqué dans le pays, la production moyenne des vaches pour le Canada entier s'est élevé d'au moins 30 %.

Les Etats-Unis, on s'en doute, ne sont pas restés en retard; les sociétés de contrôle sont en grand nombre; fonctionnant depuis un assez long temps, elles sont parvenues à fixer des familles dont les records sont soigneusement enregistrés, et portés à la connaissance de tous par une vaste publicité.

**

En regard de ce qui s'est fait à l'étranger, il faut avouer que la France est loin d'avoir fourni un effort comparable. Les premiers syndicats de contrôle laitier ont été fondés en Normandie: celui du pays de Caux en 1907, celui du pays de Bray en 1913. Vint la guerre, qui entrava tout essor d'une institution qui n'en était qu'à ses débuts. Mais, depuis la fin des hostilités, un mouvement marqué vers l'organisation de nouveaux syndicats se dessina, en divers points du territoire. Ce qui y contribua davantage, ce fut la tenue de nombreux concours laitiers et beurriers, annexés aux grands concours régionaux et nationaux. On en vit en Flandre comme en Normandie, et enfin depuis la reprise des concours de Paris, leur moindre attrait pour les visiteurs n'est pas celui des pavillons où l'on peut assister à la traite, à l'analyse, et à l'affichage des résultats. A la suite de ces grandes épreuves, où les représentantes de nos diverses races se sont trouvées aux prises, d'autres de moindre envergure ont été organisés sur divers points du territoire: tout récemment dans l'Aveyron, et même au delà de la Méditerranée, en Algérie et au Maroc.

Mais le concours laitier-beurrier, on l'a vu, est insuffisant, et il n'intéresse qu'un très petit nombre d'exploitations; dans celles-ci, un très petit nombre de sujets d'élite. Il est là pour enregistrer des résultats exceptionnels; et il ne fournit pas à l'éleveur moyen les indications rationnelles dont celui-ci a besoin pour sélectionner son troupeau. D'où la nécessité de susciter la fondation de syndicats fonctionnant régulièrement, d'un bout de l'année à l'autre. C'est ce qui a été compris çà et là. En l'absence d'une statistique officielle, on peut tout au moins donner des indications sur ce qui existe à l'heure actuelle, dans une région connue pour sa race homogène: la région normande.

Dans la Seine-Inférieure, fonctionnent toujours les doyens des syndicats du pays de Caux et du pays de Bray.

Dans le Calvados, le syndicat du pays d'Auge, fondé en 1920, et dont le siège est à Lisieux, celui du Bessin, avec siège à Bayeux, fondé en 1922.

Dans l'Eure, syndicat du Roumois, fondé en 1922 avec siège à Bourgheroulde comme syndicat d'élevage simple transformé en janvier dernier en syndicat de contrôle. En outre, syndicat de la région d'Evreux, né le 2 juillet 1923.

Dans l'Orne, syndicat départemental, avec siège à Alençon, fondé en 1923.

Dans la Manche, syndicat du Cotentin, siège à Chef-du-Pont, fondé en 1923; syndicat de la race bovine cotentine, siège à Coutances, 1924, et le syndicat de la Hague et des bocages de Cherbourg et de Valogne, siège à Bricquebec, 1924.

On peut y ajouter le comité de l'élevage de Seine-et-Oise, de 1922, avec siège à Paris, qui contrôle un certain nombre de vaches de race normande.

Cette énumération rapide montre que, dans une région possédant une race homogène, et sous l'impulsion de l'initiative privée comme des offices agricoles départementaux, certains résultats ont été obtenus. Mais il faut ajouter que ces résultats sont encore très insuffisants, et que les efforts ont été donnés avec un certain décousu, sans principe reconnu de tous. Et cela malgré l'existence déjà ancienne de l'association du Herd-Book normand qui, fondé en 1884, a été entièrement reconstitué sur de nouvelles données au lendemain de la guerre.

Comment se fait-il donc que la direction n'ait pas été la même partout, et que l'on trouve encore tant de différences d'un syndicat à l'autre? — C'est que à l'étranger, où il a bien fallu aller chercher des inspirations, les méthodes varient elles-mêmes beaucoup. Sans entrer dans des détails qui risqueraient de créer une grande confusion dans les esprits, on peut cependant relever quelques-unes des tendances principales qui se sont fait jour dans certains de ces pays.

Ainsi en Hollande, l'organisation est extrêmement méthodique, et elle comprend plusieurs échelons. Au sommet, le Herd-Book frison pour cette race spéciale, limité à la province de Frise; et la société du Herd-Book néerlandais, qui rayonne sur les autres provinces. La société tient un livre généallique sévère, basé sur la conformation extérieure des animaux et sur le contrôle du lait; ces animaux doivent appartenir à l'une des trois races pie-noire, pie-rouge ou noire. Un bureau central fonctionne à la Haye; mais sur place, existent des sociétés locales d'élevage, des sociétés de contrôle laitier, toutes affiliées à la société du Herd-Book néerlandais. Les sociétés de contrôle laitier que l'on a ici plus particulièrement encore en vue, réunissent environ 200 vaches chacune. L'Etat soutient, pécunièrement et moralement, cette vaste organisation qui possède ainsi un caractère quasi-officiel.

En Suisse, par exemple dans la fédération des syndicats d'élevage de la race tachetée rouge, c'est le propriétaire des animaux soumis au contrôle qui fait lui-même la pesée, deux fois par mois, et qui l'inscrit sur des formules ad-hoc.

Il est seulement contrôlé, six fois au moins par an ou par période de lactation, par un contrôleur qui vient à l'étable à l'heure habituelle de la traite, matin ou soir, et qui prélève les échantillons nécessaires. Un système analogue fonctionne à l'Union des syndicats d'élevage du Doubs pour l'amélioration de la race Montbéliarde.

Aux Etats-Unis, dans la province de Californie, le service du Herd-Book, pour l'inscription des sujets de chaque race au livre d'élite exige un contrôle laitier serré et sévère; le service de ce registre est assuré par la division d'industrie animale du collège d'agriculture de l'université de Californie. C'est donc encore le contrôle officiel, effectué par des contrôleurs qui passent, chaque mois, deux jours de suite chez les éleveurs.

Ces quelques exemples suffisent à montrer que l'organisation du contrôle laitier est, tantôt libre, tantôt plus ou moins sous la dépendance de l'Etat. Ils montrent en outre que la périodicité des prélèvements est fort variable; ici, une fois par mois; là, deux jours de suite; en Belgique, système 658, c'est-à-dire prélèvement au bout de six semaines, cinq mois et huit mois à compter de l'époque du vêlage. La même diversité se fait jour dans la manière de procéder aux analyses. Celles-ci se font, soit dans un laboratoire où les échantillons sont expédiés, au Gerber; soit encore à domicile chez l'éleveur, par le contrôleur, d'après la méthode Hobyberg.

Tous ces procédés divers offrent, bien entendu, des avantages et des inconvénients, et l'on ne saurait à priori écarter aucun d'entre eux lorsque se pose la question de fonder un syndicat. Il s'agit de recueillir le plus possible de renseignements, de comparer (là où cela se peut) les résultats acquis, et d'adapter au milieu spécial où l'on veut opérer, les données fournies par l'expérience des devanciers, sans craindre les inovations.

Pour reprendre l'exemple fourni par la Normandie, on verra que même dans cette province, l'unité de vue n'est pas absolue. En principe, dans chacun des dix syndicats des départements normands, le contrôle a lieu une fois par mois environ. Les analyses se font, pour la Seine-Inférieure, à la station agronomique de Rouen; pour le Calvados et pour l'Orne à la station agronomique de Caen; dans la Manche et dans l'Eure, on emploie le procédé Hoyberg.

Dans tous ces départements, la pratique des concours laitiers-beurriers, s'est parallèlement beaucoup développée. Sans parler des épreuves sévères de la Seine-Inférieure (Yvetot, Dieppe), ni de celles qu'organisent chaque année, à Caen, la société du concours-foire ou à Saint-Lô la société départementale d'agriculture, les concours locaux se multiplient. En 1924 par exemple, il y en eut à Saint-Pierre-sur-Dive (Calva dos), à Saint-Piere-Eglise, à Avranches, à Cherbourg (Manche).

Ces divers syndicats ont en vue, non seulement le contrôle lui-même, mais surtout la tenue d'un livre zootechnique, permettant de suivre une lignée, et de donner une garantie, tant à l'éleveur lui-même qu'aux acheteurs éventuels. C'est en somme, la fin réelle de toute cette organisation; celle aussi qui permet à l'éleveur par la plus value conférée à ses produits, de récupérer les frais qu'il aura dû engager pour assurer le fonctionnement normal de son syndicat.

A la base du livre zootechnique, il faut imposer certaines conditions: ainsi, il ne sera ouvert qu'aux animaux inscrits au Herd-Book, mais en outre, ces animaux n'y seront maintenus que s'ils ont satisfait aux épreuves de production. Ces épreuves comporteront des minima en lait et en beurre, qui seront fixés chaque année par le conseil d'administration et qui varieront avec la première et la deuxième lactations, mais qui resteront les mêmes pour les lactations suivantes. Ne seront inscrits, au titre de la descendance, que les animaux mâles et femelles dont les mères auront satisfait aux épreuves de production. Toutefois, les femelles n'y seront maintenues que si elles ont subi, à leur tour, avec succès, les épreuves qui leur sont imposées. (Ces dispositions sont celles qui ont été adoptées par les syndicats de la Manche).

De ce qui précède, on peut conclure qu'un commencement d'organisation existe en Normandie, mais qui est loin encore d'atteindre le degré voulu de perfection. C'est ce qu'ont reconnu les dirigeants des divers syndicats, qui se sont récemment réunis à l'effet de rechercher les moyens les plus propres à coordonner leurs efforts, et à les associer à ceux de l'association du Herd-Book normand. Celle-ci, en effet, opère sur une aire très vaste, ce qui rend difficile notamment le contrôle des naissances. On cherche donc, en ce moment, s'il ne serait pas possible d'établir une liaison constante entre ces divers organismes. L'idée d'une fédération des syndicats de contrôle laitier de Normandie est dans l'air: on songe à faire adopter par tous une méthode unique de contrôle; à faire déterminer aussi les mêmes minima de lait et de beurre; à mettre les contrôleurs des syndicats à la disposition du Herd-Book pour le contrôle des naissances; enfin à recruter un super-contrôleur, pour toute la fédération, chargée de faire toutes visites et vérifications reconnues utiles.

Peut-on généraliser le procédé Hoyberg? — C'est le plus intéressant pour permettre la vulgarisation, car il est économique. Il est sujet à caution parce qu'il est fait chez l'éleveur, mais on pourrait le rendre parfait en obligeant le contrôleur à laisser chez l'éleveur, d'un passage à l'autre, un double de l'échantillon analysé, et l'inspecteur unique pour toute la Normandie passerait de temps à autre vérifier l'exactitude des chiffres trouvés. On mettrait ainsi ce système à l'abri de toutes suspcicion, ce qui est indispensable, surtout en ce qui concerne l'exportation.

Le dernier mot n'est donc pas dit, et il y a place encore pour beaucoup d'initiatives locales. Ce qui s'ébauche en Normandie peut être tenté ailleurs, en tenant compte des facteurs et des habitudes particulières à chaque race animale. Il semble que l'on puisse préconiser des syndicats à rayon assez restreint, groupant 250 animaux en moyenne, ce qui donne un contrôle par mois pour 10 animaux chaque jour. Opérer dans un milieu très homogène, en limitant les déplacements du contrôleur; tenir la main à ce que le livre zootechnique fournisse des renseignements précis et sincères; ensuite, fédérer régionalement les syndicats locaux; enfin, une fédération nationale, destinée à servir de lien et de centre de renseignements, commerciaux et autres, devraient être suscitée par l'Union Centrale, parfaitement qualifiée pour prendre la direction d'un mouvement qui ne fait que débuter, et qui a en vue, non seulement la prospérité de l'élevage français, mais encore la moralisation des échanges et la bonne réputation de nos cultivateurs.

Communication de M. Vincent, Directeur de la Station Agronomique du Finistère.

MESSIEURS,

La production du lait et du beurre a été pendant longtemps non négligée, mais livrée un peu à l'empirisme, à l'estime basée sur des signes extérieurs soi-disant infaillibles, que des connaisseurs réputés appréciaient aux fins d'achat et de classement. Lorsqu'on eut la curiosité de soumettre à l'expérience les résultats de ces jugements, l'on s'est aperçu rapidement de discordances flagrantes qui eussent tourné en ridicule les juges et les méthodes, si on les avait publiées. La bonne foi des juges étant dans presque tous les cas hors de cause, on fut amené à incriminer les méthodes et la valeur des signes laitiers et beurriers.

M. Vincent

Les formes et les dimensions des écussons, la couleur des muqueuses semblent des signes bien fragiles; la peau sont des qualités générales, tandis que seules la souplesse et la finesse de la bonne conformation et le volume des pis, le nombre des trayons et leur santé, sont des caractères certains de production. Ces derniers sont visibles et facilement appréciables, mais ils ne suffisent pas. Il faut en outre que l'animal ait une bonne santé générale, bon appétit, qu'il assimile ses aliments au maximum, et qu'ils soit d'un tempérament doux: l'animal impressionnable, partant trop nerveux, est capricieux dans des rendements.

De l'examen des conditions ci-dessus indiquées que doit remplir une vache pour être bonne laitière, il est aisé de conclure qu'à vue il est impossible de porter un jugement définitif.

Il est facile, avec un peu de pratique, de se représenter la bonne conformation d'un pis de vache, de juger de son volume pour une race déterminée, mais les autres facteurs concernant la santé, l'appétit, l'assimiliation restent des inconnues que seule une longue observation permet de résoudre.

L'estimation en foire ou le jugement porté en concours ne peuvent être qu'approximatifs. En cette matière, il ne peut y avoir que l'expérimentation directe comme base et ce, d'autant que la machine à lait est un être vivant dont la complexité et les variations sont inconnues dans la machinerie industrielle.

Le Contôle laitier est né de ces observations. Ses méthodes sont celles des sciences appliquées. Ses procédés sont, d'une part la pesée et d'autre part l'analyse chimique.

Le contrôle laitier est déjà vieux d'application; il est né au Danemarck d'où il est passé en Hollande, et en France à l'occasion de la création des grandes coopératives laitières des Charentes. Il fut, dans ces organismes, un moyen de contrôle des fournitures, mais s'est étendu aussi à des contrôles individuels et collectifs. Le grand public agricole s'est alors intéressé à ces contrôles, et les dirigeants, pour gagner le monde agricole à ces idées nouvelles, ont organisé des concours laitiers publics.

Les premières manifestations eurent lieu en Normandie: à Forges-les-Eaux, en 1906, à Rouen, en 1907, où il y eut près de 100 vaches, à Dieppe, en 1913. La guerre vint suspendre toutes ces démonstrations qui maintenant viennent de reprendre dans toute la France.

Le Ministère de l'Agriculture ayant constaté les heureux résultats obtenus en Normandie à la suite de ces concours, a, au concours annuel agricole de Paris, organisé un grand concours laitier entre toutes les races exposées.

Notre département ne s'est pas désintéressé de la question: à Quimperlé, en 1923, la Société départementale d'Agriculture a eu son concours laitier portant sur 21 laitières. Le département du Morbihan à Vannes, en septembre 1924, a fait cette démonstration avec 14 vaches.

Quels ont été les résultats de ces concours? On peut hardiment dire qu'ils furent une révélation pour la plupart des agriculteurs.

Les différences parfois notables en lait et en beurre entre des animaux qui paraissaient semblables les ont frappés: certains d'apparence meilleure étaient inférieurs; ils ont de plus constaté que dans les races il existait des vaches susceptibles de gros rendements en lait ou en beurre, et que ces qualités pouvaient se concentrer sur des individus.

Les concours, comme ceux de Paris, ont montré en outre que des races bovines qui semblaient ne se distinguer que par leur qualité laitière étaient à la fois laitière et beurrière.

La conclusion générale se dégageant de tous ces concours est que, dans toutes les races, il existe des individus qui, à une production laitière abondante, ajoutent une richesse en matière grasse remarquable, et que la vieille croyance des races laitières et des races beurrières doit être abandonnée. En fait, actuellement, alors que la sélection n'est encore qu'à ses débuts, il existe bien encore une apparence de cette classification, mais ce n'est que pour un temps puisque l'on sait que cet état n'est dû qu'à un manque de sélection de la production laitière.

Les concours officiels laitiers sont insuffisants pour permettre de classer les laitières, parce que les animaux que l'on est obligé de déplacer et de mettre dans des conditions nouvelles ne s'adaptent pas immédiatement; en outre, il est des sujets nerveux qui non seulement retiennent une partie de leur lait, mais aussi de leur matière grasse; en sorte qu'après 48 heures de contrôle ils n'ont pu donner la mesure de leur valeur.

Les exemples de ces faits sont nombreux.

À Quimperlé, les rendements obtenus s'établissent comme suit. pour deux vaches:

Vache Nº	VENDREDI			
	Matin		**Soir**	
	Lait	Matières grasses	Lait	Matières grasses
77	5 kg. 800	14 gr.	6 kg. 20	42 gr.
90	4 » 300	18 »	3 » 300	62 »
	SAMEDI			
77	6 kg. 60	55 gr.	4 kg. 50	54 gr.
90	2 » 750	20 »	4 » 05	40 »

A Vannes, des vaches arrivées le jeudi, soumises le soir à la traite d'épuisement et le vendredi au contrôle laitier, ont donné au premier contrôle des laits ne dosant que 8, 12 et 25 grammes de matière grasse par litre.

Les concours laitiers ne valent que comme démonstration publique.

Les Sociétés d'agriculture, départementales ou cantonales, soucieuses des intérêts de leurs resortissants ont profité du mouvement créé, pour organiser des contrôles laitiers de fermes, ainsi qu'il a été fait en Danemarck. On contrôle les animaux à domicile, dans leur étable ou au pâturage, sans rien modifier à leurs habitudes. On est en droit, si l'application est sérieusement faite, d'espérer obtenir des documents sérieux qui puissent permettre d'apprécier exactement la valeur d'une laitière.

Ces opérations de contrôle qui occasionnent d'assez grands frais, valent l'effort et les dépenses à engager. Peuvent-elles être suivies d'améliorations futures par sélection? — Si l'on n'avait en vue que le contrôle seul d'une « machine à lait », les opérations n'auraient pas besoin d'être nombreuses pour être fixé sur sa valeur, et les dépenses seraient peu élevées; mais par la loi de l'hérédité, les qualités laitières et beurrières sont transmissibles aux femelles et aux mâles, et le contrôle doit être complet.

En conséquence, une bonne laitière saillie par un mâle de source laitière remarquable doit donner une descendance laitière; il n'en sera peut-être pas régulièrement ainsi pour tous les sujets par suite de l'atavisme; le contrôle laitier permettra de reconnaître les laitières inférieures et de les éliminer.

Ce n'est qu'après bien des années que l'on peut fixer une famille laitière, et comme il est long et coûteux de créer de semblables familles, on doit reconnaître beaucoup de mérite à ceux qui ont pu y parvenir.

En Normandie, il existe des étables remarquables ayant des familles laitières qui font accourir de France et de l'étranger des acheteurs qui n'hésitent pas à payer les gros prix. Il est naturel qu'il en soit ainsi, l'effort de sélection doit se payer tout aussi bien pour les laitières que pour les étalons ou les graines, car il permet d'obtenir dans un minimum de temps un maximum de rendement.

Les contrôles laitiers n'ont donc pas seulement pour résultats un enrichissement de l'agriculteur en lui permettant d'obtenir des animaux de plus grande valeur, mais aussi d'améliorer les conditions générales de l'alimentation par la production d'un lait plus abondant et plus gras. Du point de vue national, ils nous placeront au premier rang des nations agricoles.

Avant d'étudier l'organisation et la technique de ces concours, il est encore une question que l'on doit examiner: celle de la production simultanée de la viande et du lait. Beaucoup de bons esprits, comme l'on disait habituellement autrefois, professaient qu'une vache ne pouvait pas être à la fois bonne pour le lait et pour la viande; et l'on citait d'ordinaire les Durham qui, en France, ne sont utilisés que comme créateurs de viande.

Cette opinion basée sur une exception, non vrai en Angleterre pour l'ensemble des Durham, se trouve également contredite par les contrôles laitiers rigoureusement conduits. On a constaté que la beauté des formes, la bonne conformation, indice de la production de la meilleure qualité de viande, n'est pas opposée à la secrétion d'un lait abondant et gras. Si dans certains concours il s'est montré des discordances, dans d'autres, comme à Dieppe, les dix vaches classées premières pour leur conformation, étaient également les dix meilleures laitières.

Il ne peut donc exister pour les bovins femelles deux sélections: l'une pour la viande, l'autre pour le lait. La sélection dans toute la force et l'étendue du terme doit leur être appliquée, et ce dans le but d'obtenir le maximum de valeur

ORGANISATION DU CONTROLE LAITIER

Le contrôle laitier peut être individuel ou collectif. Fait à titre individuel par un agriculteur instruit, il permet une surveillance constante de l'étable et une sélection rapide; hors ce cas assez rare, il est plutôt collectif et doit l'être pour tous si l'on a en vue, non seulement le peuplement d'une étable, mais aussi la vente des jeunes, vente qui le plus souvent est des plus rémunératrice.

Ainsi, les dernières ventes faites dans certaines exploitations normandes ont accusé une plus-value de 18 à 37 pour cent en faveur des animaux contrôlés.

Le contrôle laitier, fait en vue d'une sélection rigoureuse, doit d'abord porter sur des animaux dont la conformation soit irréprochable et inscrits au Herd-Book, ceci en vue de la production de la viande, fin commune à tous les bovidés, et de la garantie d'origine. Ces conditions réalisés, on peut trouver les situations suivantes:

a) L'animal est une jeune vêle descendant d'une famille laitière ou d'une origine inconnue;

b) L'animal est une vache adulte, ayant toutes ses dents de remplacement, d'origine inconnue, mais de bonne conformation.

La production du lait en volume et sa richesse en matière grasse, étant liée à divers facteurs: alimentation, température, saison, le contrôle laitier, pour avoir une valeur certaine, doit porter sur toute la durée d'une lactation. Sa valeur serait maximum s'il était exécuté sur les laits moyens journaliers, mais pratiquement c'est irréalisable et l'on se contente, ce qui est suffisant, de contrôler tous les 15 jours les traites suivies du soir et du matin.

L'on obtient ainsi, par vache, des moyennes peut-être pas absolument comparables entre elles, car la production du lait et de la matière grasse varie aussi avec l'époque de vêlage, la date de la saillie, le repos de la mamelle et le nombre des lactations antérieures.

L'étude de ces différents facteurs a montré que la date du vêlage pouvait entraîner une variation de 10 pour cent dans le volume du lait et le poids de la matière grasse (le vêlage du printemps étant le plus avantageux).

Les variations peuvent ne pas s'ajouter et dans les comparaisons des moyennes de vaches de même nombre de vêlages l'on peut tabler sur une erreur probable, maximum, de 8 pour cent.

Ceci est important lorsque l'on a à comparer des animaux entre eux, dont on n'a pas toutes les données du problème, mais on peut en faire abstraction lorsqu'il s'agit de sujets d'une étable connue.

L'interprétation des résultats dépend aussi du nombre des vêlages; l'observation a montré que les rendements en lait et en beurre vont croissants avec l'âge, et que le maximum est atteint entre 7 et 8 ans, à l'époque du 4e vêlage; ils se maintiennent en faiblissant jusqu'à 9 et 10 ans.

A notre connaissance, aucune détermination n'a été faite concernant les races bretonnes, mais par analogie avec la race Jersyaise, nous citerons les nombres obtenus avec cette race. Si l'on représente par 100 le maximum en lait et en beurre obtenus entre 7 et 8 ans, on a pour

le	1er vêlage	2e vêlage	maximum (7 et 8 ans)
	3 ans	4 ans	
Lait	88	95	100
Beurre	89	96,50	100

Les proportions varient avec les races, et les écarts qui ici ne dépassent pas 12 pour cent, atteignent 29 pour cent avec la Hollandaise?

Ce tableau est d'importance car il permet de juger les jeunes vêles, connaissant les rendements obtenus pendant la période d'une lactation.

Dans notre hypothèse du début nous avons admis que les jeunes vêles à examiner avaient ou n'avaient pas d'origine laitière.

a) La jeune vêle qui a une origine laitière doit être contrôlée dès son premier veau, et pour connaître sa valeur à l'âge de 7 ou 8 ans, il suffira d'appliquer les coefficients reconnus exacts aux productions de lait et de beurre. Si les chiffres obtenus correspondent à ceux de la mère où sont supérieurs, l'animal pourra être conservé; s'ils s'en éloignent, c'est que l'avatisme aura joué et la jeune vêle ne devra pas être inscrite au tableau familial.

b) Lorsque la jeune vêle est d'origine inconnue et n'a été retenue que pour sa bonne conformation, le contrôle annuel fait à la suite du premier veau permettra de juger de son avenir et de savoir si on doit la conserver pour laitière.

Alors on doit se poser le problème nouveau: que doit être le rendement en lait et en beurre d'une vache qualifiée bonne à l'état adulte? — Ce quantum, essentiellement variable suivant les races, doit être précisé pour chacune afin de permettre de retenir dès leur jeune âge les animaux intéressants. Plus tard, le progrès aidant, il sera aisé de relever les chiffres de base.

Au concours agricole de Paris, en 1923, l'on avait admis que les vaches des races pie-noire et froment, n'ayant pas toutes leurs dents de remplacement, devaient donner par jour 350 grammes de beurre et les adultes 450 grammes.

Les concours de Quimperlé et de Vannes nous ont montré que les vêles de la race pie-noire devaient être admises avec 280 grammes et les adultes avec 450 grammes.

Ces poids de beurre correspondent à des richesses moyennes de 45 grammes de matière grasse par litre de lait, et à des rendements de 6 à 10 litres de lait par jour de lactation.

Ces données sont insuffisantes pour le but que nous poursuivons, ce qu'il faut connaître c'est:

1°. — Le volume de lait annuel à atteindre;

2°. — La richesse en matière grasse qu'il doit contenir, afin de réaliser un poids minimum de beurre.

A notre avis, l'on devrait exiger des vêles de la race pie-noire pour figurer au tableau laitier, à leur premier veau, un minimum annuel: lait, 1.200 litres; matière grasse, 40 grammes par litre; beurre annuel, 55 kilogrammes; pour les adultes à 7 ou 8 ans: lait, 1.500 litres; matière grasse, 45 grammes par litre; beurre annuel, 80 kilogrammes.

Les 80 kilos de beurre indiqués représenteraient actuellement le rendement d'une vache qualifiée de bonne laitière.

Le chiffre donné au concours de Paris, si on admet une lactation de plus de 200 jours, correspondrait à une production annuelle de plus de 100 kilogrammes de beurre. Ce chiffre est rarement atteint, s'il l'est, par les meilleurs sujets de la race pie-noire.

Les chiffres que nous proposons sont donc acceptables et nous pensons qu'il serait imprudent de descendre au-dessous, car alors on s'encombrerait d'une quantité de non-valeurs qui rendraient les contrôles plus longs, plus onéreux, et retarderaient la formation des familles d'élite.

Ces bases étant bien établies, comment créer le contrôle laitier?

Ce contrôle doit être installé, à notre avis, par les intéressés eux-mêmes et non par les organisations officielles. L'agriculteur doit savoir faire ses affaires lui-même et non attendre de l'Etat-providence, une aide que les hasards de la politique pourraient lui refuser parfois.

Il faut qu'il crée des Sociétés de contrôle indépendantes dans leur action, mais ouvertes à toutes demandes de renseignements concernant les animaux inscrits.

L'honnêteté doit être à la base, et non la fraude, ce qui constituerait une vaste duperie.

Comme nous l'avons dit ci-dessus, ne pourraient être soumis au contrôle que les animaux inscrits au Herd-Book.

Les Sociétés de contrôle doivent comprendre un nombre d'adhérents suffisants pour que les frais à répartir ne soient pas considérables pour chacun. On compte en Normandie, des sociétés où 500 vaches sont inscrites. Les frais annuels par vache ne devraient pas dépasser 20 francs.

Dans le Finistère et aussi dans les départements bretons voisins, où la population bovine est dense, il serait aisé de réunir, par société, au moins 500 vaches; deux sociétés par arrondissement seraient suffisantes.

Les syndicats existants sont les organismes qui, dès maintenant, devraient s'entremettre pour la création des sociétés de contrôle, mais il ne faudrait pas qu'il y ait fusion entre eux, les buts poursuivis étant trop différents.

Il est nécessaire que les sociétés de contrôle d'une même race se fédèrent entre elles afin de suivre le développement de la sélection, de soutenir leurs revendications s'il y a lieu, et d'obtenir des Pouvoirs Publics les encouragements mérités.

Tout agriculteur aurait intérêt à faire inscrire au contrôle, dès le début, les animaux de son étable les mieux conformés et inscrits au Herd-Book, vêles et adultes, en vue d'une sélection rapide des animaux de valeur.

Au IIe Congrès International d'agriculture tenu à Paris les 22 et 23 mai 1923, la section d'économie du bétail a émis au sujet du contrôle laitier les vœux ci-desous:

ARTICLE I. — Vu la carence du beurre qui existe déjà et ne fera que s'accentuer dans les pays européens, il y a lieu de développer le cheptel laitier et de le sélectionner par les institutions de contrôle de la production et de l'alimentation des vaches laitières. En ce qui concerne ce dernier point, le Congrès attire l'attention des agriculteurs sur l'opportunité d'une campagne de vulgarisation ayant pour effet de provoquer l'augmentation du rendement des cultures fourragères dans les divers pays d'Europe;

*
**

ARTICLE 6. — Plus spécialement en ce qui concerne le contrôle laitier et beurrier des vaches laitières, il y a lieu d'uniformiser dans les divers pays d'Europe les modalités suivant lesquelles doit s'exercer ce contrôle. Particulièrement il convient de recommander, d'exprimer d'une façon uniforme sur les certificats officiels les résultats fournis par les vaches ayant fait objet d'une production laitière et beurrière contrôlée;

ARTICLE 7. — Il y a lieu d'attirer l'attention des éleveurs sur l'importance que présente, pour les institutions du contrôle laitier et beurrier, la réglementation de la périodicité du passage des agents chargés des pesées et prélèvements dans les exploitations des éleveurs adhérents. Il convient de recommander de préférence le choix d'une périodité aussi courte que possible (un contrôle par quinzaine, par exemple;

ARTICLE 8. — Enfin le Congrès demande que les éleveurs se préoccupent de la formation pratique et scientifique des contrôleurs laitiers, afin qu'il soit possible d'utiliser ces agents à la vulgarisation des bonnes méthodes d'alimentation du bétail, comme celles basées sur l'emploi rationnel des tourteaux et autres aliments concentrés, etc...

Comme l'on voit le Congrès a posé les conditions à remplir pour obtenir un contrôle efficace et s'est préoccupé de la valeur technique des agents de contrôle qu'il voudrait voir en même temps des conseillers.

L'alimentation est en effet trop souvent insuffisante ou mal composée, les tourteaux ignorés, en sorte que la production laitière, liée étroitement à ces facteurs, s'en trouve diminuée.

Une société de contrôle doit comporter au moins deux agents: un comptable-chimiste, et un contrôleur chargé de passer dans les fermes pour peser les laits et ramasser les échantillons, ce personnel étant placé sous le contrôle direct d'un Président, représentant élu de la société de contrôle. L'analyse des laits ramassés est une opération actuellement très facile et même peu onéreuse puisque la nouvelle méthode de Hoyberg permet de la faire à un prix de revient de dix centimes par échantillon.

La fonction la plus délicate est celle du contrôleur. Cet agent doit être soigneusement choisi, après avoir reçu une instruction préalable, si possible, mais avant tout d'une honnêteté irréprochable.

Il lui incombera de peser les laits et de prélever les échantillons des laits des animaux inscrits seulement.

La pratique a reconnu que des prélèvements de quinzaine, comprenant une traite du soir et du matin suivies, sont suffisants.

Le devoir du contrôlé sera de prêter tout son concours à l'agent et de ne se livrer à aucune supercherie pouvant fausser les résultats.

Le contrôle de chaque vache donnera lieu, en fin de traite, à un bulletin où seront consignés:

1° Le numéro d'inscription au Herd-Book;

2° Le signalement de la vache: la robe, l'âge, la date du vêlage et celle de la saillie, les ascendants mâles et femelles ou la filiation;

3° Le volume de lait obtenu pour chaque mois de lactation et le volume total de la lactation;

4° La richesse moyenne en matière grasse par litre;

5° Le rendement annuel en beurre;

6° Sur chaque carte devront être mentionnées les minima à remplir selon l'âge de l'animal.

Ce bulletin, tout comme les cartes données par Haras, constituera entre les mains des propriétaires une preuve de la valeur laitière et beurrière de leurs animaux.

Les efforts des sociétés de contrôle laitier et beurrier, s'ils se limitaient à la distribution de bulletins, seraient insuffisants; il faut de plus que ces sociétés centralisent les résultats obtenus et puissent mettre en vue les animaux d'élite afin de créer un livre généalogique. Ce livre ouvert par race serait accessible à tous les animaux supérieurs de cette race quel que soit leur département.

Si nous jetons un coup d'œil rétrospectif sur ce que nous venons peut-être trop longuement de vous dire, vous constaterez, Messieurs, que le contrôle laitier est une nécessité actuelle, qu'il est possible partout, facile techniquement à réaliser et à appliquer parce que la prospérité des exploitants permet ces nouveaux frais qui se traduiront rapidement par un accroissement notable des bénéfices.

Que faut-il pour l'organiser et le voir réussir? — Ce qu'il faut habituellement lorsqu'on a affaire à des intéressés, disons le mot, un peu ignorants, timides et méfiants: des hommes dévoués dont la valeur morale est reconnue de tous.

Je vous souhaite, Messieurs, de vous grouper auprès de ces hommes: il n'en manque pas dans notre département; et de porter au plus haut la production bovine, fleuron de la Bretagne, richesse du Finistère.

✿ ✿ ✿

Le Domaine rural et la réforme du régime successoral

Rapport de M. Roger Grand.

Depuis quelques années, un fort courant se dessine en faveur de la restauration de la famille. Il n'est que temps — l'est-il même encore? — de réagir contre l'erreur capitale des philosophes du XVIII° siècle, consacrée par la Révolution et dont notre législation est malheureusement trop imprégnée, que l'individu est la cellule sociale, erreur contre laquelle s'élèvent à la fois l'expérience historique et l'observation sociale.

La Société n'est autre chose qu'un agrégat de ces petites sociétés, réduites mais complètes, que sont les familles. Comme tout corps vivant n'est fort ou faible que de la force ou de la faiblesse des cellules qui les composent, de même on pourra mesurer la force ou la faiblesse d'une société d'après la façon dont elle a compris et organisé la famille qui lui set d'assise.

A une époque où ces idées étaient plus neuves qu'aujourd'hui, où l'individualisme passait presque pour un dogme intangible, Lamartine, qui fut, en cela comme sur beaucoup d'autres points un précurseur

M. Roger Grand

génial, écrivit: « Dans une société mieux faite, ce n'est pas l'individu, c'est la famille qui est l'unité permanente. L'individu passe, la famille reste. Le principe de la conservation sociale est là; on le développera pour donner à la démocratie autant de stabilité qu'à la monarchie » (1).

Trois siècles avant lui, l'humaniste Jean Bodin avait déjà dit: « Il est impossible que la République vaille rien si les familles, qui sont les piliers d'icelle, sont mal fondées. »

Mais cette base solide et stable de la Société, sera-ce une famille quelconque? — Assurément non, et notre époque en connaît trop, hélas! de ces familles désorganisées, tristes épaves sociales dont l'immoralité, le divorce, le défaut d'éducation, le déracinement, ont fait, en l'absence de fortes disciplines morales, des foyers de corruption, et de leurs membres dispersés, sans appui, des germes de désordre et de dissolution.

Si la cellule sociale n'est pas stable dans ses éléments, cohérente dans sa composition, et solidement fixée, le corps social ne pourra posséder lui-même stabilité, permanence et solidité. Or, la famille ne rem-

---

(1) *De l'organisation du suffrage universel*, 1850.

plira ces conditions que si ses moyens d'existence et de subsistance le
lui permettent, c'est-à-dire si, pour elle, le foyer se confond avec un
atelier prospère et durable.

L'atelier, au sens large du mot, est l'endroit où s'exerce le travail.
Pour l'agriculteur, c'est le domaine rural; pour le commerçant, la bou-
tique, le magasin ou le bureau; pour l'artisan, l'échope, la forge ou
l'établi. Jadis, et maintenant encore parfois, le foyer de la famille com-
merçante ou ouvrière pouvait s'identifier avec son atelier, comme
celui du paysan avec son domaine agricole; et l'on voyait, on voit
encore, de plus en plus rarement, dans les villes, dans les petites villes
surtout et dans les bourgades, de vieilles familles françaises fixées au
même métier, dans le même lieu, depuis plusieurs générations. Et cel-
les-là présentent le même intérêt social que celles qu'accroche depuis
des siècles à la glèbe féconde la culture de nos champs. Les unes et les
autres forment le fonds vigoureux, la réserve de forces sur lesquels
nous vivons, mais qui s'appauvrit avec une désolante et inquiétante
rapidité.

De plus en plus le travail prend la forme de l'entreprise gigantes-
que, usine, grand magasin, administration centralisée, qui pompe toutes les énergies productrices du pays, attire les individus hors de la
famille et les livre, désaxés, déséquilibrés, disons le mot célèbre, qu'on
ne saurait trop répéter car il fait image: déracinés, à toutes les promis-
cuités, les tentations, les erreurs, les vanités, les faussetés, les instabi-
lités, de ces monstrueuses agglomérations urbaines, anomalie sociale,
au sein desquelles se développent tous les éléments de décomposition
dont l'excès risque de faire mourir un jour notre civilisation, comme
en sont mortes maintes sociétés antiques.

Notre dessein n'est ici que d'envisager l'atelier agricole, c'est-à-
dire le domaine de l'exploitation rurale; mais de ce que nous venons
de dire il ressort que les causes de décadence à signaler ou les remèdes
à préconiser pour celui-ci s'appliqueraient avec autant de vérité à
l'atelier familial du petit commerçant ou de l'artisan.

La famille qui importe avant tout, c'est la famille agricole. Elle
seule est indispensable à la Société. Louis XIV dit quelque part en ses
Mémoires: « Les laboureurs sont d'une plus grande utilité que les soldats, puisque sans leur travail ni les soldats ni les peuples ne pourraient subsister ».

Il aurait dû ajouter, et nous, qui avons vu les soldats de la
Grande Guerre, nous le dirons pour lui: que ce soldat nourri
par le travail du paysan, c'est surtout le fils du paysan, c'est le
paysan lui-même; et que ces peuples, le paysan ne se contente pas
de les faire subsister grâce aux produits de la ferme, mais il les défend
au prix de son sang avec un héroïsme tranquille et tenace. Ils lui doivent deux fois la vie: et dans la paix et dans la guerre.

C'est donc cette famille paysanne qu'il faut avant tout protéger,
encourager, maintenir. Or, elle vaut par son profond attachement au
sol, avec lequel, pour ainsi dire, elle ne fait qu'un. C'est dans la terre
que plongent avec les siennes toutes les racines de l'ordre social. Dans
le domaine rural réside l'origine et l'appui.

Brisez, émiettez ce support sous les pieds de la famille rurale: elle
perd son équilibre, se dissout, et ses membres isolés fondent vite au
creuset de la grande ville ou de l'usine qui les attire, comme le rayon
de feu brûle les molécules errantes qui vibrent à sa portée.

Que voyons-nous malheureusement de plus en plus en France? Un
abandon dans beaucoup de régions, comme celles de l'Est et du Sud-
Ouest principalement, du domaine rural, de l'exploitation agricole
par le cultivateur.

Ce symptôme est très grave. Il constitue l'un des aspects de l'angoissant problème de la terre, qui se pose à notre génération comme une question de vie ou de mort. Problème extrêmement complexe d'ailleurs et dont beaucoup d'auteurs ont révélé les causes multiples.

*
**

Ces causes sont à la fois morales et matérielle. Nous n'avons pas la prétention de les étudier après tant de bons esprits. Disons seulement une fois pour toutes, que les plus importantes nous paraissent être les causes morales.

Pour maintenir ou refaire la famille rurale, il faut avant tout restaurer l'esprit de famille, qui est une forme de l'esprit de devoir joint à l'esprit de charité. On voit de quel vaste programme ces simples mots permettraient le développement. Ce n'est nullement notre dessein; mais il fallait sans doute cette déclaration pour qu'on ne se méprît pas sur l'ordre d'importance que nous entendons attribuer aux causes matérielles du fatal abandon des campagnes françaises, et notamment à celle qui nous apparaît — à tort ou à raison — comme la plus profonde de toutes: le régime successoral du Code Civil, tel qu'il est appliqué au domaine rural dans la pratique la plus générale.

La législation révolutionnaire et celle du Code Civil, qui la prolonge sur ce point comme sur tant d'autres, furent inspirées d'idées diamétralement opposées à celles qui avaient été le fondement de l'ordre social dans l'ancienne France. Profondément imprégnés des principes mis à la mode par J.-J. Rousseau et les Encyclopédistes, elles firent de l'individu la cellule sociale et retirèrent à la famille la plupart des garanties et des conditions de durée dont notre vieux droit coutumier, formé lentement par les mœurs et la pratique, l'avait sagement et efficacement entourée.

La loi du 7 mars 1793, les articles 826 et 832 du Code Civil, qui prescrivent l'égalité absolue, pour chaque nature de biens, des parts héréditaires dans les successions ab intestat; et l'article 913 du même Code, réduisant au quart la quotité disponible du testateur père de trois enfants ou plus... n'ont eu en vue que la réalisation d'un principe politique: l'égalité de tous les citoyens dans la famille comme dans la société. Leurs rédacteurs ont agi en doctrinaires, sans se soucier de l'observation des phénomènes sociaux, qui devraient toujours guider des législateurs.

Ceux-ci n'ont pas vu, ou voulu voir, ce fait primordial: la nécessité de maintenir la famille sur l'atelier, le paysan sur le domaine.

Hypnotisés par le dogme absolu et indivisible de l'égalité, ils n'ont pas tenu compte de la différence essentielle qu'il y a entre l'égalité politique sur laquelle repose l'ordre démocratique qu'ils entendaient instaurer, et l'égalité civile qui n'est liée à un système politique quelconque et qui n'importe en réalité à aucun d'eux.

Voilà l'erreur fondamentale dont nous supportons les déplorables conséquences: parce qu'on voulait l'égalité politique, on s'est acharné à établir l'égalité civile, brutalement et sans souci de ménager les transitions avec l'état traditionnel antérieur.

L'intention politique éclate nettement dans la fameuse lettre, souvent citée, de Napoléon à son frère Joseph, roi de Naples, et qu'il faut relire, car elle est trop symptômatique: « Etablissez le Code Civil à Naples. Tout ce qui ne vous est pas attaché va se détruire en peu d'années, et ce que vous voulez conserver se consolidera (*grâce à l'institution de majorats au profit exclusif d'une minorité de familles dévouées au Souverain*). Voilà le grand avantage du Code Civil... Il consolidera votre puissance puisque tout ce qui n'est pas fidéicommis tombe et qu'il ne reste plus de grandes maisons que celles que vous érigez en fiefs. C'est ce qui m'a fait prêcher un Code Civil et m'a porté à l'établir ». Napoléon ne voyait pas qu'en détruisant les grandes maisons dont la force lui faisait ombrage, il détruisait bien plus sûrement encore les moyennes et les petites. Le parti-pris politique abolissait en lui le sens social.

La jurisprudence a renchéri sur les dispositions du Code. Celui-ci en effet, tout en édictant le partage égal de chaque nature de biens, demandait toutefois, par une sorte de remords qui jette un voile d'imprécision sur l'ensemble de ses prescriptions, que la composition des lots fut faite de façon « à éviter autant que possible de morceler les héritages et de diviser les exploitations » (Art. 832). Les rédacteurs avaient donc manifestement entrevu le danger.

La jurisprudence fut plus impitoyable dans sa logique et le principe qui a prévalu, c'est qu'un seul héritier peut, même à l'encontre de tous les autres, exiger que tous les lots soient composés d'une égale portion de chacun des biens composant la succession. Cette obligation du partage en nature provoque la dissolution de l'exploitation agricole, le départ de ceux qui y vivaient et l'émiettement parcellaire, si nuisible à la culture.

Sans s'appesantir sur ce sujet, maintes fois traité et qui mérite de l'être à part, n'est-ce pas ici le lieu de rappeler le passage où le romancier Balzac se montre, lui aussi, un étonnant précurseur des sociologues modernes: « Le titre des successions du Code Civil, qui ordonne le partage des biens, est le pilon dont le jeu perpétuel émiette le territoire, individualise les fortunes en leur ôtant une stabilité nécessaire, et qui, décomposant sans récompenser jamais, finira par tuer la France. »

Le propriétaire rural, surtout le moyen ou le petit, qui est attaché à son bien — avec quel amour nous le savons tous — est navré à la pensée qu'à sa mort, s'il a plusieurs enfants, ce bien sera divisé, sa famille obligée de le vendre et de l'abandonner, chaque morceau ne pouvant plus nourrir un ménage.

Qu'arrive-t-il? Dans beaucoup de régions de France, pour éviter une telle éventualité qui lui fait horreur, le propriétaire rural restreint au minimum le nombre de ses enfants. Que l'héritier unique vienne alors à disparaître prématurément ou se dégoûte de la vie rurale... personne ne sera là pour entretenir le feu au foyer familial. Il y a ainsi, dans le bassin de la Garonne et de ses affluents, des centaines de domaines agricoles qui, depuis quelques années, n'ont plus d'exploitants français; et ces riches terres de labour ou de verger, qui nourrissaient autrefois une population nombreuse et prospère, deviennent un véritable pays de colonisation.

Ici, la répercussion du partage forcé en nature ne s'opère pas seulement sur la durée du domaine familial, mais sur la natalité, autre problème angoissant de notre France contemporaine: tant il est vrai qu'on a eu bien raison de dire que, si l'Etat, par sa législation ou sa fiscalité, ruine la famille, la famille se venge et ruine l'Etat.

Nous venons de prononcer le mot de fiscalité. Les droits de succession en France sont véritablement écrasant et très supérieurs à ceux qu'on paie dans la plupart des autres pays. On ne protège pas suffisamment chez nous la transmission des biens en ligne directe; les droits progressifs peuvent atteindre jusqu'à 7 % en ligne directe.

Il y a là encore une cause de l'aliénation des domaines par les héritiers, obligés de se procurer de l'argent pour le verser au Trésor.

A la faveur des ventes répétées dues à ces diverses causes, l'on voit poindre et grandir très vite depuis quelque temps un autre danger national: l'expropriation des Français de la terre française au profit des étrangers à change favorable. Il convenait sans doute de signaler au passage ce nouveau péril.

Voilà la situation dans son effrayante gravité: le domaine rural, fondement indispensable d'une société forte, s'émiette en France aux mains de la famille paysanne qui s'en détache.

Depuis la fin de la guerre, un phénomène, que l'on s'accorde à considérer comme très heureux pour notre démocratie, s'est produit avec intensité d'un bout à l'autre du territoire. Pour des causes multiples, qu'il n'est pas de notre sujet d'examiner, le cultivateur est en train de devenir propriétaire de sa terre. Les bons effets sociaux que l'on peut attendre de cette accession des masses paysannes à la propriété resteraient fugitifs et illusoires si, à la première succession qui se présentera, l'émiettement doit fatalement se reproduire. Disons plus: du point de vue de la natalité, il faudrait craindre une recrudescence de la néfaste restriction volontaire chez ces nouveaux petits et moyens propriétaires hantés par la peur de voir, à leur mort, le bien de famille dépecé ou vendu à des étrangers. C'est ainsi que les institutions peuvent corrompre les mœurs, quand elles ne sont pas l'expression même des mœurs éprouvées et consacrées par le temps.

*
* *

Il importe, ayant regardé la situation en face et mesuré toute l'étendue du mal, d'envisager les remèdes qu'il convient d'y opposer au plus vite.

Et d'abord, l'Etat, comprenant enfin que la bonne santé et la prospérité générale de la nation sont les meilleures pourvoyeuses du trésor public, ne doit pas continuer à tuer la poule aux œufs d'or, mais pratiquer de larges dégrèvements des droits de succession en ligne directe et en ligne collatérale aux degrés les plus proches. Ceci devrait être le premier article du programme de cette politique de la famille que tous les esprits clairvoyants et patriotes, inquiets de l'avenir de notre pays, réclament instamment des pouvoirs publics et du Parlement.

Un chef dEtat voisin l'a parfaitement compris. L'Italie souffrait à peu près de la même législation que nous. L'un des premiers soins de M. Mussolini a été de faire abolir les droits de succession en ligne directe et même entre frères et sœurs, oncles et neveux. L'exposé des motifs dit formellement que l'on a ainsi en vue de « refaire la famille » Pour important qu'ils soit, ce moyen n'est qu'indirect: simple pailliatif. liatif.

Ce qu'il faut surtout, c'est supprimer l'obligation du partage en nature. Il semble qu'une offensive sérieuse poussée dans ce sens au Parlement aurait de grandes chances de succès, car, si l'on en juge par ce qui a été écrit depuis assez longtemps sur la matière, la position du Code Civil, aggravée par la jurisprudence, n'est plus guère défendue avec conviction. Sans rien ajouter au Code, il suffirait, tout en maintenant le principe de l'égalité de valeur des lots, de supprimer: a) le premier paragraphe de l'article 826 « chacun des cohéritiers peut demander sa part en nature des meubles et immeubles de la succession » ; b) et le second paragraphe de l'article 832: « Il convient de faire entrer dans chaque lot, s'il se peut, la même quantité de meubles, immeubles, de droits ou de créances de même nature et valeur. »

L'on aurait par surcroit rendu ce dernier article plus clair, plus logique; on l'aurait allégé d'une choquante contradiction, puisque son premier paragraphe prescrit que « dans la formation et composition des lots on doit éviter, autant que possible, de morceler les héritages et de diviser les exploitations. »

La réforme, bien simple et facile à réaliser, n'a donc rien qui puisse éveiller les scrupules, après tout respectables, des juristes qui pensent qu'on doit toujours y regarder à deux fois avant de porter une main sacrilège sur un monument aussi considérable, aussi vénérable, aussi cohérent dans l'harmonie doctrinale de ses différentes parties, que notre Code Civil, sous peine d'en détruire le solide équilibre.

Mais, pour la plus désirable qu'elle soit, cette réforme, de caractère surtout négatif, ne suffirait pas. Comment faire, s'il y a plusieurs héritiers et une seule exploitation agricole, ainsi qu'il arrive le plus souvent dans les successions paysannes? Il faudra bien alors partager ou vendre et, dans l'un et l'autre cas, c'est une famille enlevée à la terre ou une exploitation disloquée, quand ce n'est pas les deux à la fois.

Et alors juristes et sociologues se sont mis en quête de solutions plus radicales, de nature, dans la pensée de leurs auteurs, à permettre la conservation intégrale du bien de famille.

Sur ce terrain, deux écoles se sont formées. L'une fait bon marché du principe de l'égalité des droits entre enfants; l'autre, au contraire, cherche des remèdes qui soient conciliables avec cette égalité.

La première se réclame de Le Play qui, dans son ouvrage sur l'organisation de la famille, est parti fougueusement en guerre contre le Code Civil et a réclamé pour le père de famille la liberté de tester ou, au moins, le droit de disposer librement d'une partie très importante de sa fortune en faveur d'un « héritier principal » destiné à le continuer sur le bien patrimonial.

Beaucoup d'économistes, écrivains ou hommes politiques, ont emboîté le pas derrière le maître éminent de la sociologie française. On peut citer parmi les plus connus: Tocqueville, Auguste Comte, Balzac, Montalembert, Michelet, Lamartine, Edmond About, Lanfrey, Renan, Taine, les docteurs Charles Richet et Lannelongue, Ernest Glasson. MM. Siegfried, Viviani, Méline, et beaucoup d'autres contemporains, ont adhéré plus ou moins directement à cette thèse et dénoncé les conséquences désastreuses de l'émiettement du domaine rural sous l'effet des lois successorales. L'un des plus brillants apôtres de la liberté de tester est actuellement M. Fernand Auburtin, maître des requêtes honoraire au Conseil d'Etat, qui poursuit avec une ardeur et une conviction admirables, la plus énergique campagne pour le relèvement de la natalité française (1). Une proposition de loi, déposée en Février 1922 par MM. Isaac et Duval-Arnould, restée d'ailleurs dans ls cartons de l'ancienne Chambre sans avoir même été rapportée, à notre connaissance, avait pour but, sinon de réaliser la liberté complète de tester, du moins d'augmenter jusqu'aux trois cinquièmes de l'héritage, en plus de la part réservatoire, la quotité dont le père pourrait disposer en faveur de l'un de ses enfants, afin d'assurer entre ses mains la conservation du bien de famille, quel qu'il soit: exploitation rurale, maison de commerce, atelier industriel. Elle restreignait, au contraire, à un seul cinquième la part dont ce même chef de famille pourrait disposer en faveur d'étrangers, dès qu'il aurait plus d'un enfant.

---

(1) Fernand Auburtin, *La patrie en danger! La natalité*, Paris, 1921.

Cette proposition constitue, dans le domaine législatif, la plus importante manifestation des partisans de la liberté de tester. S'il était démontré qu'un tel texte fût réalisable en France et efficace pour la conservation de la propriété familiale, nous nous y rallierons volontiers, car, pour nous, cette conservation, dont dépend l'avenir même de la société française, doit passer avant tout. Quelqu'attachement que l'on puisse avoir personnellement aux idées d'égalité, il faut bien admettre qu'une législation ne doit pas être construite d'après des principes à priori, mais d'après les nécessités sociales et conformément aux données de l'expérience.

Mais l'accord est loin d'être fait sur la question de savoir si la liberté de tester ou une plus forte quotité disponible inciterait le père de famille à procréer plus d'enfants. Toute une école, comprenant des économistes et des juristes distingués tels que Paul Leroy-Beaulieu, MM. Capitant, Ambroise Colin et René Worms, se refuse à admettre l'influence néfaste du partage égal sur la natalité et sur l'abandon des campagnes. Leurs arguments ne sont pas sans vigueur, on doit le reconnaître.

Leur examen nous paraît importer assez peu... car nous, que préoccupe uniquement ici le sort de l'exploitation agricole, si nous n'avons qu'une foi très médiocre dans cette panacée de la liberté de tester, c'est tout simplement parce que nous la jugeons, dans notre France, irréalisable en fait et destinée, si, par hasard, elle était proclamée, à rester pour ainsi dire lettre morte dans la pratique: ce qui rend oiseuse toute discussion théologique sur sa vertu intrinsèque.

Irréalisable en fait. Il faudrait être bien aveugle pour penser un instant que l'opinion publique, et par conséquent le Parlement, qui en est la représentation approximative, admettront un pareil bouleversement des idées traditionnelles du peuple français, quand on a déjà tant de peine à faire aboutir cette réforme minima qui consisterait à supprimer l'obligation du partage *en nature*. Inutile d'user ses forces contre les moulins à vent!

Destinée à rester lettre morte dans la pratique si, par impossible, elle était proclamée. Les institutions non conformes aux mœurs ne vivent pas. Or, les mœurs françaises sont hostiles à l'inégalité des partages. Le nombre des pères qui laissent un testament est tout à fait restreint et, parmi ceux là, le nombre de ceux qui usent au profit de leurs enfants de la quotité disponible permise par le Code Civil est plus restreint encore: minorité infime, presque négligeable, par rapport à l'ensemble des familles françaises.

A cela on objecte que l'on n'use pas de la quotité disponible parce qu'elle n'est pas assez élevée pour permettre d'attribuer à un seul héritier l'ensemble de la propriété rurale qu'il s'agirait de conserver intacte. Augmentez-la considérablement, dit-on, et surtout établissez la liberté de tester: vous verrez les pères de famille cultivateurs saisir avec empressement ce moyen de transmettre intégralement leur terre.

Chimères! Simple vue de l'esprit!

Le père de famille français n'use pas de la quotité disponible pour deux raisons qui subsisteront dans toute leur force, quel que soit le chiffre de cette quotité.

La première, c'est qu'il tient absolument à l'affection et à l'estime future de ses enfants. Il entre dans le sentiment paternel du Français une part de tendresse et de sensibilité sans doute plus grande que dans celui de certaines autres races.

Avec le sens très vif qu'il a de la justice, il ne supporte pas la pensée que ses enfants l'accuseraient un jour de l'avoir violée à leur égard. L'on doit avouer que, du côté des enfants, l'esprit est le même et que de telles faveurs seraient difficilement supportées par les héritiers sans rancœur et sans jalousie, partant sans les plus déplorables inimitiés fraternelles. La division des familles risquerait donc fort de sortir d'une mesure imaginée pour y parer.

La seconde raison, c'est que l'égalité des parts successorales fait partie, quoi qu'on en pense, dise ou écrive chaque jour, de ce vieux fond atavique des traditions séculaires, on pourrait dire millénaires, de notre France. On ne sait, en effet, par quelle étrange méprise, Le Play et tous ceux qui l'ont répété après lui se sont figuré que la France d'autrefois pratiquait dans son ensemble la liberté de tester. C'est tout le contraire qui est vrai: la liberté testamentaire était plutôt l'exception.

Si la partie méridionale de l'ancienne Gaule, dite pays de droit écrit, par ce qu'on y suivait le droit romain adapté et plus ou moins modifié par les mœurs et l'usage, admettait la liberté de tester, elle y apportait un sérieux correctif en réservant aux enfants une part de l'héritage appelée *légitime* et fixée généralement au quart.

Mais toute la France coutumière, c'est-à-dire la portion Nord, de beaucoup la plus grande, la plus peuplée, celle où la famille et le domaine agricole furent le plus fort et le plus prospère, repoussa toujours la liberté de tester. Le père ne put y disposer que d'un cinquième de ses immeubles propres. Les « quatre quints », selon l'expression consacrée, étaient réservés aux héritiers légitimes, qui se les partageaient également, et le père ne pouvait même pas faire profiter l'un de ses enfants de ce cinquième disponible car le droit coutumier n'admettait pas qu'un héritier pût être en même temps légataire.

Voilà le droit de l'ancienne France pour les familles roturières, c'est-à-dire pour l'immense majorité de la nation. Le système féodal comportait, il est vrai, un certain droit d'aînesse pour les successions nobles, mais très atténué, très mitigé, dans la plupart des coutumes, et le plus souvent réduit au manoir principal et au « vol du chapon ». Cette minime importance du droit d'aînesse dans la noblesse française est très frappante. Beaucoup d'historiens y voient, non sans raison, l'une des causes principales de l'affaiblissement progressif de son influence sociale et du peu de résistance qu'elle fut en mesure d'opposer à l'assaut démocratique du XVIIIe siècle. Elle est, en tout cas, bien significative de l'esprit égalitaire qui a toujours fait sur cette matière, depuis les Celtes en passant par les Francs, le fond de l'âme française.

Le vieil auteur coutumier Guy Coquille écrivait déjà au XVIe siècle: « Les partages sont la ruine des maisons de village ». — Arthur Young, cet agronome sociologue qui visita la France à la veille de la Révolution, dit à son tour: « J'ai vu parfois les partages en arriver à ce point qu'un arbre fruitier avec 10 perches de terrain constituait une ferme ». — Pothier signale l'habitude de diviser la succession en lots égaux que les héritiers tirent au sort.

Ce n'est qu'en généralisant à toute la France des pratiques exceptionnelles de quelques coutumes locales, où il avait trouvé la famille-souche, ou bien en attribuant au droit lui-même ce qui ne fut que le résultat de libres accords familiaux conclus sous la double influence des idées religieuses et du respect des volontés paternelles — comme le font encore, malgré le Code Civil, certaines familles, de plus en plus rares — que Le Play a pu lancer dans la circulation cette idée fausse, qui a joui d'une siétrange fortune: que l'ancienne France aurait pratiqué la liberté de tester et lui aurait dû la force de son foyer rural.

Il nous semble donc tout à fait illusoire de compter uniquement sur ce moyen pour conserver et raffermir l'exploitation agricole que le paysan délaisse de plus en plus. Mettez-le à la disposition du père de famille... il ne s'en servira que bien rarement, pas plus qu'il ne se sert de la quotité restreinte autorisée par notre législation.

On peut tout de même essayer, si tant est qu'il se trouve jamais en France un Parlement pour le voter. Dans une maladie grave et qui risque de devenir mortelle, il est bon d'expérimenter tous les remèdes susceptibles de quelque bien, si l'on est certain qu'ils ne feront pas de mal.

Mais il faut chercher autre chose de moins aléatoire comme réalisation, de plus sûrement efficace comme résultat, car la seule suppression du partage forcé en nature, pour capitale qu'elle soit, ne peut être considérée comme suffisante.

*
**

La méthode expérimentale est toujours la plus propre à fournir au législateur les éléments d'une solution judicieuse appuyée sur l'observation des faits.

Faisons porter notre expérience sur cette société de l'ancienne France où la famille rurale fut forte. vigoureuse, expansive, solidement assise sur un domaine agricole durable, et demandons-nous quelles sont les institutions privées qui ont facilité cet état social. Puis cherchons à en réaliser les bienfaits dans notre France d'aujourd'hui en envisageant les moyens d'en faire passer l'esprit dans notre législation, sous des formes appropriées aux temps modernes.

Dans cette recherche, nous allons rencontrer les efforts de ceux qui, sans souci de ces leçons du passé si fécondes aux yeux de l'historien, mais guidés seulement par le travail de leur pensée, se sont ingéniés à proposer des réformes favorables au domaine rural, tout en restant strictement dans le cadre de l'égalité des parts héréditaires.

Nous prévoyons l'objection, éternel argument, bien usé, mais qui porte encore sur la masse des esprits simples ou prévenus: « Que nous présentez-vous un retour en arrière? Oubliez-vous que la démocratie, depuis 1789, entend répudier l'héritage du passé et se frayer un chemin par des voies nouvelles? »

Comme s'il n'existait pas des lois sociales qu'il n'est pas loisible à l'homme d'enfreindre sans marcher à une catastrophe plus ou moins prochaine!

Comme si les causes profondes d'un phénomène n'étaient pas toujours identiques à elles-mêmes, malgré la diversité des temps?

Cet argument superficiel, tiré des contingences politiques, Balzac le prévoyait déjà et en faisait bonne justice. « Non, disait-il, il n'est plus question, quand on discute les réformes successorales possibles et utiles, de retour à l'ancien régime, de restauration du droit d'aînesse. Il ne s'agit plus de droits féodaux, comme on le dit aux niais, ni de gentilhommerie; il s'agit de l'Etat de la vie de la France ».

Après M. Victor Boret, qu'on ne peut tenir pour suspect de parti-pris « réactionnaire », répétons donc la phrase d'Auguste Comte: « On ne saurait terminer la Révolution avec les doctrines qui l'ont commencée. Ce qui servait alors à détruire, ne peut servir aujourd'hui à construire cette nouvelle société qui nous paraît nécessaire, ou du moins à consolider une société branlante ». Et allons chercher quelques leçons au foyer rural d'autrefois.

Adversaires de la liberté de tester, puisqu'ils donnaient à l'héritier légitime sa réserve intangible, nos ancêtres de la France coutumière entendaient assurer la stabilité de la famille et du domaine, l'une garantissant l'autre, non pas en renforçant le droit du père, mais en consolidant le droit de la famille. Suivons-les dans cette voie.

Ils n'ont jamais fait dépendre la conservation du bien patrimonial de la volonté du père. Tout au contraire, ils ont protégé le droit de la famille à ce bien contre les faiblesses ou les fantaisies possibles du chef, par une série de mesures, nées de l'empirisme des mœurs, puis sanctionnées par la coutume.

Il y avait d'abord un certain droit d'aînesse, modéré, au profit du premier-né des familles nobles et, dans un petit nombre de coutumes locales — en Normandie par exemple — au profit de l'aîné des familles paysannes; exceptionnellement, dans une partie de la Bretagne, de la Picardie, de l'Artois et du Hainaut, en faveur du plus jeune (droit de juveigneurie ou de maisneté). Ce droit d'aînesse n'était pas du tout un effet de la liberté de tester, puisqu'il dépendait d'un caprice de la nature et s'imposait au père comme à quiconque. Inutile d'en souligner une fois de plus l'extrême impopularité de nos jours. Le voulût-on, il serait puéril d'en tenter la résurrection.

Les autres principaux suberfuges juridiques de notre ancien droit en vue de consolider le domaine aux mains de la famille, étaient: la *communauté familiale ou société taisible*; la *réserve coutumière*; le *droit de retrait lignager*.

Le fait de vivre ensemble sous le même toit, de s'asseoir à la table de famille, « à un même pain et pot » et de « tailler au même chanteau » pendant au moins un an et un jour, suffisait à constituer la communauté taisible, société de fait, qui pouvait se perpétuer de génération en génération, nonobstant la mort successive des membres de la famille dont les plus jeunes prenaient la place des disparus. Il n'y avait pas lieu à succession tant que la Société subsistait car, personne morale, elle était réputée propriétaire du patrimoine, et le chef de famille en était, en quelque sorte, l'administrateur-gérant.

La réserve coutumière et la légitime des pays de droit écrit étaient la portion des biens de la future succession dont un testateur ne pouvait disposer, car la loi les réservait d'office aux parents.

Le retrait lignager consistait dans le droit qui appartenait à tout membre du lignage, c'est-à-dire à tout parent de la ligne d'où un immeuble patrimonial provenait, de racheter cet immeuble, au cas où il venait à être aliéné par son propriétaire, en remboursant à l'acquéreur le prix de la vente et les frais accessoires.

Dans ces trois procédés juridiques, on trouve la manifestation très nette du sentiment qui domine tout le régime des biens en droit coutumier: que l'intérêt du groupe familial, élément durable et essentiel d'une société, doit être considéré comme primant celui de l'individu, élément transitoire et contingent.

Nous rejoignons ici notre postulat du début et nous allons voir que les propositions de réformes, respectueuses de l'égalité de valeur des parts héréditaires, qui sont pendantes aujourd'hui devant l'opinion ou le Parlement, se peuvent rattacher à l'une ou à l'autre de ces formes de la conservation du foyer rural, tout en restant compatibles avec les directives générales de notre droit actuel.

Lors de la session de 1923 de la Société des Agriculteurs de France (séance du 24 février, pages 49-52 du *Compte-rendu de la session*), M. de Mascarel a présenté un très intéressant exemple de constitution d'une société de famille pour l'exploitation d'un domaine héréditaire, conçue sous la forme la plus moderne et sans avoir recours à aucune modification de la législation actuelle. — Il suffit d'utiliser les articles 1841 et suivants du Code Civil, prévoyant la société civile particulière

Chacun des membres de la famille est porteur d'un nombre de parts sociales équivalent à ses droits. Le chef de famille devient l'administrateur délégué de la société, avec des pouvoirs très étendus et le droit d'occuper la maison d'habitation et la réserve. Vous voyez reparaître, sans que l'auteur l'ait cherché, le manoir et le « vol du chapon », et ce caractère d'administration, temporaire mais absolu, qui caractérisait les pouvoirs du chef de notre vieille famille coutumière française. Tant il est vrai qu'un problème ne comporte pas trente-six solutions et que, pour parvenir au même but, l'homme doit forcément mettre ses pas dans les empreintes de ceux qui l'on précédé!

Ce système qui évite les partages et les droits de succession, puisqu'il met le domaine aux mains d'une personne morale et non plus d'un individu, mobilisant par le moyen de parts nominatives l'avoir de chaque parent-sociétaire, semble tout à fait digne d'encouragement. Il est grandement souhaitable que l'Etat le favorise par un abaissement considérable des droits fiscaux frappant actuellement ces sociétés, sous forme de frais d'actes et d'enregistrement, d'abord au moment de leur constitution, puis sous forme de taxe annuelle de main-morte.

L'exagération de ces charges fiscales est un obstacle tellement sérieux que nous doutons, à cause de cela, de l'extension rapide de ce procédé de sauvegarde du domaine rural. Or, la situation est grave et requiert des solutions immédiates.

Tout en reconnaissant le caractère ingénieux et pratique de celle-ci, il faut donc, en attendant que l'idée ait fait son chemin, chercher encore autre chose; surtout pour les petites exploitations, dont la minime importance ne permet guère leur mise en société et dont les propriétaires n'ont pas, d'ordinaire, une instruction suffisante pour comprendre l'intérêt juridique de l'opération. Comme l'écrivait, en 1921, à M. de Mascarel le vénérable marquis de la Lour du Pin: « Les lois contre nature sont faciles à tourner, mais elles perdent les massés, qui ne sont pas armées contre elles par une culture suffisante ».

A notre époque, l'esprit d'indépendance se développe de plus en plus et pousse chaque individu, surtout chaque ménage, à rechercher un établissement distinct. L'affaiblissement général du principe d'autorité se fait sentir au sein de la famille et l'on voit de plus en plus rarement les enfants majeurs rester groupés autour des parents ou, à leur défaut, autour de celui d'entre eux qui a pris la direction de l'exploitation. — Il a donc fallu songer à maintenir sur le domaine, à défaut de la communauté familiale, au moins l'un de ses membres.

De cette pensée sont nés plusieurs projets ou propositions de loi qui tendent à la réaliser par des procédés différents, mais voisins les uns des autres. MM. Henri Chéron et Colrat voudraient donner un privilège sur le domaine à l'héritier qui serait resté pendant les cinq dernières années au moins avec le *de cujus*, l'aidant à l'exploitation. Il devrait être laissé en possession, à charge de récompenser ses co-héritiers. De plus, il jouirait d'un certain droit de créance sur l'héritage, pour le paiement de son salaire, au cas où il n'aurait pas été rémunéré de sa collaboration par le défunt.

Ce projet a été ajourné par le Sénat après un rapport de tendance, assez peu favorable de M. Boivin-Champeaux, rapporteur de la Commission de législation (1). D'aucuns semblent y voir un enterrement définitif.

Une autre proposition émanant de M. Ambroise Rendu et de quelques-uns de ses collègues donnait au père le droit de disposer de son exploitation au profit d'un de ses enfants, à charge d'établir

---

(1) *Sénat-Annexe au procès-verbal de la séance du 27 novembre* 1923.

une assurance sur la vie ou dotale sur la tête de chacun des autres, afin de leur garantir une valeur héréditaire égale à celle de l'enfant privilégié. Cette proposition ne paraît pas avoir fait l'objet d'un rapport pendant la précédente législature. Elle est devenue caduque.

M. Pol Chevalier, sénateur, a surtout eu le dessein de relever la natalité quand il a rédigé sa proposition d'attribuer à chaque héritier une part, plus une autre part supplémentaire pour chacun de ses enfants nés ou à naître. Inutile, croyons-nous, d'insister sur le caractère compliqué et peu pratique de cette combinaison, qui n'a aucune chance de succès.

Au contraire, un projet présenté, le 30 novembre 1923, au nom du Gouvernement par M. Colrat, alors Ministre de la Justice, fut voté par la Chambre, avec quelques modifications d'ailleurs regrettables, le 7 mars 1924, sur le rapport de M. Jaeger, député d'Alsace. Il n'est malheureusement pas sorti des cartons du Sénat avant la fin de la législature. Il édicte que le successible en ligne directe ou le conjoint qui aura été l'objet d'un don ou d'un legs consistant en une exploitation agricole pourra, au moment du partage de la succession, garder cette exploitation. Il en opérera le rapport, soit en moins prenant, soit en récompensant ses co-héritiers en argent ou autrement, même si l'objet de la libéralité excédait la quotité disponible.

Voilà un projet simple, pratique, limité, accompli dans le cadre même du Code Civil, dont il se contente de corriger la rigueur excessive. Souhaitons ardemment qu'il soit repris et voté définitivement pendant cette nouvelle législature.

Nous avons d'autant plus le droit de le demander, que le Parlement vient d'en admettre le principe pour l'Alsace et la Lorraine, en consacrant, par l'article 73 de la loi du 1er juin 1924, la législation successorale déjà en usage dans nos provinces recouvrées. Celle-ci va jusqu'à permettre l'exemption de tous intérêts annuels, pendant cinq ans, des sommes dues à ses cohéritiers, à titre de soulte, par l'héritier ou le conjoint survivant qui, laissé en possession de l'exploitation agricole familiale, se trouverait ainsi attributaire d'une part dépassant la quotité disponible.

Un tel précédent est de nature à nous donner beaucoup d'espoir, car les deux rapporteurs de cette loi, à la Chambre et au Sénat, ont été d'accord pour formuler le désir d'en voir étendre les dispositions à la France entière.

On peut considérer avec le même intérêt une proposition présentée le 2 décembre 1920, par M. Victor Boret, ancien ministre de l'Agriculture, et 161 députés appartenant à tous les groupes politiques, à l'exception des socialistes, et qui fut renvoyée à la Commission de l'Agriculture, d'où elle n'est plus revenue.

L'auteur principal y a mis sous forme de textes législatifs la substance des remèdes à la crise agraire qu'il a préconisés dans une série d'articles de presse et dans son ouvrage: *Pour et par la terre*.

Il voudrait: d'abord, favoriser le maintien de la communauté familiale aussi longtemps que les circonstances peuvent le rendre nécessaire en permettant, à la seule demande d'un héritier, de rester plus de cinq années dans l'indivision, contrairement aux prescriptions de l'article 815 du Code Civil; puis, empêcher définitivement le partage des biens de famille dont la contenance ne dépasse pas 40 hectares, en autorisant leur attribution intégrale à l'un des héritiers, sur sa demande, à charge pour lui de récompenser ses cohéritiers, dont la créance serait garantie par un privilège sur le domaine. M. Boret met à la disposition de l'héritier débiteur les ressources et les facilités du

Crédit Agricole. Telles sont les grandes lignes du projet, abstraction faite des détails de la procédure d'application.

Il est regrettable que ces projets Colrat et Boret, modérés, et qui paraissent devoir être efficaces, n'aient pas encore abouti Sans heurter les idés égalitaires si chères aux Français, ils permettaient de réaliser légalement ce que beaucoup de familles rurales, fidèles à leurs traditions, réalisent en fait à chaque décès d'un chef d'exploitation, dans certaines provinces: les enfants se mettent d'accord pour laisser à l'un d'eux le domaine familial, moyennant un prix qui est presque toujours sensiblement au-dessous de sa valeur réelle et pour le paiement duquel des délais indéterminés lui sont accordés, à charge par lui de verser chaque année les intérêts, fixés aussi à un taux minime.

Cela se passe couramment dans bien des cantons de la Bretagne, des régions montagneuses du Centre, du Sud-Est et du Midi, ailleurs encore. Pourquoi la loi ne sanctionnerait-elle pas des usages que le respect du principe d'autorité, le bien général, les idées supérieures de morale et de religion, imposent ainsi, à côté d'elle et parfois contre elle?

Nous demanderons même un peu plus, toujours pour nous conformer étroitement à l'observation des mœurs et des faits. Cette faculté d'attribution du domaine à un seul héritier, il faudrait l'étendre au cheptel, au mobilier d'exploitation et enfin au droit au bail, pour un fermier.

La proposition Boret pêche par cette lacune: elle n'envisage que la *propriété* et non l'*exploitation* rurale.

Mais le projet voté par la Chambre le 7 mars 1924 et soumis au Sénat a bien fait la différence et il a visé « l'exploitation ». Il est en effet de constatation courante que, pour la conservation de la famille agricole et sa durée sur sa terre, une exploitation prolongée et assurée est aussi intéressante que la propriété. Nous connaissons tous un peu partout, mais dans l'Ouest de la France notamment, de ces vieilles familles de fermiers, locataires de pères en fils, qui n'ont pas quitté la même exploitation depuis un ou plusieurs siècles.

Elles sont aussi intéressantes, du point de vue social, que des familles de petits propriétaires. Par conséquent, la réforme de la législation doit les viser au même titre que ces dernières.

Chacun a pu voir ce fait déplorable: à la mort d'un fermier, ses enfants ne s'entendent pas; on vend le cheptel, le mobilier, et l'exploitation devient impossible à la famille, qu'une autre remplace.

Enfin, à ces réformes qui visent à nous rendre la partie assimilable par notre législation moderne des bienfaits sociaux que procurait autrefois la communauté taisible et la réserve des parents, nous verrions avec plaisir ajouter un droit de retrait familial, mais limité aux héritiers en ligne directe et aux très proches collatéraux. Il semble désirable que, lors de l'aliénation d'un bien de famille, les membres de celle-ci aient le droit, dans un certain délai, très court évidemment, de reprendre le bien vendu en remboursant à l'acquéreur le prix de vente, avec les « frais et loyaux coûts. »

Il y aurait là, nous le reconnaissons volontiers, une légère atteinte aux principes généraux de notre législation, qui proclame la liberté absolue des transactions. Mais faut-il s'hynoptiser devant un principe essentiellement relatif et contingent? Voulons-nous, oui ou non, renforcer la famille sur le domaine? — Si oui, donnons à cette famille tous les moyens, compatibles avec la justice et l'équité, de conserver le domaine.

Le projet de loi Colrat proposait quelque chose d'analogue au retrait familial, lorsqu'il donnait aux héritiers le droit de s'opposer à l'admission des étrangers dans les licitations. Nous pensons qu'il faut regretter de ne plus voir, dans le texte soumis au Sénat, cette disposition, écartée par la Chambre.

Ce droit de retrait, du reste, n'a pas entièrement disparu du Code, qui le connaît sous la forme restreinte du retrait successoral.

M. Victor Boret a proposé de l'appliquer aux voisins d'une parcelle de 2 hectares au maximum, qui, venant à être vendue, pourrait être rachetée par l'un d'eux.

Il y voit un moyen d'aider au remembrement des exploitations trop morcelées. Son initiative, de proportion bien modeste, n'en est pas moins symptomatique de ce besoin insconscient de chercher les remèdes à la crise actuelle dans l'arsenal des coutumes que le temps et l'expérience avaient empiriquement formées.

A ceux que nous venons d'indiquer dans cette esquisse, bien incomplète malgré sa longueur relative, on pourra sans doute en ajouter d'autres, peut-être meilleurs. Nous nous y rallions d'avance, en principe, s'ils s'inspirent de cette idée primordiale: qu'il faut restaurer le droit de ce que l'on appelait la « maison », de ce beau mot, au sens si plein, qui tend malheureusement à devenir périmé comme ce qu'il représente: la maison, c'est-à-dire la famille assise à un foyer permanent.

C'est la « maison » rurale qui a fait la grandeur, la stabilité et la force d'expansion de la France, dont les origines et les bases sont tout agricoles; c'est elle qui maintient encore, grâce aux lambeaux de tradition et de forces morales dont elle est la dépositaire, le peu de cohésion subsistant dans notre société ébranlée par les excès de l'individualisme intellectuel et social.

On aura une dernière chance de la conserver et — qui sait? — de la revivifier, d'abord en abolissant le partage forcé en nature, puis, sans tenter l'impossible entreprise de faire admettre, dans une France dont l'esprit lui est réfractaire, la liberté de tester, sans attacher plus d'importance pratique qu'elle n'en mérite à l'augmentation des droits du père de famille, parce que celui-ci n'en usera que rarement ou peut-être fort mal, en donnant à ceux des parents qui désirent continuer l'exploitation la possibilité de garder le domaine et l'attirail de culture, à charge de récompense, ou de le retraire s'il menace de passer à des étrangers.

Notre législation, par ses excès doctrinaires, détruit; l'homme rural incessamment reconstruit; mais ce labeur de Sizyphe, que chaque génération s'impose à seule fin de remonter péniblement au sommet de la côte le malheureux rocher que la Mort, d'un seul coup de sa faux, a fait rouler au bas, épuise une société condamnée à perdre en cette besogne stérile des forces qui seraient plus utilement employées à améliorer le domaine qu'à le reconstituer, à accroître sa production, au profit de tous, qu'à en recoudre laborieusement les morceaux dispersés.

Intervention de M. Manière.

Monsieur Manière demande alors la parole et expose à l'Assemblée les imperfections du Code en parlant du « partage d'ascendants »

Souvent les parents jugent utile de procéder eux-mêmes au lotissement de leurs biens: ils espèrent sauvegarder leur exploitation en usant de la liberté, que leur confère le Code, de déterminer à leur gré, par un partage anticipé, la part de chacun de leurs enfants.

Mais cette pratique se fait de plus en plus rare, parce que d'autres dispositions du Code Civil peuvent en détruire les effets. Dès la mort du dernier des donateurs, un héritier qui se croit lésé a le droit d'attaquer la donation-partage; et celle-ci sera revisée si l'un quelconque des lots établis par les parents dépasse la quotité disponible.

Il est à remarquer, en outre, que le délai d'action du demandeur court pendant dix ans; et, chose plus grave, la prescription est suspendue dans les cas de minorités. Ces dispositions législatives expliquent que des successions ne sont pas encore définitivement réglées, un demi-siècle et plus parfois après la mort des parents.

Il appartenait à un ancien notaire, ayant une très longue expérience des affaires successorales, de confirmer ainsi les critiques du Rapporteur.

Il est près de 6 heures quand la séance est levée.

Porche Sainte-Catherine
Porte latérale de la Cathédrale

DEUXIÈME JOURNÉE

Matin. — La séance débute par le vote du vœu de MM. Garcin et Gatheron sur les Assurances contre les accidents du travail.

Rapport de M. Prudent, sur la vente Coopérative du Blé.

Monsieur PRUDENT, directeur de la Coopérative Haut-Marnaise de Vente des produits agricoles.
CHAUMONT — Haute-Marne

MESSIEURS,

Quoique moins qualifié que beaucoup, je n'ai pas voulu me dérober lorsque les organisateurs de cet important Congrès m'ont demandé de traiter la question de la vente coopérative du blé.

Je n'ai pas la prétention d'apporter la formule magique qui résoudrait cette question fort délicate : je voudrais simplement résumer quelques idées dans un court rapport, idées qui serviraient ensuite de base à la discussion.

Le blé coûte cher à reproduire, vous le savez tous aussi bien que moi. Dans une grande partie des exploitations de France, il ne laisse pas ou peu de bénéfices. Nos agriculteurs, sachant mieux compter et étant mieux renseignés, commencent à s'en apercevoir.

Rien de plus logique donc que, tout en recherchant activement *l'abaissement du prix de revient*, les producteurs

M. Prudent

se préoccupent d'obtenir *un prix de vente rémunérateur.* C'est de ce dernier seul que je dois vous entretenir et, si vous le voulez bien, nous examinerons ensemble :

1° La situation actuelle du marché ;

2° Le but à atteindre ;

3° Les moyens d'y arriver ;

passant rapidement sur les deux premiers points, pour nous attarder un peu plus longuement sur la vente en commun.

I. — LE MARCHÉ ACTUEL DU BLÉ EN FRANCE

Nos dernières récoltes ayant été très inférieures aux besoins de la consommation, nous avons dû *importer de grosses quantités de blé étranger.* En dehors du printemps dernier — où les changes relativement peu élevés et les cours très bas des marchés américains ont permis aux meuniers de se procurer du blé à bon compte — *la vente des produits français a été facile.*

Il est très probable que, étant donné les diminutions continuelles des surfaces emblavées et tant que nous n'aurons pas les engrais azotés à des prix avantageux, il en sera ainsi pendant de nombreuses années, et que nous resterons nettement *sous la dépendance des cours et des changes étrangers.*

Les gouvernements successifs se sont préoccupés de la cherté du pain et *n'ont pas assez combattu* cette vieille formule qui n'est plus vraie : « Le pain est l'étalon du coût de la vie; le prix du pain ne doit pas monter! »

Nous avons vu apparaître des lois, décrets et circulaires, souvent maladroits et toujours restrictifs de la liberté, tels le récent décret élevant le taux du blutage à 78 % et la loi sur la taxation des farines et du pain. Cette compression arbitraire *fausse les cours* du blé par rapport aux autres céréales.

La taxe sur le chiffre d'affaires a profondément modifié le commerce du blé. Le bénéfice normal que pouvaient prélever les négociants étant souvent inférieur ou dépassant de peu le montant de cette taxe, les commerçants ou bien ont cessé tout trafic sur le blé ou bien se sont faits les courtiers des grands moulins. D'autant plus que *l'élévation du prix des transports* et des frais généraux de toutes sortes empêchent l'emmagasinage hors des moulins.

Ces derniers sont donc à peu près les seuls acheteurs sur le marché français et, n'ayant plus les réserves que constituaient les stocks des négociants, on comprend que, la spéculation aidant, les variations des cours soient parfois aussi brusques et aussi importantes.

Si la taxe sur le chiffre d'affaires est modifiée, comme le prévoit le projet de loi pendant devant le Sénat, nous verrons opérer de nouveau les commerçants. Nous aurons peut-être alors une plus grande stabilité relative des cours, mais nous verrons très probablement augmenter l'écart entre le prix du blé en culture et le prix de la farine. Comme le gouvernement veut limiter le prix des farines, ce ne serait donc pas une amélioration pour la vente du blé, tout au plus une facilité pour la livraison quelquefois aux magasins.

Un autre fait qui domine les marchés, c'est *que nous sommes conduits par les grandes sociétés.*

Depuis la guerre, nous avons vu apparaître de grandes *usines* et augmenter la capacité d'écrasement de celles existant. Puis, ces grandes sociétés se sont groupées en puissants consortiums, tels la Société d'entreprise Meunière, la C. A. T. C., la Compagnie agricole de Minoterie, la Société Française de Meunerie, etc...

Chacun de ces consortiums — quand ce n'est pas chaque société elle-même — possède sa propre banque. Chaque groupement fait ses importations lui-même, ou bien est très lié avec les gros importateurs. Leur influence dans les hautes sphères est certaine et aucun renseignement ne leur fait défaut. Forts donc de ces derniers éléments et de la puissance de leurs moyens financiers, ils peuvent prévoir et agir à coup sûr.

Etant très gros acheteurs, personne ne peut résister à leur propositions et, souvent sans le laisser apparaître aux yeux du public, ce sont ces groupements qui font la tendance du marché.

L'intérêt de ces grosses maisons n'est pas tant dans la stabilisation des cours que dans leurs variations périodiques, après qu'elles les ont prévues ou conduites.

De même, la spéculation leur sera plus facile sur les achats à l'étranger dans la plupart des cas que sur les blés indigènes: par essence, ces grands consortiums ne sont pas les défenseurs du blé français et ils peuvent beaucoup contre lui. Il semble qu'ils aient intérêt à voir la récolte nationale devenir de plus en plus déficitaire. L'intérêt des agriculteurs n'est donc pas de favoriser ces spéculateurs anonymes, mais de lutter contre leur influence.

II. — LE BUT A ATTEINDRE

Les organisateurs agricoles doivent s'employer à obtenir que le blé soit payé à un prix suffisamment élevé pour que sa culture ne soit pas onéreuse dans la majorité des exploitations, mais justement rémunératrice. Et bien que les prix de revient soient difficiles à déterminer mathématiquement, bien qu'ils soient variables d'une explotation à une autre, il est possible, à mon avis, d'établir un prix de revient moyen régional, en tenant compte:

des conditions de production de la région,

des prix des autres régions,

des prix mondiaux.

C'est vers cette vente aussi près que possible du prix de revient, augmenté d'un juste bénéfice, que nous devons tendre et nous acheminer par étapes.

III. — MOYENS A EMPLOYER

Devons-nous attendre des mesures législatives ou gouvernementales l'amélioration que nous demandons? Certainement non, car si on ne ménage pas les phrases ronflantes et les louanges aux producteurs de blé dans les discours et les journaux, on ne fait presque rien pour eux, et le peu qui est réalisé n'est pas sûr d'être conservé, tant changent les hommes et les programmes politiques.

Devons-nous l'attendre des autres professions? Il ne semble pas non plus, car il nous est déjà fort difficile de faire admette que les produits agricoles sont des produits comme les autres et qu'ils doivent procurer un légitime bénéfice au producteur.

Par conséquent, si nous ne devons compter ni sur les Pouvoirs Publics ni sur le reste du pays, comptons sur nous-mêmes, organisons-nous, sachons faire bloc pour obtenir:

1° La maîtrise du marché; 2° une influence suffisante sur les Pouvoirs Publics.

La maîtrise du marché n'a rien d'illégitime, car la généralité admettra facilement qu'il soit déplorable de voir les cours établis par quelques individus n'ayant rien de commun avec les producteurs ni les transformateurs.

Cette maîtrise du marché n'est pas davantage menaçante pour le consommateur, car si elle faisait payer le pain à son juste prix elle assurerait sa production nationale, par conséquent sa stabilité et son abondance. Nous ne demandons pas une protection scandaleuse: nous désirons seulement une organisation commerciale professionnelle dans le cadre de la légalité et de la justice. D'ailleurs voudrions-nous sortir de ce cadre qu'on saurait toujours nous empêcher! Par conséquent, le marché du blé entre les mains des agriculteurs est une chose non pas à redouter mais à souhaiter.

Quant à l'influence sur les Pouvoirs Publics, législatif et exécutif, point n'est besoin de démonstration pour faire admettre:

1° Qu'elle serait bienfaisante, soit qu'il s'agisse de *renseigner* par des statistiques sérieuses, des prévisions opportunes ou des critiques justifiées, soit qu'il s'agisse de *représenter* les intérêts agricoles dans l'établissement des lois, décrets, droits de douane, tarifs de transport, etc...

2° Qu'elle serait directement proportionnelle à l'importance du groupement et à sa cohésion.

Les producteurs de blé doivent donc se grouper *commercialement,* mais doivent-ils se grouper strictement entre eux dans des coopératives de transformation et de vente, ou doivent-ils accepter l'association qui leur est proposée par les meuniers, boulangers et intermédiaires?

Je laisserai à d'autres le soin de juger, me bornant à dire ce que je pense des unes et des autres. Dans les *associations interprofessionnelles,* il semble que les transformateurs et négociants seraient pratiquement les maîtres des branches techniques et qu'il y aurait le risque de voir ces sociétés dirigées d'après l'intérêt de ces derniers. Il faudrait donc être *absolument assuré que les agriculteurs conserveraient la maîtrise dans ces sociétés* et qu'ils seraient capables de leur garder leur orientation.

Je me permettrai de signaler que, quoi qu'on en dise, s'il y a des intérêts communs entre les producteurs et les meuniers et boulangers, il y a peut-être davantage d'intérêts opposés.

Nous ne nions pas que ces sortes d'associations puissent être intéressantes dans certaines régions, mais nous les croyons inférieures, aux points de vue organisation professionnelle et influence sur les Pouvoirs Publics, aux groupements de producteurs seuls.

Les premiers essais sérieux de vente en commun remontent au *Congrès de la vente du blé qui eut lieu à Versailles en 1900.* Les principes qui furent posés par ce Congrès sont la logique même et s'ils ne furent pas mis en pratique on doit pouvoir incriminer la force d'inertie des producteurs, attachés aux habitudes ancestrales, et peut-être un peu aussi le scepticisme des dirigeants.

Depuis l'idée a fait son chemin; les événements y aident. Les coopératives de vente avec ou sans transformation ont été créées, avec plus ou moins de succès, 3 dans l'Aube, 2 dans la Marne, 1 dans la Côte d'Or, Oise, Touraine, Allier, Aude, etc... Le 6° Congrès National de l'Agriculture a étudié ce problème. Le Comité Central du blé et du pain a déjà entendu sur ce projet plusieurs rapports de M. Georges Lefebvre.

Avec votre permission, Messieurs, nous allons vous exposer brièvement les étapes et les résultats de la Coopération de vente en Haute-Marne.

LA COOPÉRATIVE HAUTE-MARNAISE DE VENTE
DES PRODUITS AGRICOLES

Régime. — Capital social. — La coopérative Haute-Marnaise est une Société anonyme à capital variable, placée sous le régime de la loi du 5 Août 1920.

Son capital social est actuellement de 122.000 francs, divisé en parts de 25 francs chacune, libérées à la souscription.

Le nombre des sociétaires était de: 967 au 1ᵉʳ Septembre 1922; 1.303 au 1ᵉʳ Septembre 1923 et 2.300 au 1ᵉʳ Septembre 1924.

Modes Opératoires. — Pendant les quelques mois qui ont précédé sa constitution officielle — celle-ci datant de Mars 1922 — la vente du blé a été effectuée par un groupement provisoire. Ce groupement a vendu ainsi 35.000 quintaux sans faire aucun prélèvement sur le prix de vente: les frais généraux, réduits à leur plus simple expression, ont été supportés tout entier par le Président. Chacun y mettait du sien.

Pour la campagne 1922-1923, le directeur était nommé et on décidait de vendre en prélevant une commission de 0 fr. 50 par quintal pour la Coopérative. Chaque groupe communal avait un correspondant qui offrait les denrées à vendre, recevait et distribuait les toiles, effectuait les expéditions et payait les différents vendeurs.

Malheureusement, la récolte de 1922 était désastreuse en Haute-Marne! La difficulté des groupages et le flottement du début aidant, la Coopérative ne traita que 24.000 quintaux environ. Le résultat obtenu fut très bon pour les cultivateurs mais moins bon pour la Société.

La Coopérative ne retenant que 0 fr. 50 par quintal, les prix de vente furent avantageux pour les vendeurs. L'écart moyen qui existait entre les cours de Paris, les cours régionaux et les achats en culture en Haute-Marne, était diminué de 2 à 3 francs par quintal au minimum. Mais tous les agriculteurs profitaient de cette plus-value: les prix de la Coopérative guidaient sociétaires comme non-sociétaires et devenaient les prix normaux. Il s'est trouvé que les non-sociétaires, les réfractaires, avaient les mêmes avantages que nos adhérents sans encourir les foudres des négociants, ni avoir les petits ennuis que comporte l'observation du règlement.

Ce n'était évidemment pas la méthode qui ferait prospérer la Société: c'était au contraire la condamner à mourir à brève échéance. D'autant plus que la faible quantité traitée n'avait pas permis de couvrir les frais généraux — cependant peu élevés — et avait occasionné un déficit de 4.500 francs, au 30 Juin 1923. D'autre part, les correspondants bénévoles se lassaient devant les difficultés qu'ils rencontraient.

Le Conseil d'Administration fut donc amené à chercher une autre façon d'opérer pour la campagne 1923-1924. La vente au prix moyen ne pouvant encore être envisagée, il fut décidé qu'on emploierait le *procédé commercial*, c'est-à-dire que les denrées seraient prises en charge par la Coopérative au cours commercial légèrement majoré, pour être vendues ensuite aux meilleures conditions possibles.

S'il y avait des bénéfices en fin d'exercice, on distribuerait des ristournes aux vendeurs. Le paiement aurait lieu comptant et, pour se procurer les fonds nécessaires, les administrateurs n'hésiteraient pas à s'engager personnellement et solidairement jusqu'à concurrence de 300.000 francs. La Coopérative s'entendrait avec une maison de location et mettrait des toiles à la disposition des sociétaires dès qu'ils en auraient besoin.

Sur ces entrefaites, vers le 15 Juillet 1923, un minotier de Chaumont possédant une usine bien outillée, fit à la Coopérative des propositions de mouture à façon. L'affaire fut étudiée et décidée rapidement: un contrat de 4, 8 ou 12 années fut conclu le 8 Août et entra en exécution le 1ᵉʳ Septembre suivant.

Moyennant la somme de 6 francs par quintal de blé entré au moulin, le meunier fait les transports de la gare au moulin, effectue la mouture, entretient la sacherie, et livre les produits transformés soit à la gare soit en boulangerie dans un rayon de trente kilomètres. La Coopérative reste chargée de la partie commerciale: approvisionnement en blé et vente des produits de la mouture.

Cinq des acheteurs de notre meunier devinrent nos agents réceptionnaires et, peu après, nombre d'autres agents furent engagés. Actuellement nous en avons une vingtaine qui se partagent le département, remplaçant les correspondants bénévoles du début. La rétribution de ces agents, d'abord fixée à 0 fr. 50 par quintal, a dû être payée à 0 fr. 65 pour la campagne actuelle.

Au cours de l'exercice 1923-1924, il a été traité en chiffre rond 82.000 quintaux de blé — dont 38.000 sont passés au moulin et 44.000 vendus. — En outre la Coopérative a vendu 10.200 quintaux d'avoine, 300 quintaux d'orge, 900 quintaux de pommes de terre, 500 quintaux de paille et 42 quintaux de graines fourragères. Elle a prêté son entremise pour la vente de 20.800 kilos de laine et 201 têtes de bétail de boucherie.

Au 31 juillet 1924, les résultats de l'exercice écoulé étaient les suivants:

Bénéfices nets sur la vente du blé..	10.470 fr. soit 0,238 par 100 kilos.	
— — l'exploitation du moulin	28.551 fr. soit 0,751	—
Bénéfices nets sur la vente de l'avoine	6.054 fr. soit 0,59	—
Bénéfices nets et commissions sur le reste........................	358 fr.	
Total des bénéfices nets......	45.433 fr.	

Si la vente du blé n'a laissé qu'un bénéfice minime, il ne faut pas s'en étonner et les raisons en sont les suivantes:

1°. — Le prix payé aux sociétaires était le plus élevé possible et toujours fixé à 1 franc, à 1 fr. 50 en dessous des possibilités de vente, alors que les frais généraux se montaient à environ 0 fr. 54 plus 0 fr. 50 aux agents dans la plupart des cas;

2°. — Plusieurs de nos agents nous ont demandé une dérogation à la règle, en leur permettant de prendre en charge au cours du jour de la livraison. Pour ces quantités, nous avons dû vendre à l'avance — afin d'avoir des destinations à donner, ne centralisant pas les blés — et des faits de force majeure (chute de neige, encombrement des gares, etc...,) ont parfois retardé la livraison, de sorte que certains blés ont été payés plus cher qu'ils n'ont été vendus;

3°. — Sur les 44.000 quintaux de blé vendus, 14.000 quintaux environ ont été livrés directement aux moulins du département au prix de prise en charge majoré de 1 franc par quintal.

Nous avons adopté cette formule pour laisser à chaque meunier son rayon normal d'approvisionnement tout en conservant la force et la vitalité du groupement: mais cette commission de 1 franc est insuffisante.

En ce qui concerne les résultats du moulin, la vente des farines déjà difficile par suite de l'âpre concurrence entre minotiers a été encore plus ardu parce que notre coopérative était plus spécialement visée. Nous avons dû, pour ne pas perdre notre clientèle locale — la seule intéressante — accepter des marchés à livrer sur deux périodes de 6 mois. Avec la hausse permanente des cours et l'impossibilité où nous étions de nous couvrir par des achats de blé à livrer, parce que coopérative, nous avons perdu de ce fait une somme ronde.

La campagne 1924-1925 est commencée avec les mêmes méthodes, mais améliorées par l'expérience. S'il n'y a pas de gros remous économiques, nous espérons bien que le résultat sera meilleur encore que celui du dernier exercice.

CONSIDERATIONS GENERALES

Les conclusions que l'on peut tirer de l'essai effectué en Haute-Marne et de l'examen de la situation se résument ainsi:

PRINCIPE. — Les Coopératives de vente de blé *sont viables*, à condition qu'elles ne travaillent *que sur des engagements précis des sociétaires* et qu'elles *s'interdisent toute spéculation*. Il faudrait particulièrement se défier de cette dernière lorsque la direction serait confiée à un commerçant qui conserverait ses habitudes anciennes. En travaillant au jour le jour les bénéfices sont minimes, mais les risques sont peu importants ou nuls.

CAPITAL SOCIAL. — C'est une erreur de fixer le montant des parts à 25 francs sans imposer de minimum. Tôt ou tard, la coopérative a besoin d'un *fort* capital social.

a) Comme fonds de roulement;
b) Comme garantie pour ses co-contractants et ses prêteurs;
c) Pour les immobilisations possibles

Il paraît indiqué de créer des parts de 100 francs, de ne faire verser que le 1/4 à la souscription, et de laisser les 3 autres quarts à la disposition du Conseil d'Administration ou de l'Assemblée Générale.

MODE OPERATOIRE. — *La vente à la commission est à proscrire*, pour les raisons données plus haut.

La vente au prix moyen calculé soit sur toute l'année, soit sur un trimestre, c'est l'idéal corporatif, mais ne semble pouvoir être généralement adopté avant que:

1°. — L'éducation des vendeurs soit faite sur ce point;

2°. — Les coopératives englobent la grande majorité des agriculteurs, ou bien que les écarts de prix dans une même campagne soient moins importants.

La vente au cours du jour paraît donc actuellement le procédé le plus recommandable, avec paiement comptant.

Une Coopérative devra toujours offrir à ses adhérents les mêmes facilités et avantages que le commerce: visites à domicile ou agents sur les marchés, sacherie, livraisons, paiements.

Dans les régions de grande culture elle pourra probablement se passer d'agents, sauf peut-être de quelques réceptionnaires. Ses frais seront moindres et, excepté l'attachement des agriculteurs aux réunions hebdomadaires du centre voisin, il n'y a guère de raisons sérieuses d'insuccès.

MAGASINS. — L'exploitation de magasins est généralement onéreuse. Le blé, sur lequel il y a peu à gagner, doit en principe être livré directement au moulin ou sur gare. Le stockage est dangereux et n'est à envisager que lorsque les cours sont dérisoires ou au moment des grands battages.

Par contre, le magasin est très intéressant pour le stockage et la préparation des céréales secondaires (avoines, orges, etc...), ainsi que pour les graines fourragères. Ce qui devra surtout guider dans l'ouverture d'un magasin coopératif, c'est le volume des réceptions qu'il est appelé à faire, la part des frais généraux étant inversement proportionnelle au nombre des quintaux traités.

MEUNERIE. — Est-il opportun de faire la transformation à côté de la vente du blé? — Il est délicat de répondre catégoriquement oui ou non. On peut dire cependant, qu'un moulin ayant la possibilité de s'alimenter en blé dans un faible rayon se trouve de ce fait dans une situation privégiée et qu'il doit procurer des bénéfices.

Actuellement, la meunerie traverse une grave crise de surproduction. Les moulins de France ont une puissance d'écrasement dépassant de 50 % la consommation nationale. Comme l'exportation n'est possible qu'avec les produits des blés étrangers, elle est asez réduite. Il résulte donc de cette situation que, chaque moulin désirant travailler à pleine capacité pour diminuer la part de frais généraux au quintal, la concurrence est extrêmement âpre entre minotiers pour le placement des farines. On va jusqu'aux ultimes concessions pour enlever un marché, se contentant d'un bénéfice toujours réduit, parfois dérisoire. La meunerie est donc ingrate, relativement à l'énormité des risques et des capitaux engagés.

Chaque projet étant un cas d'espèce, il faut envisager par ordre d'importance:

a) L'approvisionnement en blé;
b) Les débouchés locaux et la concurrence;
c) Les frais généraux.

Au prix actuel des constructions on peut dire qu'il est presque toujours préférable de moderniser un moulin existant que d'en construire un de toutes pièces. Et on peut ajouter que c'est une hérésie de construire un moulin sans en « arrêter » un de même importance — à moins d'avoir tous les atouts en mains — car c'est aggraver la crise actuelle.

VENTE et ACHAT. — Nous pouvons constater, dans bien des départements, qu'il existe un trop grand nombre d'associations agricoles. L'organisation qui groupera l'achat des engrais et produits divers avec la vente des produits agricoles aura plus de chances de réussir.

GROUPEMENT NATIONAL. — Les coopératives locales ne doivent pas s'ignorer, ni rester isolées, et encore moins se concurrencer. Il existe actuellement un OFFICE NATIONAL DES COOPERATIVES DE VENTE à Paris, 44, Boulevard Sébastopol, qui groupe les coopératives les plus importantes.

A la fois organe de renseignements et de vente, il rend d'appréciables services et il en peut rendre de bien plus grands encore si les coopératives lui sont fidèles. Outre son rôle d'informateur et de vendeur, il doit avantageusement organiser la propagande, guider les associations débutantes et intervenir auprès des pouvoirs publics.

J'en ai fini, Messieurs, et je m'excuse d'avoir été aussi long. L'organisation des producteurs pour la vente est nécessaire et possible. Pourquoi ne ferions-nous pas ce qu'ont fait avec succès et les bavarois et les danois? Les producteurs de blé du Canada, des Etats-Unis et de l'Australie mettent sur pied de vastes coopératives de vente: sans envisager les mêmes méthodes, puisque nos pays sont essentiellement différents, nous devons *nous grouper sans plus tarder, de façon à obtenir voix au chapitre, à fixer nous-mêmes nos justes prix de vente en nous basant sur nos prix de revient.*

Le rapport de M. Prudent a vivement intéressé l'Assemblée, dont M. de Voguë se fait l'interprète.

M. le Président. — Vous avez entendu M. Prudent qui nous a montré quelles difficultés on rencontre pour organiser la vente du blé. Ce n'est pas pour étonner ni pour effrayer des Paysans.

M. Prudent nous a d'ailleurs montré dans quelles conditions il est possible de réussir, et ses conseils sont appuyés sur son expérience; je l'en remercie.

Intervention de M. Courtin contre la taxation des blés.

Vous savez l'émotion que la taxation de la farine a soulevée et les graves inconvénients qui l'on suivie. Chaque fois que l'on taxe une denrée, cette denrée se raréfie, et pour les agriculteurs la taxation des farines a pour effet de réduire l'achat des blés.

Dans le département de Seine et Oise, les meuniers effrayés de la taxe se refusent à acheter; les Agriculteurs ne trouvent plus à écouler leur blé: c'est un danger pour la production nationale.

La taxation du blé a amené dans quelques contrées de France le retrait d'un certain nombre de commande des blés de semence, ce qu ferait craindre une diminution des ensemencement

Les frais de production du blé augmentent constamment. Pour permettre l'abaissement de son prix de vente, il faut que son prix de revient diminue, que le prix des machines, des engrais diminue également. — Ce qu'il faut

M. Courtin

éviter, c'est que la crainte de cours trop bas ne restreigne les emblavements. Il faut réagir si nous ne voulons pas être à la merci des étrangers pour notre aliment principal: le blé et le pain.

En conséquence, je vais vous donner connaissance du vœu que je propose d'accord avec quelques-uns de vos collègues.

Lecture est donnée du vœu.

M. le Président met le vœu aux voix; il est adopté à l'unanimité.

L'exportation des produits du sol

Rapport de M. Bérest, Directeur de la Coopérative « La Bretonne », Saint-Pol-de-Léon.

Messieurs,

Le sujet que les organisateurs de ce Congrès m'ont appelé à traiter devant vous aujourd'hui est délicat. L'exportation des produits du sol est une question qui touche bien des intérêts. Il est tâche difficile de s'élever au-dessus des intérêts particuliers, de faire ressortir l'intérêt général. A cette tâche difficile, votre Rapporteur s'est appliqué de son mieux; il vous apporte, en plus de sa propre expérience déjà longue, des références et des études fournies par des hommes éminents.

M. E. Bérest

Laissant de côté toutes idées de doctrine trop abstraites, le travail qui va vous être lu se bornera à constater des réalités, à proposer à votre examen et à faire sortir de votre discussion des projets aussi concrets que possible.

Il est bien évident que si des producteurs, que si des cultivateurs, se réunissent pour étudier la possibilité d'exporter leurs produits, c'est qu'ils désirent retirer de cette vente à l'étranger une rémunération avantageuse. Ce désir est légitime. Doit-il venir léser les intérêts et les besoins des consommateurs français? Toute de suite, je réponds: Non, et je suis persuadé que ce Congrès tout entier m'approuvera. Ne croyez-vous pas qu'il y a lieu, ici, de détruire une légende qui ferait croire que le Paysan de France ne songe qu'à vendre ses produits très cher, sans se soucier des besoins des ouvriers et des consommateurs des villes? Ce souci des besoins de nos concitoyens, nous l'avons tous. Les agriculteurs français unis dans leurs Syndicats et dans leurs associations rurales ne sont plus des ignorants, ils sont renseignés. Ils savent que leur dur travail a besoin d'être accompli dans la paix intérieure du pays. Ils savent que le produit de ce travail doit d'abord alimenter et satisfaire la consommation française. Ils connaissent les besoins de cette consommation. Ils n'ignorent plus quelles sont les quantités de produits du sol qui doivent alimenter les marchés français.

Mais le Paysan de France sait aussi que la bonne terre qu'il travaille est merveilleusement productive. Il a été conseillé. On lui a dit

qu'il fallait faire produire et produire encore cette terre si généreuse. Il a obéi à ces conseils et tout à l'heure, mes collègues rapporteurs à ce Congrès, venus des divers coins de France, vous diront comment le sol national a été travaillé et quels sont les résultats de ce
travail.

Il est incontestable que le producteur agricole français se trouve
avoir en mains une quantité considérable de produits: fruits, fleurs,
légumes, primeurs, etc..., qui dépasse les besoins normaux de la consommation du pays. C'est cette surproduction qu'il importe de ne
pas jeter au hasard sur des marchés déjà encombrés.

Nous dirons davantage: en cherchant à vendre à l'étranger cette
surproduction, permise par la fertilité de notre sol, nous rendons un
service de premier ordre à notre Pays. Ce service, il importe de le démontrer, car en même temps, nous démontrerons que nous sommes
nous aussi les adversaires premiers de la « vie chère ».

Nous avons tenu à placer ces mots de « vie chère » en exorde de
ce rapport; et vous allez voir pourquoi. De cette « vie chère », nous
souffrons tout les premiers. Il suffit pour s'en assurer, de comparer
les prix actuels des engrais avec les prix d'avant-guerre. Mais d'où
provient la vie chère? A notre avis, elle n'a que deux causes:

La première est toute morale. Elle est née de la guerre. Nous souffrons d'une crise de luxe et de besoins inconsidérés. On veut gagner
beaucoup et travailler peu pour que des loisirs nombreux permettent
des dépenses. Nous ne nous étendrons pas sur cette crise de mœurs,
nous bornant à la constater.

L'autre cause de la vie chère est la détresse de nos finances publiques. L'effroyable chose qu'a été la guerre a exilé l'or de notre Pays.
Notre franc déprécié n'a plus qu'une minime capacité d'achat. Il faut
redonner au franc sa valeur. Pour employer une expression entendue
sur les lèvres de M. Clémentel, notre actuel Ministre des Finances:
« Il faut que le franc français ait sa revanche et qu'il reprenne sa place
légitime dans la monnaie internationale ».

« Pour cela, la France se doit d'adopter une politique résolument
exportatrice, elle doit consacrer toute son énergie à reconquérir les
marchés qu'elle occupait avant la guerre et à s'ouvrir des débouchés
nouveaux (1) ».

Dans cette politique exportatrice, dans ce travail de remise en
valeur du franc français, dont le résultat sera la possibilité de vie plus
facile dans notre Pays, le travailleur du sol se doit de prendre place.
Et c'est non seulement comme un moyen de retirer une vente meilleure
de nos produits que nous allons étudier la possibilité de leur exportation, mais comme un devoir et parce que nous considérons que cette
étude et que ses résultats serviront aux intérêts généraux de notre pays.

Si ce rapport ne se bornait qu'à envisager les moyens actuels d'exportation des produits du sol et à en indiquer vaguement quelques
nouveaux, il ne serait pas complet. C'est dans un sens beaucoup plus
général que nous allons examiner la question.

Pour des raisons de situation géographique, de climat, par suite
de la nature du sol, grâce à un travail de sélection fait par les producteurs, parfois aussi, grâce à l'initiative de négociants avisés, il s'est
formé en France une très grande diversité de régions de production.
Ces régions sont plus ou moins étendues, plus ou moins productives,
mais elles sont connues dans le monde commercial, leurs produits sont
appréciés par les consommateurs. Ces régions vont donner leur nom

____

(1) Réunion des C. C. E. Sorbonne, 8 décembre 1923.

áux produits qui en sortent. Si certains de ces produits ne sont connus qu'en France, beaucoup sont connus à l'Etranger.

On dira: la pomme de terre de Saint-Malo, les fruits d'Angers, l'artichaut de Roscoff, la fraise de Plougastel, les noix de Grenoble, etc...

On ignore trop souvent la somme de travail qui a été demandée pour ainsi faire connaître ces régions et leur donner la spécialité d'un produit. Rendons ici à chacun son mérite. Le cultivateur seul n'aurait pas toujours réussi à faire ainsi connaître ses produits; il lui a souvent fallu le concours de l'intermédiaire, du commerçant travailleur et intelligent. Laissez-moi vous dire que cette union du producteur et du commerçant est utile.

Dans une Assemblée générale de la Société Nationale d'encouragement à l'Agriculture, tenue en Mars 1908, un homme éminent et qui a rendu les plus grands services à la cause de l'Exportation, M. Jean Périer, donnait ce conseil dicté par l'expérience: « L'entente des Producteurs avec les Maisons de Commerce ».

Rappelons-nous ce conseil. Dans une autre partie de ce rapport, nous aurons à examiner plus attentivement le rôle du Commerce dans la vente des produits du sol. Rendons ici hommage au concours que l'initiative commerciale a apporté au producteur en faisant souvent connaître ses produits.

Et posons une première conclusion pratique. Une région de production a intérêt à se spécialiser dans la culture d'un produit ou de quelques produits, judicieusement choisis, et répondant à la nature de son sol.

S'étant ainsi spécialisés, les cultivateurs auraient intérêt à voir s'organiser une publicité bien faite qui touchera le consommateur.

Sur cette question de publicité, nous avons beaucoup à apprendre. Nos voisins les anglais, par exemple, s'y entendent beaucoup mieux que nous.

Il y a quelques mois, de forts arrivages d'oranges trouvaient des difficultés à être vendues. Les marchés de la Métropole étaient bien fournis d'autres fruits, les oranges ne trouvaient pas preneurs. La situation ne dura que quelques jours. A Londres et dans les grandes villes anglaises, de superbes affiches furent apposées. Elles représentaient, l'une un bébé rose et joufflu, mordant à pleines dents dans une orange, l'autre une Miss charmante découpant un des fruits dorés. Et l'affiche portait en lettres claires quelques lignes dont voici le sens: « Consultez votre médecin, il vous dira que les oranges sont nécessaires à votre santé ».

Et la mévente des oranges cessa.

Nous aurions beaucoup à faire dans ce sens pour faire connaître nos produits à l'étranger. Mais nous avons beaucoup à apprendre.

M. du Halgouet, notre attaché commercial à l'Ambassade de France à Londres, a bien voulu me faire parvenir le programme d'une publicité qui vient d'être entreprise en Angleterre.

Je crois utile de placer dans ce rapport une étude de ce programme, dont l'initiative est due à la Fédération Nationale anglaise des Associations agricoles des producteurs de fruits et légumes.

En citant le nom de M. du Halgouet, il est de mon devoir de lui rendre ici un hommage auquel ce Congrès, j'en suis certain, tiendra à s'associer, et de lui adresser en votre nom, Messieurs, les vifs remerciements que la production française lui doit pour les services de premier ordre qu'il lui a rendus.

Je sais que M. du Halgouet aimerait à voir les exportateurs français se joindre au grand mouvement de propagande et de publicité dont je vais vous entretenir:

Ce mouvement est basé sur l'idée de coopération. Il est conçu de façon très large et a pour buts:

1°. — D'accroître les demandes de légumes et de fruits en toutes saisons;

2°. — De stimuler les demandes pour certains légumes et fruits lors du moment de la récolte;

3°. — D'éviter la perte de produits envoyés sur des marchés encombrés;

4°. — Maintenir un prix moyen rémunérateur pour le commerce et la production.

On estime la population de la Grande-Bretagne à environ 40.000.000 d'habitants. Sa consommation en fruits et légumes atteint en achats le chiffre de 100 millions de Livres sterling. Bien que ce chiffre soit énorme, il pourrait être doublé.

Pour arriver à augmenter cette consommation, il faut de la publicité. Sans aucun doute, la publicité est le meilleur moyen d'influencer la vente d'un produit. De nombreux exemples de réussite pourraient être cités En ce qui concerne les produits du sol, on peut particulièrement donner en exemple la Californie. Il y a quelques années, on ignorait les possibilités de production de cette région. Une première campagne fut commencée par les producteurs de pommes à couteau, qui se réunirent à quelques milliers pour former un fonds de propagande. Cette propagande fit rapidement accroître la demande et les ventes, en 2 ou 3 ans, ont augmenté de 80 %. Les producteurs eux-mêmes attribuent ce développement de leurs expéditions à la publicité seule. Chaque année, leurs dépenses pour publicité et affiches vont en augmentant et aujourd'hui, 3.500 producteurs participent à ces dépenses.

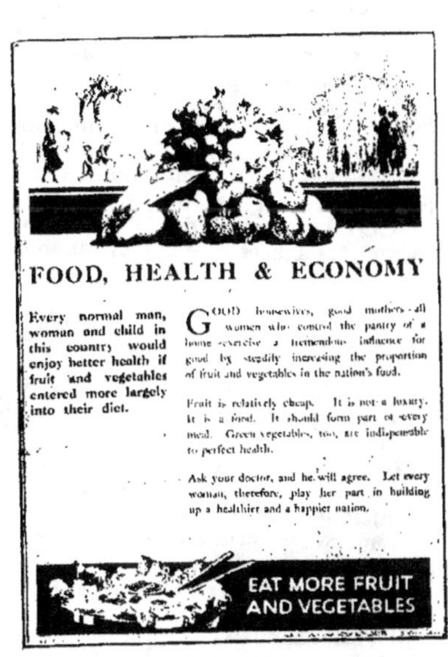

« Mangez plus de légumes »

Actuellement, des campagnes du même genre se font pour les noix, les raisins, les prunes et abricots, les ananas. Toutes ces campagnes ont prouvé des résultats, payant, et largement, les dépenses qu'elles ont occasionnées.

Et cependant, si on en juge par le programme de cette action de propagande, les dépenses doivent être élevées. La Fédération Nationale agricole anglaise prévoit en effet une publicité dont vous allez juger l'importance:

Des pages entières des principaux magazines et revues, avec impressions en couleurs sont réservées.

Des avertissements à travers trois colonnes et en caractères gras seront assurés dans les principaux journaux hebdomadaires.

Sur les chemins de fer, les tramways, les autobus, une large publicité sera également faite.

Enfin, des films spéciaux seront tournés dans les cinémas. Ces films, judicieusement conçus, donneront des informations sur la culture, la récolte, le triage, l'emballage, le transport, la vente des fruits et légumes, ils insisteront sur les raisons d'économie et d'hygiène pouvant inciter le public à augmenter sa consommation des divers produits du sol.

Les organisateurs de ce programme n'ont pas manqué de songer à la méthode de recrutement des fonds nécessaires pour mener à bonne fin cette entreprise de publicité.

D'un commun accord, les producteurs ont décidé d'y attribuer un penny par Livre sterling, de toutes ventes réalisées, c'est-à-dire à peu près 0 fr. 40 par 100 francs.

Il est bien entendu que je n'aurais pas donné place à cette question de publicité dans ce rapport si je n'avais su m'adresser ici à une des plus fortes organisations agricoles françaises.

Les exemples que je viens de vous citer seraient à imiter. Seule une organisation importante peut, en France, prendre l'initiative d'un mouvement dans ce sens.

Nous ne pouvons rester constamment en arrière sur ce qui est entrepris dans les autres Pays.

En Angleterre particulièrement, une publicité concernant les produits de notre sol devrait être faite. Voici quelques chiffres qui démontrent l'importance de la demande anglaise et la place que nous avons sur les marchés d'outre-Manche. (Annexe A).

*
**

La publicité ne servirait à rien si nous n'avions, dans nos centres français de production, des organisations de vente assurant les exportations.

Ces organisations existent, sous différentes formes.

Parfois le producteur seul essaye des envois directs à l'étranger. Dans quelques régions, des organisations agricoles ont groupé un certain nombre de producteurs et l'exportation de leur production est faite en commun. Le plus souvent, l'exportateur est un commerçant, prenant à sa charge les risques considérables qu'entraîne le travail de l'exportation.

Il n'est pas dans le plan de ce rapport de rechercher quelle est la meilleure forme d'organisation à préconiser. Je me bornerai à examiner comment fonctionnent les diverses Maisons d'exportation.

Le producteur isolé se trouve presque toujours dans une situation d'infériorité. Il ne peut acheter les emballages nécessaires que par quantités limitées et ne peut profiter du prix de gros et les envois réduits supportent des frais de transport plus élevés que les expéditions de fort tonnage. Il est surtout difficile pour lui de mener de front la profession de cultivateur et celle d'exportateur. Cette dernière profession demande de plus en plus des connaissances techniques spéciales et difficiles à acquérir. Si le cultivateur isolé qui s'est lancé dans l'exportation réussit grâce à ses qualités personnelles, il ne tardera pas à abandonner peu à peu sa première profession et à devenir exclusivement un commerçant. Et je dois dire que plusieurs de nos plus importantes maisons d'exportation ont été créées par des cultivateurs que leur ténacité, leur travail, leur initiative intelligente ont mis au premier rang des commerçants français.

Les organisations groupant des cultivateurs ou coopératives pour la vente en commun des produits du sol sont théoriquement une sorte

Annexe A. — QUANTITÉS DE LÉGUMES ET FRUITS IMPORTÉS EN GRANDE BRETAGNE PENDANT L'ANNÉE 1920 (en tonnes)

DÉSIGNATION DES PRODUITS IMPORTÉS	POIDS TOTAL IMPORTÉ	IMPORTATIONS PROVENANT DES COLONIES ET POSSESSIONS BRITANNIQUES	IMPORTATIONS EN PROVENANCE D'AUTRES PAYS	POIDS DES PRODUITS DE PROVENANCE FRANÇAISE	OBSERVATIONS ET INDICATIONS DES POIDS DE PRODUITS IMPORTÉS D'AUTRES PAYS QUE LA FRANCE
Pommes à couteau	462.000 tonnes	178.500	283.500	58.000	Hollande et Belgique 43.000 Etats Unis 170.700
Abricots et Pêches	2.152 »	266	1.886	1.650	Belgique 100
Cerises	5.580 »	Insignifiant	5.580	2.900	Hollande et Belgique 2.680
Cassis	8.900 »	»	8.900	3.600	« « 5.300
Groseilles	5.200 »	»	5 200	Insignifiant	Hollande et Belgique, presque totalité
Raisins	59.300 »	2.300	57.000	»	Espagne 47.500
Oranges	440.000 »	16.000	424.000	900	« 392.000
Poires	66.400 »	2.300	64.100	24.200	Belgique 20.000, Etats-Unis 13.000
Prunes	31.400 »	260	31.140	26.400	Hollande et Belgique 4.300
Fraises	5.500 »	Néant	5.500	750	Hollande 4.700
Pommes de terre	521.000 »	122.900	398.100	145.900	Hollande, Belgique, Danemark. (le reste)
Oignons (sacs)	798.000 »	158.000	640.000	39.000	Espagne 456.000, Hollande 121.000
Tomates	161.700 »	54.000	107.700	4.200	Hollande 28.000, Iles Canaries 59.000 Espagne 15.000

d'idéal économique. Leur formation a été tentée dans presque toutes les régions de production française.

Mais on n'abroge pas spontanément la vieille loi économique qui dit: « Au cultivateur, la production; au commerçant, la vente ».

L'erreur de la plus grande partie des fondateurs de coopératives a été de croire que plus grand serait le nombre de cultivateurs qu'ils réussiraient à unir, plus grandes seraient les chances de réussite.

L'expérience m'oblige de vous signaler cette erreur. Il est bien évident qu'il ne s'agit pas seulement de réunir un très grand nombre de produits agricoles pour les bien vendre. Il faut trouver la clientèle il faut s'assurer des débouchés. Permettez-moi cette figure que tous les secrétaires ou directeurs de Coopératives de vente de produits périssables emploient souvent:

Il faut comparer la Coopérative de vente à une balance. Dans l'un des plateaux, plaçons au figuré tous les apports, avec leur valeur normale, augmentée des frais d'emballages, transport, etc... Si dans l'autre plateau, on place le produit des ventes, il faut que ce dernier plateau l'emporte sur le premier. Il ne l'emportera que si une clientèle fidèle a été trouvée et si des débouchés certains assurent la consommation de tous les produits des coopérateurs.

Mais la chose n'est pas impossible et de nombreux exemples de succès en prouvent la possibilité.

Quinze années d'expérience, dont quelques-unes ont été dures et difficiles à vivre, me permettent de vous tracer un tableau rapide d'une de ces organisations et des raisons de son succès.

Les membres d'une Coopérative doivent avoir des qualités morales leur donnant une très large compréhension de l'intérêt général de l'organisation dont ils font partie. Des relations d'amitié confiante doivent les unir entre eux, et les secrétaires ou directeurs qu'ils choisiront doivent partager cette confiance et cette amitié.

Les coopérateurs doivent connaître exactement les responsabilités financières et les risques qu'ils prennent en s'associant. S'ils visent à des bénéfices, ils doivent savoir, comme des commerçants, accepter les pertes.

Leur Conseil d'Administration doit être judicieusement formé et composé de producteurs vivant dans le même milieu que les autres sociétaires et dont l'autorité morale et professionnelle est reconnue.

Parmi les commissaires aux comptes, ils choisiront autant que possible un spécialiste, pris, s'il le faut, en dehors de la Société, et qui leur assurera un contrôle sévère des opérations financières.

La direction des affaires devra être confiée à des hommes possédant toutes les aptitudes commerciales nécessaires.

Un capital largement suffisant sera réuni par les coopérateurs eux-mêmes ou garanti par eux seuls.

Alors la Société peut vivre. Et si le succès couronne les efforts, qu'est-il en somme arrivé?

On aurait tort d'appeler ce succès la suppression d'un intermédiaire. Non; les cultivateurs ont ainsi créé une Maison commerciale, il n'y a pas d'autre mot, mais elle est à eux. Ils y sont chez eux.

Dans une Coopérative ainsi comprise, ne croyez pas que l'espoir des ristournes de fin d'année soit la seule récompense. Il y en a d'autres: le fait pour le cultivateur d'éviter le stationnement au marché et les frais qu'il entraîne, la sûreté de la réception de ses produits qui lui permet de rester à son travail et d'envoyer un de ses enfants les porter au magasin coopératif.

Les facilités de crédit que lui donnera la Coopérative bien organisée, etc...

Il y a aussi la récompense sociale. Vous la comprendrez, Messieurs, la plupart d'entre vous l'ont ressentie sur d'autres terrains que celui de la vente des produits du sol.

Avoir réussi à mettre à la tête de l'administration compliquée d'une telle œuvre des cultivateurs qui, sans abandonner leur rude profession, savent se réunir plusieurs journées par an, étudier et mener une affaire qui est la leur; vivre l'atmosphère d'Assemblées générales où les producteurs ont droit à la discussion et à la prise de décisions et souvent de responsabilités sérieuses; avoir en un mot, mis entre les mains de la production, la marche d'affaires qui, il y a quelques années, lui échappaient: n'est-ce pas avoir contribué à un progrès social qui, par lui-même est une récompense?

Je vous ai dit que les producteurs ainsi réunis avaient créé une Maison de forme particulière, mais une Maison commerciale. En effet, les services de cette Maison seront forcément, près de la clientèle, les mêmes que ceux d'une Maison dirigée par un commerçant.

Aussi n'attendez pas de moi des critiques sur l'intermédiaire qu'est le commerçant établi dans nos centres de production. Reconnaissons que ces commerçants en payant immédiatement les produits qu'ils achètent au producteur, donnent à ce dernier une garantie et une sûreté de vente que le producteur ne pourrait avoir sans eux.

La preuve de leur utilité est que leur nombre, depuis quelques années, a considérablement augmenté. Ce serait une erreur de voir dans ce développement du commerce, un tort pour le producteur. Du reste, ce dernier s'en rend bien compte. La loi de l'offre et de la demande ne cessera pas de sitôt de régler le prix des marchandises. Plus les demandeurs seront nombreux, plus il y aura d'initiatives mises à la recherche de débouchés nouveaux, et plus la valeur normale du produit demandé tiendra à se maintenir. Il m'est agréable de citer ici la parole d'un Administrateur de Coopérative au moment d'une crise sérieuse, qui menaçait de ruiner les petits commerçants d'un centre de production, alors que les grosses maisons fortes et organisées pouvaient réussir, en prenant des risques financiers que ne pouvaient prendre les petits.

« Même si nous perdons sur nos prix de vente, il faut soutenir le petit commerce, disait cet Administrateur ».

« Il serait malheureux pour la région, de voir disparaître un élément d'achat dont les producteurs ont besoin ».

Cette parole est surtout vraie pour les régions de produits du sol pouvant être exportés. En matière d'exportation, les risques pris par le commerçant sont considérables. S'il s'agit de produits périssables, un achat d'emballages fort coûteux doit être fait avant la campagne; rien n'est moins sûr que l'arrivée en bon état des marchandises au lieu de destination. L'exportateur, après avoir payé le producteur et payé les emballages, supporte de lourds frais généraux, auxquels s'ajoutent les frais de transport, plus lourds encore.

Le plus souvent, le commerçant fera des avances de fonds considérables. Voulez-vous un exemple: dans l'exportation des choux-fleurs, par exemple, il est normal pour une Maison de moyenne importance de charger pour l'étranger deux wagons par jour. Ces wagons, avec le coût du produit et l'emballage représentent environ 10.000 fr. Le produit de la vente ne rentre généralement que quinze ou vingt jours après le départ. Si on compte dans l'intervalle une douzaine de jours de chargement, il va s'agir de plus de cent mille francs de valeur de marchandises qui roulent sur rail ou naviguent en mer aux risques et périls de l'expéditeur. Vous pouvez tripler et quadrupler ces chiffres pour certaines Maisons importantes. Et s'il s'agit de fruits, ce chiffre s'élèverait encore.

Avouons qu'il ne serait pas facile de trouver le membre de Syndicat ou même le groupe de producteurs pouvant faire de telles avances de fonds, payant comptant la marchandise et *assurant les risques commerciaux de telles opérations de vente.*

Nous connaissons tous des Maisons d'exportation où de père en fils, on fait le commerce depuis de longues années. Le nom de ces Maisons est connu. Et pour un Français qui voyage, il est toujours agréable d'entendre de la part d'étrangers, dire du bien de ses concitoyens: « Ah! vous connaissez telle Maison! Mon père faisait des affaires avec elle. Voilà 30 ans que nous sommes en relations commerciales. Le nom de cette Maison est synonyme d'honnêteté. Il est bien connu sur la place ».

Rappelons-nous que ces Maisons de commerce françaises ainsi connues n'ont pas seulement rendu service aux producteurs de la région où elles sont installées, elles n'ont pas seulement servi à faire par la reprise de leur travail d'exportation, rentrer dans notre Pays l'or exilé; elles ont contribué à faire connaître la France, à établir le bon renom de notre commerce et à faire respecter à l'étranger l'honnêteté, la moralité et la loyauté de notre Négoce.

Ayant ainsi fixé « la mentalité » des organisations s'occupant de l'exportation des produits du sol, voulez-vous avec moi entrer dans une de ces Maisons. Vous y serez tout de suite frappé par l'activité régnant dans les bureaux, dans les magasins, dans les chantiers.

Presque toujours, ces Maisons joignent à leur travail d'exportation, un très gros trafic avec les marchés français. Et cela va demander au Chef de Maison, une connaissance approfondie de ces marchés. Il me paraît indispensable de consacrer quelques lignes de ce rapport à ce sujet.

Le gros centre de consommation qu'est Paris, draine une importante partie de la production. Les énormes arrivages de légumes, fruits, primeurs, etc..., sont généralement vendus aux Halles Centrales, où se trouvent trois catégories de vendeurs: les mandataires, les commissionnaires, les approvisionneurs.

La maison de Commerce fera son choix entre ces catégories de vendeurs.

Mais il lui faudra se tenir constamment au courant des prix faits sur le marché de Paris. Ce sont ces prix qui bien souvent, régleront les cours des marchés de production.

Si le marché de Paris absorbe une importante partie de la production nationale, la maison d'expédition n'y trouve pas toujours une certitude de vente rémunératrice des produits qu'elle y envoie. Les ventes faites par les mandataires et les commissionnaires sont en effet trop souvent aléatoires. L'expéditeur ignore au départ ce que seront vendus ses produits et cette vente, souvent, lui réserve de désagréables surprises.

Aussi l'expéditeur recherchera-t-il des ventes fermes, c'est-à-dire des acceptations certaines des prix qu'il offre au départ; et à côté de son mandataire, de son commissionnaire parisien, il s'est créé toute une clientèle ferme qu'on appelle la clientèle de détail ou clientèle de province.

Obtenir cette clientèle de province, la bien servir et la conserver, cela va demander à l'expéditeur une surveillance journalière, une correspondance suivie, et une organisation comptable méthodique.

Pour réussir, il faut: connaître ses clients un par un, posséder sur eux des renseignements qui devront être souvent renouvelés, avoir en mains l'emballage coûteux qui convient aux expéditions de détail faire par circulaire et correspondance toute la publicité qui retiendra le client, tenir ce dernier régulièrement au courant des variations de prix. Et si cette clientèle répond aux recherches de l'expéditeur, celui-ci aura dans sa comptabilité un nombre de plus en plus grand de petits comptes courants, réservés à chaque client et faisant ressortir au jour le jour sa situation avec la Maison tant au point de vue des fonds qu'il doit, que des emballages qui lui sont consignés. Il faudra donner satisfaction au client quant au mode de payement que ce dernier préfère. Certains envois sont faits contre remboursement, d'autres payables par mandat, d'autres par virement au compte chèques postaux de la Maison expéditrice, d'autres enfin par effets de commerce qui réclament le concours des Banques.

« Il n'y a pas de légume plus sain que le chou-fleur »

Pour vous donner une idée du développement des demandes de cette clientèle de province aux régions où le commerce est organisé, voici des statistiques provenant de la Direction Générale des Chemins de Fer et concernant les expéditions de choux-fleurs de l'importante région de production de Saint-Pol-de-Léon-Roscoff, de janvier 1923 à décembre de la même année.

Le total des expéditions fut de 6.975 wagons, pour un tonnage de 31.268 tonnes.

Paris prenait seul 2.463 wagons pour 12.455 tonnes.

La Province française 3.212 wagons pour 12.533 tonnes.

Remarquez que les envois à la province pour tonnage à peu près égal ont réclamé 750 wagons de plus que les envois sur Paris. Celà provient du meilleur soin pris à l'emballage des petits colis à destination des marchés de province.

En cette année 1923, il avait exporté 1.035 wagons sur l'Angleterre pour 5.055 tonnes et 264 wagons hors nos frontières Nord et Est pour 1.185 tonnes.

Il est intéressant de comparer ces chiffres avec ceux d'une année d'avant-guerre. En 1911, pendant les trois premiers mois de l'année, époque de la pleine campagne de choux-fleurs, la seule gare de Saint-Pol-de-Léon chargeait 2.897 wagons pour un tonnage total de 11.578 tonnes.

Paris recevait 1.807 tonnes. Les marchés de province 2.543 tonnes. L'Angleterre recevait 2.413 tonnes et l'étranger: Belgique, Hollande, Allemagne, le gros chiffre de 4.476 tonnes. Ce n'est que dans les premiers mois de l'année 1924 que les exportateurs de cette région ont pu retrouver leur clientèle étrangère d'avant-guerre.

Mais revenons à notre sujet. Nous avons vu une partie du travail que demandait aux Maisons d'expéditions la vente des produits en

France. A cette vente, si la production du sol le permet, va s'ajouter la recherche de débouchés à l'étranger. Là encore, le commerçant devra s'entourer de renseignements et de documentation et bien souvent pour entretenir le travail de son nombreux personnel emballeur, il devra ajouter aux ventes fermes, des envois à la commission, grevés de lourds frais de transport.

Voici donc l'exportateur devant sa clientèle. Il a su, avant le début des diverses campagnes, se munir du couteux matériel d'emballages. Dans ses bureaux, ses commis et comptables ont classé les renseignements, ouvert les comptes, préparé les circulaires. Dans ses magasins, de nombreux ouvriers emballeurs, sous la direction d'un chef de chantier expérimenté ont monté les harasses, les cageots. On attend le produit. C'est alors que la compétence, les qualités commerciales de l'exportateur vont se mettre en action.

Une tension continuelle de l'esprit va devenir nécessaire. Au jour le jour, la température, les productions d'autres régions, les fluctuations des cours sur les lieux de vente, peuvent faire varier les prix. Dès le matin, l'expéditeur devra assurer les achats sur le marché local. La moyenne de ses prix d'achat connue, il devra mentalement calculer ses prix de revient, car en matière de produits du sol, généralement périssables, le temps presse et les offres doivent être rapidement faites. Par télégrammes, ces offres partent et le plus souvent, par télégrammes aussi, les demandes et les commandes sont reçues au bureau, tranmises au chantier. Après un gros travail de triage, les commandes sont préparées par le personnel emballeur et vite, sans perdre de temps, le jour même, le charroi doit être fait et le chargement sur wagons assuré. Le soir même, les factures, les avis de départ, partiront par fil ou par poste et souvent, par moment de grosse production, tout ce travail se continue fort avant dans la nuit.

Si à cette époque, vous visitez une Maison d'Exportation, qu'elle ait la forme Coopérative ou la forme commerciale, ne vous étonnez pas si le chef de Maison semble préoccupé et ne vous répond que laconiquement. Et surtout, ne voyez pas en lui un intermédiaire inutile et que l'on peut faire facilement disparaître — vous avez devant vous un travailleur, rouage utile, indispensable, dont le rôle économique est considérable.

Si la fertilité du sol de la France lui permet une surproduction et si beaucoup de ses produits sont de véritables articles de luxe que nous envie l'étranger, la situation géographique de notre Pays lui permet de trouver à sa porte les acheteurs qui attendent ses offres. Le champ est largement ouvert aux efforts des exportateurs.

Laissant de côté les pays ensoleillés de l'Espagne et de l'Italie, tout autour de la France, les nations voisines: la Suisse, l'Allemagne, la Belgique, la Hollande, et surtout l'Angleterre, dont j'ai déjà signalé la puissance de consommation, sont des clients. Nous allons étudier leurs besoins et les méthodes de vente de leurs marchés.

La *Suisse* est très voisine de l'Italie, elle reçoit de ce Pays des quantités considérables de produits du sol. Cependant, nos régions du Midi et du Sud-Est sont bien placées pour lui fournir leurs fruits et leurs primeurs et à certaines époques de l'année, les autres régions françaises, y compris la Bretagne, ont avantage à faire leurs offres aux nombreuses Maisons de vente qui existent dans les villes de la Confédération Helvétique.

La plupart de ces maisons sont constituées en Société Anonymes.

Il semble qu'en Suisse, le sens de l'Association entre commerçants soit considérablement développé. Les Maisons de vente des produits du sol et particulièrement des fruits et des primeurs, dont quelques-unes ont une puissance commerciale considérable, sont pour la plupart unies dans un Syndicat profesionnel.

Ce Syndicat, qui s'interdit pour lui-même toutes affaires commerciales de ventes ou achats, est un modèle de ce que peut réaliser l'union unies dans un Syndicat professionnel.

Pour les Maisons qui lui sont affiliées, il est une véritable agence de renseignements. Ces Maisons peuvent lui soumettre la solution des nombreux litiges que fait naître souvent le commerce d'exportation. Les services de contentieux du Syndicat des Primeuristes suisses est remarquablement organisé; il s'est attaché, dans les Pays dont ses membres importent les produits, des conseillers techniques expérimentés. Non seulement, les résultats de son travail sont heureux pour les Maisons suisses, mais les Exportateurs français ont pu apprécier souvent, grâce à lui, et pour leur propre intérêt, les avantages que peuvent donner de telles organisations professionnelles.

Les Suisses sont des commerçants avisés et aimant les affaires promptement règlées, aussi, si comme partout, des envois de produits du sol peuvent y être envoyés à la commission, le plus souvent, on peut y réaliser des ventes fermes. Pour celà, il faut être renseigné sur les époques de l'année où des offres peuvent être agréées. Il est indispensable pour les exportateurs français désireux d'établir des relations avec la Suisse, de connaître, non seulement les besoins de ce Pays, mais aussi les époques pendant lesquelles la concurrence italienne ne les gênera pas.

*
* *

Juste au-dessus de la Suisse, se trouve le pays de population dense qu'est l'*Allemagne*, pays que des raisons de sol, de climat, raisons naturelles et dominant les querelles et les rancunes, obligent à être un gros acheteur de produits du sol français.

L'Italie, l'Autriche, les Pays-Bas, la Belgique, sont les plus importants fournisseurs de fruits, légumes et volailles à destination de l'Allemagne. Avant la guerre, nous n'avions le premier rang que pour les raisins de vendange, les abricots et les pêches. Nous aurions pu mieux faire.

Voici des chiffres qui datent de 1912 et donnant les quantités totales importées en Allemagne pour quelques articles d'alimentation:

Raisins de table..	37.686 tonnes	Artichauts, Melons,		
Pommes	204.557 —	Asperges	7.528 tonnes
Poires	60.490 —	Oignons	46.028 —
Abricots, Pêches..	10.158 —	Haricots, Pois....	36.180 —
Cerises	11.154 —	Volailles	7.238 —
Fraises	3.743 —	Fromages	22.115 —
Pommes de terre..	346.618 —	Raisins de Vendan-	
Choux-Fleurs	22.467 —	ges	32.716 —

Il pourrait être intéressant de comparer ces chiffres avec le tableau que j'ai pu vous communiquer des importations totales anglaises.

N'oublions pas que l'Allemagne a elle-même d'importantes cultures maraîchères avec lesquelles nos produits avaient du mal à lutter. Toujours pratiques, nos voisins d'outre-Rhin délaissaient la production de quelques exemplaires de grand luxe et recherchaient la quantité de produits pouvant être vendus à des prix rémunérateurs.

En étudiant plus loin les marchés anglais, nous verrons qu'ils sont plus difficiles à bien atteindre que les marchés allemands beaucoup plus ouverts aux Etablissements étrangers.

Malheureusement pour nous, la bonne place est prise en Allemagne par des Maisons Italiennes, fort bien organisées.

Je dois à l'étude d'un remarquable ouvrage sur la vente des produits du sol, écrit M. Tuzet, ancien Inspecteur Principal de la Compagnie d'Orléans, l'intérêt de vous donner les renseique ceux qui vont suivre et que je considère comme précieux à gnements qui précèdent, ainsi connaître pour ceux qui s'intéressent à l'exportation des produits de notre sol, particulièrement des fruits et des légumes:

L'Allemagne peut surtout nous acheter nos vins et nos raisins. Pour les raisins de table, il faudrait écouler une marchandise saine et d'excellente qualité, l'imoprtance des envois italiens empêche la vente rémunératrice de marchandise de deuxième qualité.

En pommes et poires, nous pourrions avoir des campagnes d'expéditions très importantes,

« *Mangez plus de pommes* »

mais avant la guerre, nous laissions trop souvent faire les courtiers allemands, yui venaient acheter chez nous à leur gré. Vous n'ignorez pas que ces courtiers sont déjà revenus chez nous. Nous aurons l'occasion de revenir sur cette question de courtiers et de préconiser l'exportation de nos propres agents, pour étudier et réaliser nous mêmes nos ventes à l'étranger

Je dois à l'étude d'un remarquable ouvrage sur la vente des produits du sol écrit par M. Tuzet, ancien Inspecteur Principal de la Compagnie d'Orléans, l'intérêt de vous donner les renseignements qui précèdent, ainsi que ceux qui vont suivre et que je considère comme précieux à connaître pour ceux qui s'intéressent à l'exportation des produits de notre sol, particulièrement des fruits et légumes:

L'Allemagne peut surtout nous acheter nos vins et nos raisins. Pour les raisins de table, il faudrait écouler une marchandise saine et d'excellente qualité, l'importance des envois italiens empêche la vente rémunératrice de marchandise de deuxième qualité.

En pommes et poires, nous pourrions avoir des campagnes d'expéditions très importantes, mais avant la guerre, nous laissions trop souvent faire les courtiers allemands, qui venaient acheter chez nous à leur gré. Vous n'ignorez pas que ces courtiers sont déjà revenus chez nous. Nous aurons l'occasion de revenir sur cette question de courtiers et de préconiser l'exportation de nos propres agents, pour étudier et réaliser nous mêmes nos ventes à l'étranger.

Pour les fruits à noyau, nous ne rentrions en 1914 que pour 1/5 de l'importation totale; pour les fraises, un quart; pour les pommes de terre, un cinquième; pour les oignons, nous avions le troisième rang ainsi que pour les volailles.

Pour les fromages, l'importation de la Hollande et de la Suisse était quinze fois supérieure à la nôtre. Remarquons que la consommation allemande est plus forte pour les fromages à pâte dure, et que nous importions les 3/4 de fromages de choix à pâte molle.

Ne perdons pas de vue les possibilités de consommation de ces pays d'outre-Rhin; si de profondes modifications des mœurs et des méthodes commerciales s'y sont produites, nous aurions intérêt à suivre ces modifications et à les étudier sur place, et je pose ici à ce sujet un principe que M. Jean Périer aimait à citer: « Si nous voulons exporter des produits, exportons des hommes ».

La Belgique, la Hollande, les Pays-Bas, sont aussi de gros acheteurs des produits de notre sol.

En ce qui concerne la *Belgique*, notre plus proche voisin du Nord, voici quelques renseignements sur nos exportations:

CHEVAUX. — L'Angleterre est le principal fournisseur avec un total de 2/3 plus élevé que celui de la France.

VOLAILLES. — Nous avons le cinquième rang, loin derrière l'Italie.

VINS. — Nous avons la grosse part.

BEURRES et FROMAGES. — Nous sommes battus par la Hollande et la Suisse.

Pour la pomme, les autres fruits frais, les légumes, nous tenons le bon rang et pourrions développer ce débouché.

Le marché belge est difficile. Beaucoup d'expéditeurs ne trouvent pas de sécurité à faire des envois. Les ventes se font dans les principales villes à des criées détaillant aux acheteurs.

Ici encore, les exportateurs français auraient intérêt à faire étudier les conditions de vente par des représentants. La place prise par des Allemands, des Suisses, des Espagnols, des Italiens s'occupant en Belgique de vente de produits d'alimentation est très importante. Par contre, il y existe très peu de maisons de gros ou de détail tenues par des Français.

Hollande.

Lors d'une visite d'étude de la vente des produits du sol en Hollande, on est surtout frappé par la remarquable organisation des producteurs hollandais. La région du Westland, entre La Haye et la mer, la région de Tiel, sont de gros centres de production. Chaque commune a son Syndicat et son magasin de vente dirigé et organisé par les producteurs eux-mêmes. Les négociants viennent y acheter les fruits, légumes, fleurs, qui sont exposés sur une table roulante. Les acheteurs sont assis sur des gradins, chacun d'eux a son numéro, toujours le même, et à portée de sa main se trouve un bouton électrique. Ce bouton sert à arrêter une aiguille qui tourne lentement sur un immense cadran où sont inscrits les prix par ordre décroissant. Lorsque le prix indiqué par l'aiguille lui convient, l'acheteur presse le bouton. Instantanément l'aiguille s'arrête sur le chiffre, et le numéro de l'acheteur apparaît sur un tableau d'appel.

Ce système fonctionne depuis une quinzaine d'années et donne des résultats remarquables de rapidité des transactions. Les jours de marchés sont choisis de façon à permettre au nombre important de commerçants qui les fréquentent, d'assister aux principales ventes.

La production indigène limite l'entrée de nos produits, mais Amsterdam, Rotterdam, La Haye, sont centres de grosse consommation et des ventes de certains produits de notre sol peuvent y être fructueuses.

Venlo, une petite ville hollandaise, située à l'intersection des frontières belge, hollandaise et allemande, est un gros centre de transactions de produits du sol. Avant la guerre, il passait par cette gare plus de 4.000 wagons de choux-fleurs annuellement. A Venlo se sont installées de puissantes firmes commerciales, leurs immenses chantiers formant, avec la gare, la plus grande partie de la ville. La seule situation géographique de Venlo explique cet intense développement. Point de la ligne Paris-Brême-Berlin-Hambourg, elle commande également la sortie, vers l'Allemagne, des lignes hollandaises.

Le nom de cette petite ville doit être retenu par tous les intéressés à l'exportation des produits de luxe agricole.

Les maisons de vente de produits du sol sont nombreuses en Hollande, mais il faut bien connaître ce marché et ne pas y engager des envois à l'aventure. On peut y trouver des représentants sérieux, mais là encore, la présence d'agents français durant les périodes de besoins de nos produits serait à recommander à nos exportateurs.

Les études sur la vente des produits du sol en Grande-Bretagne sont nombreuses et documentées. Aussi me bornerai-je à un exposé très général, répondant brièvement au cadre de ce rapport.

Londres est le grand marché d'Angleterre. Sa population de huit millions d'habitants demande un approvisionnement formidable, mais la capitale britannique est de plus le marché central des fleurs, fruits, légumes, primeurs, etc...

La différence entre l'organisation des ventes en Angleterre et celle pratiquée en France est considérable. Pour un habitué des Halles de Paris, une visite au marché de Covent Garden, qui représente les Halles de Londres, est une véritable révélation. Une organisation remarquable centralise dans un espace largement suffisant les ventes des produits les plus divers et des provenances les plus variées. Il en est de même du Central Meet Market ou marché des Viandes.

Le commerce est centralisé par quelques Maisons, sociétés anonymes ou associations commerciales, disposant de moyens et de capitaux considérables.

Aussi il est très difficile aux exportateurs français, dont l'organisation ne répond pas à celle des acheteurs britanniques, de se passer de l'intermédiaire des commissionnaires anglais qui traitent peu d'affaires fermes et vendent presque toujours à la commission.

Notre manque d'organisation — qu'il faut bien constater — permet à ces Maisons de commission anglaises, de faire visiter de plus en plus nos régions de production. Leurs agents achètent parfois ferme, mais le plus souvent, ils font expédier les produits français pour être vendus à la commission.

Ces envois laissent souvent beaucoup d'aléas et nous avons tous connu des exportateurs trop entreprenants où peu prudents, qui ont ainsi fait des campagnes ruineuses.

Et ici je suis obligé de poser à nouveau le principe de M. Jean Périer, principe qui pourra servir de titre à la fin de ce rapport:

« Unissez-vous, exportez des hommes, si vous voulez exporter des produits, car le commerce suit ses nationaux. »

De nombreux exemples de la mise en pratique de ce principe peuvent être cités. Mon collègue, M. Thomas, de Plougastel-Daoulas, vous dira sans doute tout à l'heure, que ses compatriotes qui exportent des quantités de fraises en Angleterre savent faire partir Outre-Manche, le moment venu, les membres des Syndicats fraisiéristes ou les délégués des associations commerciales qui surveillent et contrôlent avec d'heureux résultats, les ventes de fraises faites par les salesmen anglais.

M. Tuzet, dont je vous citais le nom tout à l'heure, dans son ouvrage, qui date de 1909, écrivait à propos de l'organisation de nos ventes en Angleterre, les conseils qui suivent:

« A défaut de pouvoir installer un comptoir français pour faire la
» vente directement, car certainement il s'élèverait une opposition et
» une lutte ardente des Anglais, qui finalement auraient le gain pour
» eux, il conviendrait d'envisager un groupement de nos expéditeurs,
» qu'ils soient producteurs ou négociants, ayant en Angleterre une
» agence sérieuse les renseignant en temps utile, facilitant à propos la
» décentralisation du marché de Londres et l'envoi sur d'autres points
» de consommation, enfin documentant nos expéditeurs sur les appa-
» rences de la production ou des concurrences. Si nos expéditeurs
» formaient cette agence et se conformaient à ses conseils il pourrait
» se produire une grosse amélioration à leur profit, car actuellement,
» c'est une véritable anarchie qui dirige nos procédés de vente en
» Angleterre. »

En 1910, une agence basée sur ces principes existait déjà à Londres. Le Syndicat des Violettes de Toulouse, la Coopérative « La Bretonne » de Saint-Pol-de-Léon et diverses autres associations utilisaient ses services avec sérieux profits; la guerre avait fait disparaître cette agence, mais la raison finit toujours par avoir raison, et sur des bases très modestes, cette agence a repris vie il y a quelques mois.

Je vous avais dit au début de ce rapport que mon effort tendrait à soumettre à votre discussion des projets concrets. J'espère que l'exposé de la réalisation à Londres d'un bureau qui a rendu et peut rendre dans l'avenir, d'importants services à la cause de l'exportation, retiendra l'attention et sera tout à l'heure un sujet intéressant d'examen pour ce Congrès.

Du reste, répondant à la demande de plusieurs de mes collègues rapporteurs, je compte donner une importante place à cette question, dans les conclusions qui seront soumises au Congrès à l'issue de la lecture des Rapports.

MESSIEURS,

Certains congressistes pourront, peut-être, trouver incomplet l'exposé général qui vient de vous être lu, et regretter que la question des transports, la question des taxes grevant la sortie de nos produits, celle des restrictions récentes auxquelles l'exportation des denrées d'alimentation ont été soumises n'y aient pas été étudiées et soumises à vos critiques.

Votre rapporteur, en effet, a jugé devoir se tenir dans le cadre d'un exposé général. A son avis, les difficultés de transport, l'obligation pour les Pouvoirs Publics de taxer certaines sorties, le contingent de l'exportation de quelques denrées, sont des difficultés passagères, dûes aux heures difficiles que nous vivons actuellement.

Nous devons à la vérité, de dire que chaque fois que parlant au nom de la collectivité agricole, il a été donné à vos représentants autorisés d'appeler l'attention, soit des chefs de l'exploitation de nos réseaux de Chemin de fer, soit des représentants des Pouvoirs Publics, sur l'aide qu'ils devaient donner à vos intérêts, les plus grands efforts ont été faits pour que toute satisfaction possible vous soit donnée.

Si des erreurs ont été commises, si des malentendus ont été soulevés, c'est que souvent, des renseignements erronés étaient fournis par des personnes incompétentes et mal renseignées. Si un vœu devait tout à l'heure être émis sur ces difficultés, vous me permettrez de défendre une rédaction simple, souhaitant que ces questions soient toujours étudiées par les Pouvoirs Publics et les autorités administratives, après enquête près des organisations professionnelles compétentes : Syndicats agricoles et Syndicats de Négociants.

Et puis ces difficultés doivent être envisagées avec optimisme. Nous sommes certains de ce que peut produire le sol français.

Vous, mes chers camarades qui travaillez ce sol, continuez votre travail, augmentez, augmentez encore sa production. Tenez-vous en liaison étroite avec les techniciens de l'exportation, dont j'ai essayé tout à l'heure de vous faire apprécier les efforts. Ils joindront à votre dure besogne, le travail de leur intelligence et de leur initiative. De cette union, ne peut sortir que des possibilités nouvelles, fructueuses pour tous, fructueuses certainement aussi pour l'intérêt général du Pays.

Une de vos qualités, reconnue de tous, est la ténacité, soyez tenaces, mais soyez confiants.

Il m'est agréable de vous citer ici les paroles toutes récentes que prononçait à une réunion des Conseillers du Commerce Extérieur de la France, M. Herriot, Président du Conseil des Ministres.

« Pensez-vous que j'ignore que, pour que ce pays puisse supporter les impôts dont il est chargé, pour qu'il puisse assurer son crédit, il est nécessaire d'augmenter ses ressources? Pensez-vous que l'on ait à me démontrer que notre premier devoir c'est d'accroître la production dans ce pays? Notre rôle à nous, ce n'est pas seulement de faire en sorte que tous ceux qui travaillent, travaillent dans les meilleures conditions possibles de sécurité à l'intérieur même de la nation, mais aussi de faire en sorte que les produits qu'ils créent puissent se répartir sur des champs de plus en plus étendus » (1).

Cette augmentation des ressources de la France, cet accroissement de sa production, la recherche de débouchés extérieurs de plus en plus

---

(1) Réunion des Conseillers du Commerce Extérieur, Juillet 1924.

étendus, mais ce sont ces buts que nous poursuivons dans les études soumises à ce Congrès.

Ayons donc confiance. Regardons l'avenir sans crainte. Travaillons et soyons unis. Notre travail et notre union, en servant les intérêts de la France, nous donneront la satisfaction d'avoir accompli notre devoir de bons citoyens.

Le chargement d'un bateau de pommes de terre pour l'Angleterre

L'Exportation des Produits Agricoles du Plateau Central

Rapport de M. Lapierre, secrétaire général de l'Union des Associations Agricoles du Plateau Central.

Il semble paradoxal de parler d'exportation dans une région essentiellement continentale comme celle du Plateau Central, et caractérisée en outre par une pénurie extrême des moyens de transports.

Les anciennes provinces de Rouergue, de l'Auvergne et du Gévaudan constituent, en quelque sorte, les assises profondes de la France; leur race a remarquablement conservé son type et a été peu influencée par les colonisations étrangères entravées d'ailleurs par la difficulté des communications.

Et cependant dans cette région qui, à certains points de vue, peut être considérée comme un îlot réservé au cœur du pays, où les coupures profondes des vallées et l'encerclement des montagnes ont de tout temps été un obstacle sérieux à l'expansion économique, un courant d'exportation très vivace et très particularisé, s'exerçant sur certains produits bien typiques, a pu se manifester dès les temps les plus reculés.

Vous me permettrez une très brève incursion dans le domaine de l'histoire, et aussi dans une production extra-agricole, bien que sans vouloir faire ici un jeu de mots, elle soit essentiellement terrienne. Mais les faits historiques sont d'un enseignement si profond et d'une application si générale, que je ne puis omettre de vous entretenir un instant d'une industrie gallo-romaine de notre vieux Rouergue.

M. Lapierre

De récentes découvertes archéologique ont mis à jour, dans la vallée aveyronnaise du Tarn, près de a ville de Millau, une véritable cité d'artisans antiques, la Graufesenque, qui a été, de toute évidence, un des centres de fabrications de potieries les plus importants du premier siècle. — Les fouilles pratition désormais facile, nous la gauloise, d'une authentificaor, cette production de lacité ductions de la Graufesenque; stylisés, qui ornent les prosins très particulièrement les modèle originaux des desleur production, ainsi que potiers gaulois marquaient les sceaux, grâce auxquels les quées permirent de retrouver retrouvons sans aucun doute possible, répandue, peut-on dire, dans tout le vaste empire romain du 1er siècle.

Suivant un courant d'exportation intense et encore peu connu à travers montagnes, plaines et mers, au pas lent des caravanes et des colonnes romaines, la production des artisans du Rouergue antique s'en allait approvisionner en amphores, vases plats ou lampes romaines, aussi bien les villas de Pompéï et l'atrimu des hautes maisons de Carthage que la tente du soldat qui, de l'Ecosse à la Germanie et à l'Espagne, colonisait les pays barbares.

Parce que, sans doute, elle répondait exactement aux goûts d'une vaste clientèle, la poterie de la Graufesenque avait non seulement accaparé tous les marchés de la Gaule, mais elle était arrivée à se substituer peu à peu aux fabrications d'origine romaine.

Nous ne nous appesantirons pas davantage sur ce fait troublant comme tout ce qui touche à l'histoire lointaine, mais nous en tirerons cette conclusion: que malgré les difficultés des communications, un produit spécial répondant aux besoins déterminés et aux goûts d'une clientèle, possède une puissance d'exportation qui force les conditions géographiques les plus défavorables. Aujourd'hui la Graufesenque n'est plus qu'une cité morte, ensevelie sous les terres... Mais il semble qu'elle ait légué les qualités héréditaires d'une race industrieuse et entreprenante à une petite cité toute voisine, dont le nom dans les temps modernes a acquis une réputation également mondiale: j'ai nommé Roquefort.

L'INDUSTRIE DU ROQUEFORT ET L'EXPORTATION

La légende raconte que la découverte des propriétés très spéciales des caves de Roquefort est due à un pâtre des Causses du Combalou, qui, ayant placé, pour les y conserver, dans une fissure de la falaise, les fromages dont il se nourrissait, constata que ceux-ci acquéraient des qualités très spéciales; d'où naquit, dit-on, l'industrie fromagère aujourd'hui si importante.

Divers documents établissent que la production du Roquefort remonte à une période très éloignée. Dès le XIe siècle son existence est prouvée par divers textes authentiques. Une Charte de CharlesVII accorde aux habitants de Roquefort le droit de percevoir une sorte de taxe d'affinage sur les fromages; au cours des XIVe et XVe siècles, le Parlement de Toulouse eut à intervenir à diverses reprises pour leur assurer un véritable privilège pour la fabrication et la vente d'un produit déjà bien connu.

En 1782, Diderot et d'Alembert écrivent que le Roquefort est sans contredit le premier fromage d'Europe, ce qui semble indiquer que, dès cette époque, un courant d'exportation très important existait déjà.

Malgré cette affirmation, il est probable cependant que le Roquefort n'était encore que l'objet d'un commerce régional. Ce n'est en effet qu'au cours du XIXe siècle et plus spécialement à partir de 1880, que l'importance commerciale du produit aveyronnais prit une brusque et considérable extension. C'est en effet vers cette époque que l'exportation commença à être méthodiquement organisée. L'introduction de procédés frigorifiques à Roquefort, la création d'entrepôts, de wagons et de cales réfrigérées, en Amérique notamment, rendirent possible la livraison à l'état frais, du fromage, dans les cinq parties du monde.

Sous l'influence de l'appel commercial, la production du Roquefort au cours des cinquantaines dernières années a plus que décuplé; et, grâce à l'appoint de la clientèle étrangère, elle a largement dépassé les facultés d'absoption de la clientèle française.

Quels sont donc les faits qui permirent à une production très locale de prendre une si brusque et rapide extension? — L'étude nous en paraît instructive et pleine d'enseignement pour l'exportation en général. Elle pourrait, en bien des cas, servir de guide aux futurs exportateurs.

Le Roquefort est un produit basé sur l'emploi d'une matière première bien définie: le lait de brebis, affiné dans des conditions très particulières, dûes à des qualités de terroir pour ainsi dire uniques. Basé sur l'existence de conditions géologiques spéciales, il constitue un véritable monopole entre les mains des possesseurs de caves, et il correspond exactement et tous les efforts ont été faits pour qu'il y corresponde aux goûts d'une vaste clientèle étrangère en grande partie anglo-saxonne.

L'organisation actuelle pour la fabrication est la suivante: les propriétaires fournisseurs de lait, apportent journellement les produits de la traite à la fromagerie la plus voisine appartenant à l'une des sociétés exploitantes de caves de Roquefort; là, dans des locaux spécialement aménagés, le fromage est fabriqué en blanc, suivant des méthodes très précises.

Dans les débuts, les propriétaires voisins de Roquefort fournissaient seuls le lait aux possesseurs de caves; aujourd'hui, et notamment depuis le développement des possibilités d'exportations qui a permis un accroissement intense de la production, les laiteries sont réparties sur un grand nombre de département du Sud-Ouest, ainsi que dans certains départements du Sud-Est et en Corse. A l'heure actuelle on peut dire que près de 60.000 agriculteurs vivent de la traite du lait de brebis pour Roquefort, et qu'un cheptel ovin d'environ 500.000 têtes est exploité pour cette production: c'est dire l'importance de cette industrie agricole, et les bienfaits d'une politique d'exportation bien conduite.

Le fromage fabriqué en blanc dans les laiteries, est expédié à Roquefort pour l'affinage, et c'est uniquement le passage dans les caves de cette localité qui communique à ce produit réputé, les qualités spéciales qui le caractérisent.

La structure très particulière des caves du Combalou, unique dans le monde entier, a permis à notre région l'exploitation d'un véritable monopole national. Les « fleurines » de Roquefort sont dûes à un accident géologique qui, à une période sans doute très éloignée, provoqua l'affaissement de la partie nord de la montagne du Combalou sur les assises argileuses de sa base. Il en résulta une dislocation d'énormes blocs calcaires avec production de fissures se propageant à travers l'épaisseur de la masse. Entre la partie solide du plateau et la partie effondrée, il s'est formé un vaste bassin de plus de deux kilomètres de long et d'environ 50 mètres de profondeur, qui est devenu un véritable réservoir d'humidité et un générateur de froid. L'orientation et l'inclinaison des éboulis ont réalisé en outre des conditions tout à fait particulières, qui rendent possibles la formation de courants d'air refroidis et chargés d'humidité qui, en vertu de leur propre densité, s'écoulent à travers les fissures du roc jusqu'à la base des éboulis.

C'est à ce système de courants d'air, auquel ne peuvent être en aucune façon comparés ceux qui pourraient être réalisés ailleurs artificiellement, que viennent s'alimenter les fleurines ou galeries qui aboutissent aux caves et permettent aux ferments le travail particulier qui a donné aux fromages de Roquefort des qualités inégalables.

L'affinage qui est effectué dans les caves naturelles et grâce à des tours de mains spéciaux, dure une période déterminée; après quoi il faut que le fromage soit livré rapidement à la consommation si l'on ne veut lui voir perdre ses qualités.

C'est ici que nous allons voir apparaître un agent nouveau dû au progrès de la technique et qui, après les qualités naturelles et spéciales du produit, a été un des facteurs des plus essentiels de son expansion commerciale.

Le Roquefort, comme tous les produits agricoles, et d'une façon plus générale comme tous les produits alimentaires, est une denrée périssable. La conservation de ces denrées a été rendue possible par la découverte de Charles Tellier, découverte française, mais qui, sauf de très rares exceptions en notre pays, n'a guère été généralisée qu'à l'étranger. Tellier constata que le froid constitue le seul agent physique capable d'éviter le dépérissement des matières organiques, sans altérer leurs qualités nutritives.

Le froid permet en effet, soit d'empêcher tout commencement de fermentation, soit d'arrêter à un point déterminé une fermentation donnée. Il réalise une sorte de paralysie des microorganismes facteurs des fermentations.

Ces considérations sont très générales, et leurs applications dans l'industrie de la laiterie sont considérables. C'est parce que les Danois, les Hollandais et les Néo-Zélandais le comprirent avant nous et le mirent en pratique dans leurs beurreries coopératives, que nos beurres français ont été peu à peu évincés du marché britannique, à tel point que la France, qui par sa situation géographique était de toute évidence le pourvoyeur naturel de l'Angleterre, et fournissait à ce pays le tiers du beurre qu'il importait, n'en livre actuellement à peine que le quinzième.

C'est au contraire parce que les industriels de Roquefort n'ont pas hésité à entrer dans la voie moderne du progrès, que notre industrie régionale fromagère connaît aujourd'hui une prospérité que l'on n'aurait pu soupçonner il y a 50 ans.

L'emploi raisonné du froid artificiel permit en premier lieu d'augmenter la productivité très limitée des caves naturelles, parce que celles-ci ont pu être désormais utilisées uniquement à la maturation et non plus à la conservation. La maturation étant obtenue en caves, elle est immédiatement arrêtée par la mise des fromages en salles froides, où la température de 0° à 4° peut maintenir pendant plus d'une année les qualités optima' appréciées par les gourmets.

Ainsi se sont créées à Roquefort, à côté des caves naturelles, une série de salles frigorifiques dont le but n'a jamais été, contrairement à une croyance assez répandue, de remplacer les caves naturelles, mais simplement de les décongestionner en permettant le stockage et la conservation. Cette organisation rationnelle, due aux effets des procédés modernes du frigorifique, a donc permis tout d'abord de décupler presque la productivité de Roquefort, de réaliser l'équilibre entre la réception des fromages à l'usine, leur affinage et leur livraison. A ce dernier point de vue, il est important de noter que l'on a pu désormais livrer à la clientèle étrangère, d'un bout de l'année à l'autre, un produit toujours comparable à lui-même. Il en est résulté une très grande régularité aussi bien dans la fabrication que dans les cours.

Vous me pardonnerez, Messieurs, de m'appesantir sur cette industrie essentiellement agricole du Roquefort, mais elle est tellement démonstrative des effets d'une organisation rationnelle sur le développement de l'exportation, qu'il me paraît utile d'en préciser encore certains détails.

En 1850, la production globale du Roquefort atteignait à peine 14.000 quintaux, les exportations à l'étranger étaient pour ainsi dire inexistantes et l'on disait alors que le Roquefort était presque en surproduction. Actuellement, le chiffre global de la production dépasse 100.000 quintaux sur lesquels 60.000 s'en vont à l'exportation, dont la plus grande partie vers l'Amérique.

Au point de vue national, l'intérêt d'un tel développement ne saurait échapper. Nous voyons là, réalisée dans la pratique, une des vues qu'expliquait très justement, dans un exposé remarquable, M. Zirnheld, aux dernières Assemblées Générales de l'Union Centrale: à savoir que si le producteur agricole est assuré d'une possibilité certaine d'exportation, il développera largement sa production, dépassant les possibilités d'absorption du marché intérieur qu'il n'entreverra plus comme cette limite menaçante qui, dans bien des cas, a conduit au malthusianisme économique.

C'est ainsi que pourra seulement s'obtenir l'équilibre économique pour notre pays; et c'est, nous venons de le voir par les chiffres précédents, ce qui a été réalisé à Roquefort.

Au point de vue purement agricole, la prospérité d'une vaste région très pauvre, vouée sans aucun doute à une émigration rapide vers les villes a pu être obtenue grâce à cette extension considérable dans la zone de vente, due à la mise en application d'une organisation moderne.

Nous voudrions voir les Coopératives agricoles de fromageries s'orienter et suivre davantage l'exemple des industriels de Roquefort, de même que l'ont fait les Sociétés Coopératives ou d'intrêt collectif du Plateau Central qui, depuis plus de 12 ans, sont entrées, en cette matière, dans la voie des réalisations.

Nous avons lu plus haut que la vente de la production globale du Roquefort se faisait à raison de 60 % vers l'étranger; on peut donc diré que cette industrie, de même que l'importante population qui en vit, ne peut rien sans l'exportation. C'est donc, à juste titre, que l'on a pu s'étonner de certaines mesures gouvernementales intervenant à diverses reprises depuis la guerre, qui brusquement établirent des taxes *ad valorem* à l'exportation, à ce point lourdes, qu'elles se montrèrent aussitôt comme prohibitives à la vente des produits à l'étranger.

Le but poursuivi était sans doute conforme à la politique générale d'abaissement du coût de la vie, qui est à juste titre une des préoccupations dominantes à l'heure actuelle. Mais nous avons vu que lorsqu'il s'agit du Roquefort, on se trouve en présence d'un produit de luxe, et dont la production est telle que le marché national est dans l'impossibilité absolue de l'absorber.

Disons tout de suite que les protestations que firent entendre nos associations agricoles et les syndicats d'industriels, tant auprès du Ministère du Commerce que du Ministère de l'Agriculture, trouvèrent immédiatement un écho favorable, et que, tout récemment encore, la taxe fut supprimée qui, établie depuis 6 mois environ, était arrivée à arrêter presqu'entièrement les exportations vers l'Amérique, risquant d'apporter les plus graves répercussions sur le marché du lait.

Il n'en est pas moins vrai que ces brusques à-coups dans la politique douanière, justifiés peut-être par des considérations générales, ont des effets très fâcheux sur le développement d'une industrie agricole déjà si fortement en lutte avec la concurrence étrangère. Il ne faut pas perdre de vue, en effet, que la loi de la substitution des produits similaires sur un marché joue avec une rapidité qui stupéfie ceux qui ne sont point prévenus. Or toute place perdue est difficile à reconquérir, et c'est une tâche très lourde pour nos exportateurs que de prendre des mesures graves qui n'ont souvent pas d'autre but que de donner satisfaction à l'opinion publique.

Nous examinerons rapidement, si vous le voulez bien, la manière de commercer avec l'Amérique des sociétés industrielles ou Coopératives qui exploitent le marché du Roquefort. Les procédés de vente se réduisent à deux :

1°. — *Ventes aux importateurs par l'intermédiaire d'agents recrutés sur place.*

Dans ce cas, les agents donnant le plus de garanties sont recherchés et, si possible, le ducroire leur est imposé. Je dois dire d'ailleurs que le plus souvent il n'est pas accepté par eux : les ordres qu'ils transmettent sont exécutés après avoir pris des renseignements par Agences ou après des références indiquées par les destinataires. L'expédition a lieu paiement contre documents, avant remise des marchandises, et à l'arrivée de celles-ci lorsque cette clause peut être inscrite dans le contrat de vente, ce qui malheureusement est le cas le plus rare.

Certains exportateurs, en effet, pressés de vendre, expédient sur documents libres, et le réceptionnaire, s'il n'est pas sérieux, ou bien retarde fortement ses paiements, ou bien jouant du motif de non conformité, demande des rabais, motivés le plus souvent par une modification des conditions économiques. Dans ce cas, le producteur français se trouve en face du dilemne suivant : ou bien demander la réexpédition en France des fromages ; ou bien, procédé mixte, demander à une tierce personne, le plus souvent un de ses agents, de se charger d'un arrangement ou de la vente au mieux sur place. Dans tous les cas, c'est une lourde perte qui en résulte.

En général cependant, on peut considérer que les maisons importantes éprouvent dans le recouvrement de leurs créances, moins de difficultés que les sociétés de formation plus récente ou d'importance moindre. Cela résulte de ce qu'il existe une sorte de dépendance des gros importateurs, assez peu nombreux, vis à vis des trois ou quatre plus grosses sociétés de Roquefort, qui peuvent seules livrer les quantités dont ils ont besoin.

Or, au point de vue agricole auquel nous devons surtout nous placer, il en résulte ce fait fâcheux, qu'une société à base coopérative qui voudrait se créer, et qui, de toute évidence, aurait des débuts modestes, se trouverait dans la quasi impossibilité d'exporter sur l'Amérique par suite des risques très graves de non-paiements auxquels elle serait exposée.

2°. — *Vente en Consignation*

Parfois aussi les producteurs de Roquefort vendent à la clientèle par l'intermédiaire d'un agent sûr, auquel la marchandise a été préalablement envoyée en consignation. Ce procédé est peu usité.

En définitive, qu'il s'agisse de Roquefort ou de Bleu, les exportations à l'étranger, qui aujourd'hui se trouvent réduites à la Scandinavie, a l'Angleterre et à l'Amérique — les pays de l'Europe Centrale, autrefois débouchés importants se trouvant défaillants par suite du Change — présentent des aléas extrêmement sérieux, et toute organisation coopérative ou non qui veut commercer avec l'étranger doit faire entrer dans ses prévisions un pourcentage important pour les rabais obligatoires ou les impayés à l'arrivée.

Le motif de non-conformité trop souvent invoqué, nous l'avons vu, de façon abusive, pose des problèmes de faits et de droit d'une solution hasardeuse. L'on sait combien il est peu aisé de discuter sur ces points, d'autant que parfois, les stationnements prolongés sur les quais, les mauvais arrimages, l'arrêt des machines frigoriques dans les cales froides des bateaux peuvent mettre la marchandise dans un état douteux, et qu'un procès dans ces conditions est difficilement soutenable à l'étranger, où d'autre part, les consignations avant procès, payables en dollars américains, sont extrêmement élevées.

Pour ce qui est du marché américain, que nous avons spécialement envisagé, il faut reconnaître que tout ce qui a été préconisé jusqu'ici pour parer aux inconvénients que nous venons de citer s'est heurté à des obstacles tels, que rien n'a pu être réalisé.

On aurait pu concevoir la création de Chambres d'arbitrage auprès des chambres de commerce françaises à l'étranger, les importateurs devant obligatoirement accepter cette juridiction en cas de litige. Il nous est difficile de savoir si une telle organisation est possible.

On aurait pu aussi concevoir la création d'un contentieux officiel, rétribué par les exportateurs français, négociant sur une même marchandise à l'étranger, mais comme nous l'avons indiqué précédemment, la concurrence extrême rend très difficile une entente, qui, d'une façon générale, n'est pas acceptée volontiers par le tempérament français.

Nous croyons cependant que c'est dans ce sens que devraient s'orienter les syndicats agricoles ou commerciaux qui, ayant de puissants intérêts à défendre sur une place étrangère, pourraient subventionner, en Amérique ou en Angleterre, un Bureau, qui serait officiellement chargé de défendre sur place les intérêts de nos exportateurs. Par ailleurs, tout projet de loi qui envisagerait la protection efficace des intérêts de nos exportateurs à l'étranger, aurait notre entière approbation.

Telles sont les réflexions que nous suggère la pratique du commerce du Roquefort et du Bleu, spécialement avec l'Amérique.

Dans les conclusions de notre exposé, nous reprendrons plus à fond ces considérations générales qui conditionnent les possibilités d'exportations; mais pour l'instant, nous allons passer en revue les autres produits qui, dans la région du Plateau Central, ont aussi donné naissance à un mouvement d'exportation sur l'étranger.

A vrai dire, en dehors des produits de la laiterie, l'exportation des produits agricoles y est assez limitée; il s'agit, en effet, d'une région qui, par la diversité de sa production, due à des variations extrêmes de climat, est caractérisée par une polyculture telle qu'à l'exception de rares cas elle se suffit presque entièrement à elle-même. Par contre-partie, l'excédent exportable est assez restreint, et rarement il permet d'amorcer un courant d'exportation suffisant sur l'étranger.

Il pourrait cependant en être ainsi pour l'élevage très généralisé dans nos régions, grâce à la richesse des pâturages qui a permis une extension rationnelle de ce mode d'exploitation, et s'il approvisionne à lui seul toute la région du midi de la France, il est malheureusement encore trop peu sélectionné, et l'on sait toute l'importance que prend ce fait lorsqu'il s'agit d'exportation.

Nous croyons cependant que la race d'AUBRAC, caratérisée par des proportions harmonieuses, une robustesse proverbiale et un bon rendement moyen soit en viande de boucherie, soit en lait, constituerait pour certaines régions montagneuses de l'Amérique du Sud un type d'introduction facile.

Mais, sauf certaines exceptions, la sélection est encore insuffisante, pour que le type puisse être présenté avec avantage à la difficile clientèle d'outre-mer; et d'autre part, comme pour tous les producteurs français, nous avons été jusqu'ici fortement handicapés par certaines questions trop peu connues qui ont empêché les races françaises de lutter contre les races anglaises. A ce point de vue il me paraît intéressant de signaler que l'on a trop uniquement mis en avant des questions de sélections, où excellent, il est vrai, les Anglais.

Il y a une raison plus profonde et plus sérieuse qui a consisté dans la promulgation en ce pays, sous de certaines influences, qu'il est facile de deviner, de certaines lois sanitaires, véritables paravents derrière lesquels se cachent de simples raisons commerciales.

Nos amis les Anglais, très fins diplomates, savent habilement favoriser les intérêts commerciaux de leurs nationaux. Or, nous croyons savoir que l'influence britannique ne fut pas étrangère à la confection d'un certain paragraphe de la loi sanitaire de l'A. B. C., — c'est-à-dire Argentine, Brésil et Chili — qui était à peu près ainsi conçu: « l'importation du bétail provenant d'un pays où la fièvre aphteuse existe à l'état endémique est rigoureusement inetrdite ».

C'était purement et simplement fermer les portes à toute introduction de reproducteurs de races françaises: voici quelle est la genèse de ce fameux paragraphe.

Il y a environ 50 ans, l'exploitation des vastes troupeaux de l'Amérique du Sud se faisait au moyen de « SALADEROS », qui étaient de vastes abattoirs très primitifs où les animaux abattus en séries étaient dépouillés de leur cuir, tandis que leur viande était fortement salée et séchée au soleil.

Plusieurs sociétés, d'origine anglaise, remplacèrent plus tard les SALADEROS par des abattoirs et des entrepôts frigorifiques. L'utilisation du bétail devint infiniment meilleure, à tel point que les gouvernements intéressés craignirent une pléthore de la production et l'inutilisation des vastes établissements ainsi édifiés.

L'Angleterre intervint alors, qui donna l'assurance des débouchés des produits frigorifiques par des importations intenses en Angleterre et dans les colonies anglaises. Un large courant d'importation sur les îles britanniques fut créé, et Londres devint le marché européen qui a centralisé les produits de cette nature.

En contre-partie, l'Angleterre, qui avait ainsi acquis une sorte de monopole de la consommation, exigeait, et c'était son droit, que la viande qu'elle importait réponde à son goût. Elle demanda l'amélioration du bétail indigène sud-américain par des reproducteurs de race anglaise, et c'est ainsi que fut créé un mouvement d'exportation de ces reproducteurs vers l'Amérique du Sud.

D'autre part, pour renforcer cette situation et obtenir l'exclusivité du marché, elle jugea utile de faire insérer dans la loi sanitaire, adoptée par l'A. B. C., le paragraphe spécial dont nous avons donné précédemment lecture.

Il faut tenir compte en effet que l'élevage anglais ne connaît pas la fièvre aphteuse à l'état endémique, pour la simple raison que tous les cas signalés donnent lieu à un abattage immédiat et que les animaux suspects sont mis en observation et abattus lorsqu'il y a le moindre doute. Vous savez, Messieurs, qu'il en est différemment en France, et que l'isolation seule est exigée. C'est ainsi que par le jeu d'une loi sanitaire il est possible d'influencer tout un mouvement économique; le cas n'en est pas rare.

Je dois ajouter ici que depuis fin 1913, la situation s'est améliorée, le paragraphe en question ayant été modifié à la suite de l'intervention d'un vétérinaire français alors attaché au gouvernement argentin, M. Devanelle, aujourd'hui l'un des Directeurs de la Société d'Exportation des Produits Agricoles du Plateau Central.

Désormais les hautes qualités de nos races françaises pourront être utilisées dans les vastes régions d'élevage de l'Amérique du Sud. Dès à présent un courant d'exportation concernant les reproducteurs s'est établi, et l'on sait toute l'importance de cette question lorsque l'on connaît le prix fabuleux atteint dans ces cas par les animaux de type très pur.

Vous me pardonnerez, Messieurs, cette incursion en dehors du Plateau Central; il m'a paru nécessaire de la faire pour montrer combien certaines questions, qui paraissent être en dehors de celles que nous étudions, jouent pourtant un rôle déterminant.

Donc, en matière d'élevage, nous en sommes réduits à noter des possiblilités importantes, mais des réalisations encore nulles.

EXPORTATION DES FRUITS

Il en est autrement en ce qui concerne certains fruits spéciaux tels que la NOIX, la CHATAIGNE et la PRUNE, qui depuis longtemps sont l'objet d'un commerce important avec l'Angleterre et l'Amérique.

EXPORTATION DE LA NOIX. — La noix est produite en abondance dans presque tout le département de l'Aveyron, du Lot, et dans une grande partie du Tarn.

Un courant très important s'est créé depuis quelques années sur Londres et surtout l'Amérique. Au cours de la dernière année, l'importation du cerneau d'origine du Plateau Central sur les Etats-Unis. s'est élevé à environ 1.200 tonnes.

Les cerneaux sont triés suivant qualité et mis en caisses de 25 kilos. par les soins de négociants exportateurs spécialisés.

Les premières qualités sont expédiées surtout aux Etats-Unis, principalement à New-York, Chicago et Philadelphie.

Sur le marché américain, qui a été jusqu'à présent le seul débouché vraiment intéressant offert à ces produits, les cerneaux français ont été concurrencés par les cerneaux d'Espagne, de Roumanie et de Turquie, dont la qualité est d'ailleurs bien inférieure. La supériorité des noix de France est bien reconnue aux Etats-Unis, mais il importerait de conserver cette réputation, et pour cela il faudrait sélectionner davantage les produits dès l'origine.

Un effort a été fait dans ce sens par nos agriculteurs, mais il n'est pas encore suffisant.

Les bienfaits de l'exportation sont cependant dès à présent certains. Avant que les Noix s'exportent, le prix de l'hectolitre de cerneaux variait suivant les années de 5 à 10 francs; aussi les propriétaires ne soignaient pas leurs noyers et même, trouvant cette vente peu rémunératrice, ne s'occupaient pas d'en récolter les fruits.

Aujourd'hui, le prix de l'hectolitre étant d'environ 150 francs, les noix sont surveillées jalousement et récoltées avec soin; sous l'influence de la demande, certaines qualités spéciales sont cultivées de préférence à d'autres. Enfin, l'industrie du cassage de la noix, que nous a procuré la demande des Etats-Unis, a eu d'autres conséquences heureuses. Elle a permis de créer une sorte de salaire d'appoint en permettant aux enfants et aux femmes d'agriculteurs de trier et de casser les noix pendant les longues veillées d'automne; les cerneaux ainsi préparés sont revendus avec une prime importante aux commerçants exportateurs.

Nous regrettons que les syndicats agricoles n'aient pas poussé plus loin la question et n'aient essayé de trouver eux-mêmes des débouchés pour ce produit du sol rouergat.

La société d'exportation des produits agricoles du Plateau Central a tenté quelques essais dans ce sens, mais trop absorbée par le commerce de la viande et des dérivés de la boucherie, elle n'a pu se consacrer suffisamment à l'étude d'un marché qui nécessiterait une organisation très poussée.

Le premier Congrès de la noix qui va avoir lieu dans quelques semaines, à Périgueux, étudiera certainement infiniment mieux que nous ne pouvons le faire ici cette question, dont l'importance est capitale pour certaines de nos régions.

EXPORTATION DE LA CHATAIGNE. — Le second produit caractéristique de la région si accidentée qu'est le Plateau Central est la Châtaigne. Récoltée principalement dans l'Aveyron, le Cantal et le Tarn, elle se présente avec des qualités très diverses et a donné lieu à des courants d'exportation également très diversifiés.

Comme toujours, certaines qualités de châtaignes correspondent exactement au goût anglais, alors que d'autres ne sont d'exportation possible que sur les Etats-Unis. Les qualités les plus fines se récoltent dans la région de Villefranche et de Laguépie dans l'Aveyron, et de Mazamet dans le Tarn. La châtaigne de Laguépie a même acquis une telle réputation sur le marché de Londres, qu'elle y est désignée avec cette appellation d'origine « marron de Laguépie »; elle est récoltée dans un rayon très restreint de 20 kilomètres environ, autour de cette localité; au de-là on ne trouve que des châtaignes ordinaires. Or, la différence de qualité est telle, qu'elle se manifeste par une différence dans les cours qui varient de 90 à 100 francs pour la première catégorie, alors qu'elle atteint à peine 40 francs pour les marrons ordinaires.

Pendant l'année 1923, l'exportation des châtaignes en provenance des principales gares de l'Aveyron, a atteint 2.479 tonnes.

D'après des renseignements très précieux, qui m'ont été fournis par un de nos très ardents et dévoués Présidents d'Unions Syndicales Régionales, M. Larroque, que je suis heureux de saluer et de remercier ici, il paraîtrait que des essais de greffage de variété de Laguépie, dans un rayon plus grand que celui que je viens de préciser, n'ont pas donné de résultats satisfaisants, ce qui semble indiquer que le marron de Laguépie, si estimé sur le marché de Londres, est difficilement extensible dans sa production, parce qu'il a besoin d'un sol et d'un climat bien déterminés. Mais il nous paraît que des essais devraient être tentés dans d'autres régions du Plateau Central, pour généraliser la culture d'une production aussi rémunératrice.

Disons aussi que nous entrevoyons avec un certain scepticisme la possibilité du développement du commerce de la châtaigne, dont la production est fortement menacée par deux fléaux dont on ne saurait dire quel est le plus grave : la maladie de l'encre, contre laquelle on n'a pas encore trouvé de remède certain, et l'abattage désastreux des châtaigners pour l'industrie de l'acide tannique.

EXPORTATION DE LA PRUNE. — Enfin, la région du Sud-Ouest de l'Aveyron et du Tarn exporte également sur l'Angleterre des quantités importantes de Prunes, utilisées soit pour la consommation, soit le plus souvent pour la fabrication des marmelades.

Le centre de l'exportation semble être ici encore Laguépie, qui a réussi à faire classer sur le marché de Londres, une qualité spéciale dite « Prune Royale ». Elle provient du petit village de Lagarde-Viaur qui, sans doute, pour des raisons climatériques, a acquis un véritable monopole dans la production d'une prune de qualité tout à fait remarquable.

Bien que nous regrettions de de porter atteinte au monopole de Lagarde-Viaur, nous nous efforcerons de rechercher les moyens de généraliser la production de cette variété très fine de prune qui, à notre avis, possède surtout la grosse qualité de correspondre exactement au goût de la clientèle anglaise; c'est là le rôle de nos syndicats et de nos ingénieurs agronomes.

Gooseberries to-day

Eat more Fruit and Vegetables

The notion agrees with the children — the children agree with the notion

Mangez plus de fruits et de légumes

PRODUITS DIVERS. — Nous allons passer rapidement en revue toute une catégorie de produit divers, qui ne sont peut-être pas très caractéristiques du Plateau Central, mais qui donnent tout de même lieu à un mouvement d'exportation assez important sur l'Angleterre, certains même sur les Etats-Unis.

C'est tout d'abord, pendant une période bien déterminée, celle qui avoisine le christmas anglais, l'exportation intense des *dindons* destinées à figurer sur les tables anglaises, pour les fêtes de Noël et du jour de l'an.

La France est un des principaux centres de ravitaillement de Londres à ce point de vue, et cette place prépondérante devrait être encore accrue, si l'on tient compte que, par notre situation géographique, nous sommes admirablement placés pour atteindre dans un temps très court les marchés britanniques. Il faut ajouter à cela que nos produits sont nettement supérieurs, au départ tout au moins, aux produits d'origine étrangère. Je dis ici intentionnellement au départ, car malheureusement à l'arrivée, par suite des procédés très primitifs employés dans le ramassage et l'expédition de ces volailles, on constate qu'elles arrivent sur les marchés anglais dans un état d'infériorité évidente. Cela tient: d'une part, à ce que par suite de la courte durée de la période de consommation, l'acheteur achète trop tôt à la ferme, de telle sorte que le cultivateur à partir du moment de l'achat a tendance à nourrir moins son animal; et que d'autre part, pour éviter un amaigrissement, l'expéditeur avance la période de mise à mort; cela joint à la répugnance qu'a tout bon français à user des moyens de stockage ou de transports frigorifiques, fait que nos dindons parviennent à Londres dans un état de fraîcheur très relative.

La véritable organisation que l'on devrait mettre à l'étude, consisterait dans la généralisation de l'achat de l'animal au poids, suivi d'une mise à mort immédiate, et de la conservation en salle refroidie à 4° environ, avec expédition en wagon isolé à la même température.

La société d'exportation des produits agricoles du Plateau Central a fait un premier essai sous cette forme, et compte le poursuivre et l'améliorer au cours des années prochaines.

La question est d'importance, puisque avant la guerre, la seule région du Centre et du Plateau Central exportait sur Londres environ 700 tonnes de dindons. Ce mouvement qui avait cessé pendant les hostilités semble reprendre actuellement avec une intensité nouvelle.

Nous citerons pour mémoire l'exportation des *œufs* qui, si elle se pratique jusqu'ici sur une large échelle, a besoin cependant d'une mise au point complète. Trop longtemps nos agriculteurs ont considéré l'œuf comme un sous-produit de la ferme, lequel ne donne lieu à aucun soin particulier dans la récolte.

Pas de sélection ni de propreté dans le ramassage, pas de méthode dans la sélection des races; telles ont été jusqu'ici les caractéristiques de la situation actuelle. Or, l'on sait que certains œufs très spéciaux conviennent au goût anglais, et que l'œuf non maculé est d'une présentation et surtout d'une conservation facile, principalement lorsqu'on emploie des procédés modernes de conservation tels que le procédé Lescardé.

Cette méthode qui peut s'employer partout où existe un frigorifique permet d'obtenir une très grande régularisation du marché par la possibilité de livrer sans interruption, d'un bout de l'année à l'autre, des œufs parfaitement frais. Il y a là encore toute une éducation à faire, qui est du ressort des associations agricoles.

Enfin, pour terminer ce trop long exposé, citons un produit particulier qui, s'il n'est pas l'objet d'une culture spéciale étant de production toute spontanée, fait pourtant l'objet d'expéditions importantes sur Londres et sur New-York; il s'agit des *Champignons secs*, de l'espèce Bolet ou Cèpe, produit naturel des charaigneraies de l'Aveyron, du Cantal et du Tarn.

Pendant la période de production, ceux-ci sont ramassés par les femmes et les enfants, puis séchés au soleil sur des clayons; ils sont ensuite expédiés par des exportateurs spéciaux.

Dan la région seule de l'Aveyron, la gare de Villefranche, qui est devenue le centre de ce commerce, a expédié en 1923: 150.000 kilos de champignons secs, représentant une somme qui dépasse 2 millions de francs.

Nos champignons sont concurrencés depuis quelque temps sur les marchés étrangers par les produits allemands; ceux-ci sont d'une qualité bien inférieure, puisque une analyse faite au Muséum de Paris, au laboratoire de Mycologie, a révélé que les produits allemands contenaient une très faible quantité de cèpes, mélangée à une quantité importante de champignons comestibles sans valeur; il s'agit donc encore cette fois d'un « ersatz » peu loyal.

CONCLUSIONS

Parmi les conclusions que nous pourrions tirer de notre exposé, il en est qui se dégagent d'elles-mêmes et viennent se confondre avec celles que tirera de l'ensemble des rapports avec sa toute particulière compétence, M. BEREST, rapporteur général.

La nécessité de bien connaître les goûts de la clientèle étrangère, de se conformer à ceux-ci avec toutes leurs susceptibilités et toutes leurs variétés, de sélectionner les produits et d'en soigner la présentation, sont autant de questions primordiales d'ordre général sur lesquelles il ne m'appartient pas de m'appesantir, parce que d'autres, infiniment mieux que moi, l'on déjà fait.

Vous me permettrez, Messieurs, de vous signaler plus spécialement certains points dont j'ai été mieux à même, les ayant vécus dans la pratique, d'apprécier la portée.

Et tout d'abord, au cours de cet exposé, j'ai été souvent amené à vous parler de l'emploi des procédés frigorifiques: or, je reste intimement convaincu que le froid artificiel judicieusement employé est un merveilleux moyen de développement de l'exportation française à l'étranger.

Le froid permet la conservation et le stockage des denrées agricoles et leur expédition à très grande distance; en d'autres termes, il réalise l'extension du marché dans le temps et dans l'espace. Il est un obstacle à l'avilissement des cours, à la spéculation et aux crises momentanées de surproduction.

Qu'il s'agisse de beurre, de fromage, de viande, de fruits ou de fleurs, il n'est pas d'agent plus efficace pour le développement rationnel de l'exportation.

A l'exemple de l'étranger, il y a là tout un vaste programme de réalisations offert à nos organisations agricoles. Il me suffira de vous citer entre tant d'autres le vaste réseau d'entrepôts frigorifiques agricoles qui couvre l'Italie moderne; en 1913 il existait seulement en ce pays 150 entrepôts; à l'heure actuelle, il y en a 1.100.

Le Français a été jusqu'ici rebelle à l'emploi du frigorifique. Nous avons l'intime conviction qu'un temps très proche viendra, qui démontrera qu'il n'est pas de meilleur appoint pour l'augmentation de la production et pour la lutte contre la vie chère.

En second lieu, l'expérience que nous pouvons avoir du commerce d'exportation avec l'Amérique nous permet d'appuyer fortement toute proposition qui aura pour but de protéger nos nationaux exportateurs contre les difficultés, je dirai même, les dangers du commerce d'outre-mer: j'ai montré, en étudiant la question du Roquefort les risques courus, qui sont tels à l'heure actuelle, qu'il est pratiquement impossible aux négociants ou aux agriculteurs, voire mêmes aux groupements coopératifs qui n'ont pas réussi à s'imposer sur une place étrangère, d'affronter le marché extérieur.

La création d'un organisme spécial de défense des intérêts de nos nationaux s'impose: la discussion qui s'ensuivra permettra d'en déterminer la forme la meilleure.

Enfin, j'insisterai tout spécialement sur la nécessité d'avoir en matière d'exportation une politique suivie et uniforme, évitant dans la mesure du possible les à-coups qui désorientent brusquement les marchés.

Une politique de prohibition à la sortie, existant de façon continue, serait peut-être moins néfaste pour le producteur obligé d'organiser sa campagne, que l'ouverture et la fermeture successive des frontières, nécessitant un réajustement rapide et d'ailleurs impossible à des conditions économiques nouvelles, et se traduisant par une crise inévitable.

Il nous est bien difficile, à nous, représentants les syndicats agricoles, d'aborder ici les si complexes questions douanières que conditionnent des considérations très diverses. Mais nous basant sur les caractéristiques de la production française et de la situation des marchés extérieurs, il nous semble qu'une politique générale pourrait donner une satisfaction, qui serait basée sur les trois directives suivantes:

Liberté d'exportation des produits de luxe; restrictions légères, et suivant les nécessités du marché intérieur, sur *les produits de consommation courante* susceptibles d'influencer le coût de la vie, ce en tenant compte de la compensation des devises; *généralisation de la politique du troc,* c'est-à-dire de l'échange de marchandises contre marchandises.

Quelques brefs commentaires sont nécessaires:

La liberté d'exportation des produits de luxe: vins fins, reproducteurs sélectionnés, fromages de luxe, s'impose parce que, sans grande influence sur le coût normal et moyen de la vie, elle est utile aux finances françaises en favorisant notre balance économique.

De plus, c'est presque un lieu commun de signaler que les produits français, qui portent au loin le renom de notre pays sont des produits de luxe et que le développement de notre production pour l'exportation doit être surtout orienté dans ce sens.

Mais il est peut-être parfois difficile de classer dans la catégorie de luxe, un produit déterminé. Il peut être aussi difficile de préciser les facultés d'absortion du marché national, et seuls les spécialistes en la matière peuvent donner des précisions utiles aux trop nombreux Ministères intéressés.

Il nous paraîtrait souhaitable qu'un seul Ministère centralise les questions concernant l'exportation; on pourrait envisager aussi la création d'une commission spéciale, qui réunirait les différents intérêts en cause: cette commission pourrait éventuellement être consultée lorsqu'une mesure nouvelle serait envisagée.

On constate en effet que les exportateurs s'ignorent trop euxmêmes et qu'ils sont trop cantonnés dans des vues particulières pour agir efficacement en l'état actuel des choses auprès des Ministères intéressés. Les Pouvoirs Publics auraient aussi, semble-t-il, avantage à pouvoir le cas échéant prendre l'avis d'un comité réunissant ceux qui directement ou indirectement vivent de l'exportation.

Tout récemment encore, nous avons eu à intervenir en ce qui concerne l'exportation auprès des Ministères intéressés et nous sommes heureux de reconnaître ici que nous avons obtenu entière et rapide satisfaction, et l'accueil le plus bienveillant et le plus éclairé auprès de Messieurs les Ministres du Commerce et de l'Agriculture.

Mais la préoccupation constante du gouvernement d'amener un abaissement du coût de la vie toujours réclamée par l'opinion publique, rend possible l'établissement de taxes nouvelles. Et cependant nous n'aurions aucune peine à démontrer que si la taxe sur le Roquefort, établie en Avril dernier, avait en quelques semaines presqu'entièrement supprimé la vente à l'étranger de ce produit de luxe et amené a la production une baisse immédiate de 37 % environ, les cours pratiqués en France chez le détaillant étaient restés invariables. C'est là, un fait typique, mais d'une observation si générale, qu'il est inutile d'y insister.

Et l'on est fondé à affirmer sur de tels exemples que la lutte contre la vie chère ne peut se faire que par les moyens propres à favoriser l'augmentation de la production; or, la liberté d'exportation est de ceux-là, parce qu'elle rend pratiquement impossible la crainte de la mévente par saturation du marché national.

Enfin, il conviendrait de favoriser la politique du TROC qui joue et pourrait surtout jouer beaucoup plus fréquemment qu'on ne le suppose et qui a pour effet d'atténuer notablement les conséquences désastreuses de notre change déprécié.

Si les salaisons américaines parviennent CAF Bordeaux, à parité des marchandises françaises, cela tient surtout à ce que l'exportateur américain importe des cuirs français et que l'arbitrage s'est opéré sur marchandises et non plus sur devises.

Mais ceci est une incursion trop directe dans le domaine de l'économie politique, qui nous écarte par trop loin de notre sujet.

Vous me permettrez simplement, pour clore ce trop long exposé, de vous répéter ici l'apréciation que j'entendais, il y a quelques jours à peine, porter par un Américain du Nord, très au courant des choses de l'exportation:

« Si la France savait profiter de l'influence morale incontestable qu'elle exerce à l'étranger, étant donné d'autre part la variété et la valeur des produits Français dues aux hautes qualités d'un terroir incomparable, elle serait le premier peuple du Monde ».

M. LE PRESIDENT. — M. Lapierre est un de ceux qui travaillent le plus dans nos associations agricoles.

Vous avez reconnu et applaudi sa compétence. Je me fais encore une fois l'interprète des remerciements de tous.

La séance est levée à 11 h. 1/2 pour permettre aux Congressistes de visiter le dépôt de l'Office Central.

Le Conseil d'administration de l'U. S. A. F., fait à M. de Voguë les honneurs du Dépôt de Quimper, l'un des dix fonctionnant actuellement dans le département.

Beaucoup de Congressistes tinrent également à visiter les nouveaux magasins, hangars. Ils ont ainsi pu se rendre compte, après avoir vu les entrepôts d'engrais, l'exposition des machines très complète, la forge, etc., de la puissance acquise par la Coopérative de l'Union du Finistère.

La séance reprend à 1 h. 1/2. M. le Président donne aussitôt la parole à M. Thomas.

L'Exportation des produits bretons par M. Thomas, administrateur de l'Union du Finistère.

La France est incontestablement l'un des plus beaux pays du monde. La douceur de son climat et la fertilité de ses terres y permettent toutes les cultures; et la mer, qui lui fait une belle ceinture dans la plus grande étendue, est pour elle. et surtout pour le Finistère, une véritable source de richesses.

M. Thomas

Dans ce rapport que je voudrais succinct mais aussi clair que possible, mon intention est de vous entretenir principalement des communes de notre département qui font de l'exportation à l'étranger.

Au premier parmi celles-ci on doit placer la région Roscoff-Saint-Pol-de-Léon.

Depuis près d'un siècle, la région côtière de Roscoff, en Finistère, cultive des légumes de primeurs. Longtemps avant que le chemin de fer existât les « Roscovites », avec leurs charrettes, allaient vendre à Brest, et on les vit sur la route de Paris atteindre les villes de Rennes, Laval, Le Mans. Les « compagnies » de Roscovites allant vendre leurs oignons en Angleterre partent par voiliers tous les ans et cela depuis de très longues années.

La région consacrée à la culture maraîchère s'est peu à peu étendue au canton de Saint-Pol-de-Léon, puis elle a gagné les cantons voisins. Il n'y a que la nature du sol et la proximité de la mer qui, limitant les résultats des récoltes, limitent en même temps les désirs d'extension des cultivateurs de la région. Actuellement toute la partie Nord des cantons voisins de Saint-Pol-de-Léon: Plouzévédé, Taulé, Plouescat, cultive les légumes et produit: les artichauts, les choux-fleurs, les pommes de terre primes, dont une importante partie est exportée.

La disposition géographique de la presqu'île où se font ces cultures est vraiment providentielle: au nord-ouest, l'Ile de Batz forme une longue digue de 4 à 5 kilomètres de long, abritant la région des vents du Nord et du Nord-Ouest. Le Gulf-Stream baigne cette côte; le climat est des plus exceptionnels. Les pluies y sont très fréquentes; les cultures n'y souffrent presque jamais de la sécheresse; le sol est particulièrement fertile.

Cette fertilité est accrue par le voisinage d'un engrais naturel de toute première valeur: l'engrais marin, varech ou goémon, qui fournit à la culture un amendement des plus précieux.

La région que nous venons de délimiter, et qui, comme dimensions, n'a en longueur que 15 à 20 kilomètres et à peine 10 de moyenne en profondeur est le centre maraîcher le plus important de Bretagne, et certainement l'un des plus riches et des plus actifs de France.

Les plantations s'y succèdent sans aucune interruption d'un bout à l'autre de l'année. Les cultivateurs fournissent sur son sol une somme de travail considérable; pour eux il semble que le travail ne compte pas. « Il faut arriver à faire de mieux en mieux produire la terre. »

Ils y sont arrivés. Il paraît intéressant de noter dans ce rapport le régime de l'assolement ou succession des récoltes sur un même terrain: de janvier à avril on sème la pomme de terre que l'on récolte de fin avril à septembre; de juin à août, on remplace la pomme de terre soit par le chou-fleur soit par l'artichaut; le chou-fleur est coupé sur les mois d'hiver; l'artichaut qui garde la terre deux ou trois ans est coupé de mai à octobre. L'oignon succède au chou-fleur et souvent les cultures sont intercalées.

Il a fallu trouver des débouchés à tous ces produits. Ce n'était pas chose facile; mais les Roscovites, comme les Saint-Politains, sont commerçants nés. Aux ancêtres qui, avec leurs charrettes, s'en allaient à des centaines de kilomètres vendre les produits de leur sol, le chemin de fer a fait succéder des approvisionneurs qui ont gagné le marché de Paris. Dans la rue des Halles, le matin, on entend parler breton plus que français: ce sont nos roscovites qui vendent là, les artichauts, les choux-fleurs de leurs parents ou amis.

On peut remarquer que, la plupart des maisons de commerce établies à Roscoff ou qui ont créé à Saint-Pol un immense quartier nouveau sont dirigées par des négociants nés dans le pays. Si une importante coopérative agricole a réussi le difficile problème de la vente en commun des produits de cette région, son succès est bien dû à la qualité de ses administrateurs, tous cultivateurs, qui, par esprit de race, savent traiter une affaire, ont la patience et le sens du raisonnement, qualités qui caractérisent les bons négociants.

Les efforts de ces commerçants et des cultivateurs se sont combinés pour le plus grand bien de la région. Au principe des cultivateurs: « toujours mieux faire », s'est lié le principe des commerçants: « toujours mieux vendre ». Et de là tout un travail de recherche de débouchés, a donné des résultats qui font que la plupart des produits de la région sont pour ainsi dire spécialement cultivés pour être exportés.

Nous avons dit plus haut que le chou-fleur se récoltait pendant les mois d'hiver; c'est un gros risque pour la culture. Un hiver trop doux ferait venir toute la récolte en même temps et, les prix tombant, ce serait la débâcle et la lourde perte pour le producteur. Un hiver rigoureux — et on en a vu — un peu de glace, et toute la récolte est perdue. Le cultivateur le sait; comme un commerçant il prend le risque. Il sait que l'Angleterre a besoin de choux-fleurs précisément à cette époque; la Hollande, la Belgique, l'Allemagne, sont de gros acheteurs. Aucune autre région ne peut produire en ces mois d'hiver; seule l'Italie est un gros concurrent. Mais le Breton fait mieux que l'Italien; par une sélection du produit patiemment suivie et depuis des années, la région Roscoff-Saint-Pol-de-Léon récolte un chou-fleur très serré, à la pomme très dure, qui supporte admirablement des voyages en chemins de fer de 8 à 10 jours, et qui font prime sur les marchés éloignés. Ajoutons que les services de chemins de fer ont apporté leur précieux concours au travail des cultivateurs et des commerçants.

Depuis quelques années les prix sont vraiment rémunérateurs: le travail intensif des cultivateurs est récompensé. Aussi les cultures de choux-fleur vont en augmentant d'année en année et les quantités sont très suffisantes pour alimenter les marchés nationaux et faire face aux commandes de l'Etranger. On peut évaluer le total des choux-fleurs expédiés par les gares de la région à plus de vingt mille tonnes.

Avant la guerre, par année normale, ce tonnage s'élevait à environ 16.000 tonnes; 6.500 tonnes quittaient nos frontières Nord et Est; 2.500 étaient exportées en Angleterre. Paris seul consommait 3.500 tonnes, et la province française 3.500 tonnes.

Trois mille wagons étaient chargés de ce seul produit. Ces chiffres ont tendance à augmenter.

Si l'on en croit une vieille tradition du Pays de Léon, *la pomme de terre* aurait été introduite dans la région de Saint-Pol-de-Léon par un de ses anciens Evêques: Mgr de la Marche. Il est un fait qu'une espèce encore cultivée dans le pays a conservé le nom de « patates an escob », ou pomme de terre de l'évêque.

Comme pour le chou-fleur une sélection a été faite, et si l'on examine les résultats de cette sélection on remarque tout de suite que les efforts des cultivateurs ont porté sur la recherche d'espèces convenant à la consommation des étrangers voisins. Du reste, toute la côte bretonne de la Manche, depuis la baie de Cancale et St-Malo jusqu'à l'Ile de Batz et Brignogan, cultive la pomme de terre prime, destinée surtout à la consommation anglaise. Si St-Malo conserve sa puissante réputation avec son espèce de *Flukes,* la région de St-Pol cultive une *Fin de Siècle* également réputée.

Mais il y a une autre espèce sélectionnée avec soins (il existe à St-Pol-de-Léon plusieurs fermes, et nous noterons particulièrement celle de M. Rozec, de la Garenne, en Mespaul, où la sélection est faite en grand et surveillée par les services agricoles officiels). L'espèce à laquelle sont surtout réservés ces soins est particulière au pays du Léon. Elle a conservé son nom breton de *Cam Melen,* ou boiteuse jaune, dû à sa forme méplate. Sa chair est d'un beau jaune doré; on l'appelle aussi « Hollande à chair jaune ». Elle convient à l'alimentation de la région parisienne et de la province française.

Mais certaines qualités spéciales à cette espèce vont la faire devenir article d'exportation. Très rustiques et très primes, ses tubercules ont l'avantage de se grouper en grappe au pied du plant: elle convient donc aux cultures intercalées. Très prime et de bonne conservation, elle est une des premières de France pouvant voyager mûre. Ces qualités ont attiré l'attention des colons d'Afrique et particulièrement d'Algérie qui désirent recevoir des plants pouvant être mis en terre dès septembre-octobre et qui souvent plantent entre les vignes. Aussi, chaque année, plusieurs milliers de tonnes de « Cammelen » partent par les ports de Nantes, Brest.

Nos cultivateurs du Léon s'en tiennent à la culture de ces deux espèces. Leur sens du commerce leur fait appliquer le principe: qu'un bon produit bien cultivé et bien connu fait la réputation d'une région et y attire vite des acheteurs.

Le voisinage d'un gros pays de consommation de légumes qu'est l'Angleterre fit encore cultiver dans le Léon un autre légume d'exportation, c'est l'OIGNON. L'espèce est une race locale dite oignon rouge. Tous les ans, une flottille de voiliers affrétée dans le port de Roscoff transporte une partie de cet oignon vers les côtes anglaises; les roscovites se chargent eux-mêmes de la vente. Entre eux ils forment des compagnies de 10 à 12 vendeurs avec un chef qu'ils appellent Capitaine, et ils s'en vont ainsi parcourir la campagne anglaise. Bien connus chez nos voisins d'outre-Manche, ils ont là-bas la réputation de travailleurs infatigables et de bons vendeurs aux offres insistantes desquels il est difficile de refuser achat.

Il serait intéressant ici de parler des *pommes de terre* du Sud-Finistère, région de Pont-l'Abbé, gros article également d'exportation.

Bien que ne s'exportant pas, un autre légume doit être cité lorsque l'on parle de la région de St-Pol-de-Léon, c'est *l'artichaut*. Ce légume a aussi pris un nom du Pays: on l'appelle le *Camus de Bretagne*. Il est consommé en Normandie surtout et à Paris. Une récolte considérable et tendant à s'accroître amène presque chaque année une époque de pléthore. Il appartiendra au commerce et aux syndicats ruraux de faire la publicité qu'il faut pour trouver un débouché indispensable pour les quantités récoltées. Les expéditions totales de ce produit se chiffrent par un tonnage annuel de près de 10.000 tonnes.

*
* *

Au deuxième rang parmi les régions exportatrices se place Plougastel-Daoulas. Cette commune tire sa principale richesse du commerce extérieur, c'est pourquoi vous me permettrez de vous en entretenir quelques moments.

Son climat est exceptionnel: en hiver une moyenne d'environ 6° (centigrade), en été environ 17°, au printemps 10° et en automne environ 12°.

La fertilité de ses terrains est remarquable. Elle forme une presqu'île et doit son climat privilégié au voisinage de la mer; l'Océan ou plutôt la rade de Brest la baigne au Nord, au Sud et à l'Est. A ce voisinage de la mer, d'aucuns ajoutent comme une cause déterminante le passage à proximité des côtes bretonnes d'un bras du Gulf-Stream, et d'autres des courants aériens venant des régions équatoriales, prédominance qu'atteste d'ailleurs la fréquence des vents sud et sud-ouest.

J'ajouterai que la topographie du sol ne fait que renforcer ces influences bienfaisantes: la côte déchiquetée de baies et d'anses permet à la mer de pénétrer, pour ainsi dire, au cœur même de la presqu'île; les collines qui s'étagent vers le nord, et la conformation de la côte qui se relève très sensiblement de ce côté, abritent complètement nos terres contre les vents nord, pendant qu'elles amendent les vents est et nord-est, c'est-à-dire les vents les plus froids.

Ainsi favorisée par son terrain et son climat, la commune de Plougastel-Daoulas réussit à merveille toutes les cultures maraîchères, les fruits, et même, avant l'apparition du phyloxéra, la vigne en espalier.

Suivant de vieilles traditions, on y a toujours fait de la FRAISE. Notre plus vieille variété de fraises a été rapportée du Chili par un Jésuite, il y a environ 300 ans. On l'appelle encore la « Blanche du Chili », mais elle tend à disparaître.

En 1714, dit-on, un botaniste fit don au jardin botanique de Brest, de quelques plants de fraisiers. On ne tarda pas à les faire transplanter à Plougastel où l'on cultivait déjà la fraise.

En réalité cette culture, par suite du défaut de moyens de transport, s'est longtemps limitée aux besoins de la ville de Brest, dont les habitants ont toujours été très friands de ce fruit, et aux quelques grosses bourgades du département que les cultivateurs pouvaient atteindre de leurs propres moyens.

Plus tard, par suite des engrais que lui procurait si généreusement la mer, et aussi grâce à la main-d'œuvre intéressante que lui procuraient ses nombreuses familles (en sera-t-il de même, hélas, dans 20 ans?... et pourquoi avons-nous vécu ces 4 ans de guerre!) le Plougastel s'est intéressé aux modifications et améliorations à apporter à sa culture. Constamment il est à la recherche de variétés de fraisiers, fruits ou éngrais qui lui assureraient des récoltes plus abondantes et principalement plus précoces.

Pour notre commune de Plougastel, plus peut-être que pour nulle autre contrée, la précocité de la récolte est question absolument primordiale. Il en résulte que notre commune est divisée en trois zones bien distinctes; la première zone comprend les terres bien exposées au midi, au bord de la mer et ne s'étendant pas à plus de 800 ou 1.000 mètres à l'intérieur, ces terres d'emblée plus précoces conviennent malgré leur petite profondeur d'humus à cette culture spéciale.

La seconde zone, formée de terres plus riches et bien abritées, comprend des terres particulièrement propres à la culture de la fraise.

Enfin la troisième zone, qui comprend les terres des versants nord de nos côteaux ou encore des arrêtes de nos plateaux, exposée à tous les vents, ne sont pas avantageuses pour cette culture.

Instruits par l'expérience et répondant aux exigences du commerce, nos fraisiéristes ont délaissé, ou presque, la blanche du chili, que j'ai nommée plus haut; — l' « anana », très bonne fraise est consistante mais un peu tardive, — la « Mayenne », très précoce et substantielle, mais trop menue, la « Marguerite », grosse fraise, bien goûtée, mais aqueuse et molle pour trop longs transports, — la fraise dite « d'Angers », importée de ce pays, d'une acidité prononcée, — et la « jaune », qui n'avait d'autre mérite que de résister aux longs voyages. Aujourd'hui on cultive surtout la « Royal Sovereign », grosse fraise, bien colorée, flattant le goût et supportant convenablement le transport; — la « Madame Moutot » qui en est une variété plus grosse, mais moins savoureuse; — la « Noble »; la « Docteur Morère », moins colorée, mais plus savoureuse et très recherchée par les gourmets; — la « Paxton »; et enfin, principalement pour le marché de Brest, une variété propre à notre commune, dite la « fraise de Plougastel » ou la « petite fraise », ne supportant guère les longs voyages, mais d'une saveur et d'un parfum que nulle autre n'égale; elle rappelle « la fraise des bois », la fraise sauvage, mais en mieux.

La culture de la Fraise, je l'ai déjà dit, a toujours existée à Plougastel. En 1830, d'après un écrivain du nom de Brousmiche, la fraise se vendait à Brest 1 sou la livre. Elle a même descendu au-dessous de ce prix mais, comme nous le verrons plus loin, le génie d'organisation des cultivateurs y a apporté remède.

Après la guerre de 1870, les expéditions et exportations, commencées en 1862, allèrent en augmentant. Ne trouvant plus dans les fraiseraies de la Capitale, détruites par le siège de Paris, les quantités qu'ils pouvaient écouler, plusieurs parisiens vinrent s'en approvisionner chez nous. Des méridionaux et des Anglais se joignirent à eux bientôt, et en peu de temps s'accaparèrent totalement de ce commerce.

Vers 1879, quelques cultivateurs plus audacieux entreprirent eux-mêmes de faire quelques expéditions sur les villes anglaises, viâ Saint-Malo-Southampton. Ce service trop indirect, la durée du trajet (la fraise ne se vendait que 4 à 5 jours après la cueillette), la mauvaise condition d'arrivée de leurs fruits essentiellement périssables, et l'éloignement de nos cultures de toute gare, empêchèrent cette généreuse initiative de se développer aussi rapidement qu'elle l'aurait mérité.

Cependant vers 1896, plusieurs d'entre eux conçurent et réalisèrent le projet d'exporter directement leurs produits par bateau à vapeur sur les marchés anglais. C'était une amélioration considérable qui supprimait les nombreux transbordements et manipulations si nuisibles à ce fruit particulièrement délicat.

Depuis ce moment la culture de la fraise a pris une extension considérable, à tel point que les gares ne suffiraient plus à assurer l'acheminement de la quantité journalière produite ou plutôt, que nos cultivateurs ne pourraient pas y assurer l'embarquement de leur production.

Arrêtee quatre longues années par la guerre, notre culture a, il me semble atteint son apogée pendant les deux années qui viennent de s'écouler. Le change si favorable aux exportateurs en est la principale cause. Mais nous sommes bientôt à notre point culminant, si je ne me trompe, car pléthore amène toujours baisse et nos frais d'exportation et de vente sont tellement élevés qu'il nous faut être exigeants pour obtenir rémunération convenable à notre travail et à nos fatigues. Or, l'Anglais est lui-même gros producteur de fraises, et au marché de Manchester l'on voit, certains jours, en pleine récolte, un même propriétaire aligner à lui seul pour la vente journalière, 7.000 paniers de trois kilos de fraises fraîches, soit 42.000 livres; et ils sont plusieurs dans ce cas.

Heureusement pour le Midi et pour notre contrée que leur climat est plus froid que le nôtre!

L'exportation de la Fraise est assurée par deux seules sociétés, composées exclusivement de producteurs: l' « Union » et la « C'hipper's Unis », et un syndicat de producteurs exportant et vendant exclusivement leurs propres produits, le « Syndicat F. F. », fondé depuis 18 ans.

*
**

En plus de la culture de la Fraise, Plougastel a depuis toujours fait le Pois, le petit Pois vert, le Pois à rames. Le grande partie de ce pois est expédiée avec la fraise sur les marchés anglais, et c'est pourquoi l'on recherche constamment les variétés les plus précoces et les plus hâtives. Dès l'apparition des pois anglais, ce qui nous en reste est écoulé dans les usines de la région.

Bien que nos sociétés et syndicat d'exportation soient exclusivement composés de cultivateurs, leur organisation est très à point. Chaque membre de ces sociétés ou syndicat a une fonction spéciale et désignée pendant la saison, soit pour la collecte et le pesage de la marchandise dans nos campagnes, soit à l'embarquement. Deux à trois membres de chaque société séjournent à Plymouth même pendant la saison, y surveillant le débarquement et assurant l'acheminement et la distribution sur les marchés anglais. Un autre membre surveille les marchés et réside généralement à Manchester où se vend la grande partie des produits, et d'où il peut facilement rayonner sur les autres marchés. Son rôle principal est de contrôler les Maisons de vente, les commissionnaires, et surtout de transmettre à ses collègues de Plymouth l'aperçu et les prévisions des marchés pour leur faciliter les distributions.

Et ici, je voudrais qu'il me soit permis une incidente, puisque l'occasion se présente et que nous avons parmi nous les représentants autorisés de plusieurs régions de France. Ne serait-il pas utile et possible pour certaines contrées de la France de profiter des séjours que font sur les marchés étrangers les représentants des autres contrées de notre Nation? — J'aime à croire que les nôtres, qui voient là-bas les belles fleurs du Var, les prunes et les cerises du Midi, les produits des jardiniers nantais, ne refuseraient pas de communiquer aux expéditeurs de ces contrées leurs impressions vécues, et de les faire profiter des utiles renseignements que leur habitude des marchés anglais leur permettrait de préciser d'une façon compétente. Cela pourrait éviter à ces derniers bien des manques à gagner et peut-être quelques expéditions désastreuses. De même les représentants du Midi qui nous précèdent sur les mêmes marchés ou à Paris, pourraient-ils nous renseigner utilement sur les prévisions de nos expéditions et cela sans nuire en rien à leurs intérêts personnels?

Je terminerai par un aperçu sur les quantités expédiées ces dernières années par notre commune et que fera mieux ressortir la quantité exportée en 1914, dernière saison normale d'avant-guerre.

1914:	951	tonnes		de Fraises	et	120	tonnes		de Pois verts;
1920:	424	—	986	—	et	31	—	III	—
1923:	2.651	—	781	—	et	131	—	793	—
1924:	2.778	—	154	—	et	229	—	III	—

Les expéditions sur l'Angleterre terminées, nous les reprenons sur Paris, mais pour peu que les tarifs de transport continuent la terrible hausse pratiquée depuis la guerre (avant la guerre on payait 63 francs le transport de la tonne, en 1924: 288 fr. 35), ils noùs deviendront totalement prohibitifs. C'est ainsi qu'en 1923 et 1924, notre trafic sur Paris a été à peu près nul:

1914:		420 tonnes				
1921:	par Landerneau,	196	tonnes;	par Kerhuon,	292	tonnes	(378 tonnes)
1922:	—	78	—	—	156	—	(234 —)
1924:	—	0	—	—	60	—	(60 —)

Quelques petites quantités sont aussi écoulées, surtout par les isolés, c'est-à-dire les fraisiéristes qui se refusent à fournir aux 2 sociétés ou à faire partie du Syndicat, sur les villes ou bourgades du département tels que: Brest, Quimper, Morlaix, Landerneau; quelquefois Lorient, Guingamp et Saint-Brieuc.

Mais l'innovation la plus heureuse et la plus utile, existant depuis quelques années seulement, a été la conversion en pulpes des dernières fraises de la saison.

Déjà trop mûres pour risquer aucun transport, ces fraises, généralement, à défaut de débouchés, restaient en assez grande quantité pourrir aux plants. Actuellement 4 usines se les disputent dans la localité même pour les convertir en pulpes. En 1925, on en comptera une ou deux de plus, et désormais, fort heureusement, sont seules perdues les fraises que les vilaines bêtes ont mutilées ou que le manque de bras n'a pas permis de cueillir.

Tels sont les résultats satisfaisants obtenus par l'esprit d'initiative et de solidarité de nos cultivateurs. Nous serions fiers et heureux qu'ils puissent servir de stimulant à d'autres contrées moins favorisées que la nôtre.

En terminant, qu'il me soit permis de soumettre à votre approbation le vœu suivant appelé à nous rendre à tous de grands services dans nos labeurs:

« Le XIIᵉ Congrès National des Syndicats Agricoles (Quimper):

« Considérant qu'un pays est d'autant plus riche qu'il exporte davantage;

« Considérant que la population très dense du Finistère ne pourrait vivre et serait contrainte de s'expatrier, si l'exportation des produits de son sol ne pouvait plus se pratiquer ou était seulement trop fortement entravée;

Emet le vœu:

« Pour le bien général de la France;

« Pour permettre particulièrement à nos populations calmes et laborieuses des côtes bretonnes de vivre honnêtement et de se développer;

« Que l'Etat favorise par tous les moyens, comme la simplification des formalités et la réduction des frais de transports, l'exportation des produits de notre sol et s'interdise à jamais de l'annihiler par la création de tarifs et de droits ».

M. le Président. — M. Thomas parlait de l'esprit d'initiative des Bretons; il est un de ceux qui en ont donné le meilleur exemple.

Il trouve sa récompense dans la considération et l'attachement qu'éprouvent pour lui tous ses concitoyens.

L'EXPORTATION DES LÉGUMES, FRUITS, FLEURS

Rapport de M. Gavoty, lu par M. de Boisanger.

Le but des Associations Professionnelles Agricoles, qui se sont si heureusement développées dans ces 20 dernières années, grâce à une législation tutélaire, a été tout d'abord d'assurer la production agricole dans les conditions les plus avantageuses pour les petits exploitants.

M. Gavoty

Le Syndicat Agricole communal a été le point de départ et il reste la base de l'Association Professionnelle des Agriculteurs. C'est grâce à lui que se sont développées les Coopératives d'achat en commun des engrais, semences, et instruments agricoles, dont elles ont généralisé l'emploi tout en assurant à leurs adhérents la sincérité des produits et aussi le prix d'achat le plus avantageux.

Ensuite sont venues les sociétés mutuelles de crédit, d'assurance contre les risques de profession, et enfin les coopératives de transformation et de vente, qui s'appliquent aux récoltes les plus variées.

Ces dernières associations, en même temps qu'elles amélioraient les produits obtenus, faisaient ressortir au profit des petits agriculteurs un prix de revient souvent plus avantageux que celui que peut atteindre le grand propriétaire.

Ce stade réalisé, les dirigeants des Associations Agricoles, la plupart grands et moyens propriétaires qui consacraient leur activité et leur compétence à l'œuvre commune, se sont appliqués à organiser la vente en groupant les marchandises et en cherchant des débouchés sur les marchés de l'intérieur et de l'étranger. Ce mouvement a été encouragé et favorisé, il est juste de le reconnaître, par les Compagnies de chemins de fer, le P. O. et le P. L. M. principalement qui ont concédé aux agriculteurs groupés des horaires et des tarifs avantageux.

Ces compagnies ont mis à leur disposition des graines, des semences, des plants d'arbres fruitiers, répondant à la demande de pays gros importateurs de denrées agricoles. Elles ont organisé des leçons et des concours d'emballage, aidé à l'éducation des agriculteurs par des expositions et des voyages d'étude à l'intérieur et à l'étranger.

Toutes ces mesures ont été favorables aux récoltants et de nature à développer, par voie de conséquence, le trafic de leur réseaux.
On peut dire que, grâce à ces concours spéciaux et grâce aux avantages réservés par la loi à leurs associations, les agriculteurs peuvent, à l'heure actuelle, trouver de grandes facilités pour la vente de leurs produits, l'extension des marchés, et l'écoulement de leurs récoltes dans les conditions les plus favorables.

Désormais ils ne sont plus aussi étroitement tributaires des nombreux intermédiaires qui, parfois abusaient de leur ignorance et faisaient payer leurs services à un prix vraiment exorbitant.

Certes, il n'est jamais entré dans l'esprit des chefs de l'organisation professionnelle agricole de supprimer le commerce honnête, dont le rôle est utile et parfaitement défini; mais il était indispensable de supprimer la nuée d'intermédiaires qui s'interposent souvent entre le producteur et le consommateur, en prélevant sur ces deux catégories de citoyens un tribut disproportionné avec les services qu'ils leur rendent occasionnellement. Par ce temps de vie chère, cette disproportion entre les services rendus et la rémunération imposée a fait ressortir plus impérieusement encore l'intérêt d'une organisation de la vente pour les producteurs et rendu plus évident le bénéfice que peuvent en retirer les consommateurs des centres urbains.

Les organisateurs du XII° Congrès National des Syndicats Agricoles ont été très bien inspirés en mettant au programme de leurs travaux cette question si actuelle de l'organisation de la vente des produits agricoles; et certes les Syndicats bretons étaient qualifiés pour le faire, eux qui ont été des premiers à organiser l'exportation en Angleterre des excellents produits de cette province: pommes de terre, fraises, fruits et légumes de primeurs, avec un succès si marqué et si encourageant.

A l'autre extrémité de la France, en Provence, des efforts analogues ont été tentés très anciennement dans le même but, et c'est pour cela que votre très distingué Président, M. de Guébriant, m'a fait l'honneur de me demander de résumer en quelques lignes ce qui a été réalisé dans cet ordre d'idées, par l'Union des Syndicats Agricoles des Alpes et Provence, estimant à juste titre, que, de la mise en commun des efforts faits en divers régions, naîtraient des renseignements précieux et peut-être aussi des règles pouvant servir à une organisation d'ensemble de vente des produits agricoles, si variés, que nous donne avec abondance la bonne terre de France, si féconde et si généreuse.

Dès l'origine de sa création, qui date de 1895, l'Union des Alpes et Provence s'est intéressée au mouvement coopératif dont elle a été l'initiatrice dans la région provençale. Se trouvant placée au centre d'une région unique en France pour la variété de ses produits qu'il s'agisse de légumes et de fruits, de fleurs, de vin, d'huile ou autres denrées, elle a été appelée à s'intéresser à toutes les organisations de nature à aider les récoltants à tirer parti de leurs propriétés si morcelées, dans lesquelles les cultures les plus variées figurent en quantité trop réduite, pour permettre à l'agriculteur isolé, de leur appliquer les méthodes perfectionnées qui souvent exigent une importante mise de fonds.

C'est ainsi que fut fondée, il y a plus de trente ans, la Coopérative de fabrication des pulpes d'abricots de Roquevaire, celle de Lascours qui avait pour but de confire les Câpres, le moulin à huile coopératif de Condoux, la coopérative des producteurs de fleurs d'orangers de Vallauris, la laiterie coopérative de Guillaumes dans les Alpes-Maritimes. Enfin, l'Union a collaboré très largement à la création de nombreuses caves coopératives des Bouches-du-Rhône, du Gard et surtout du Var; ce dernier département en possède actuellement 75 en pleine activité.

De très bonne heure, l'Union s'est intéressée aux Syndicats de la Vallée du Rhône, qui ont pour but d'organiser le groupement des envois de fruits et de légumes sur les marchés du Centre et de l'étranger.

Depuis de très longues années, le Syndicat du Comtat à Carpentras expédie en Angleterre, par wagons complets, les excellentes fraises du Vaucluse, tandis que le Syndicat de Cabrières d'Aigues dirigeait avant la guerre sur la Suisse et les marchés allemands, les raisins de première et de dernière époque récoltés sur ses côteaux. Les haricots verts, les salades, les choux-fleurs et les tomates expédiés par wagons complets par les Sydicats maraîchers d'Aramon, Avignon, Rochefort du Gard, Bagnols, Roquemaure, etc..., voyagent dans des conditions particulièrement avantageuses, pour atteindre le grand marché de Paris; tandis que les cerises, les pêches, les figues fraîches de Sollici-Pont, la Crau, Hyères trouvent sur le marché de Londres un débouché des plus rémunérateurs.

La Compagnie P. L. M. a, sur la requête de l'Union et des associations affiliées, organisé des trains qui font le ramassage des produits sur le littoral méditerranéen et dans la vallée du Rhône pour les acheminer rapidement vers les marchés importants. De grandes simplifications ont été obtenues aussi dans la rédaction des feuilles d'expédition, dans le chargement du wagon par les expéditeurs eux-mêmes.

D'autre part, nos Syndicats ont participé aux expositions annuelles à Paris, lors du Concours général agricole, et à l'étranger.

Le département des Alpes-Maritimes envoie à ces expositions des fleurs, des fruits, des essences, des parfums qui, par leur bonne présentation font connaître nos produits; tandis que le Var participe aux expositions de vins, huiles, primeurs qui font sa renommée.

En ces deux dernières années, l'Union des Alpes et Provence a prêté son concours à la Compagnie P. L. M., pour organiser et mener à bien deux importantes missions d'études ayant pour but la recherche des débouchés sur les marchés d'Angleterre et d'Alsace-Lorraine, dont je veux vous dire un mot.

En juillet 1923, une mission composée de délégués des Syndicats de producteurs et d'exportateurs appartenant principalement à la vallée du Rhône et à la Provence, désignés par les associations affiliées à l'Union des Alpes et Provence et à l'Union du Sud-Est, a pu visiter en très grands détails les marchés de Londres et de Hull.

Les membres de cette mission, parmi lesquels j'avais la bonne fortune de me trouver, conduits et dirigés par les Inspecteurs généraux des Services Agricoles et Commerciaux du P. L. M. ont pu suivre les convois de fruits et primeurs expédiés en Angleterre du midi de la France; assistant à leur chargement sur bateau à Boulogne, à leur rechargement sur les wagons de la « South-Eastern and Chatam Railway-Company », à leur nouveau débarquement à la gare de Gravel-Line, à Londres et à leur vente aux marchés de Covent-Garden, Spitalfield, et Borough. Notre éminent collègue, M. Tacussel, dans la belle relation qu'il a faite de ce voyage d'étude à la dernière assemblée générale de l'Union des Alpes et Provence a rappelé également la visite faite par la mission au port de Hull, centre répartiteur des fruits et primeurs dans toute l'Angleterre, et la réception inoubliable qui lui a été faite par la « Hull fruitz merchant trade association », de même que celle que lui ont réservées la chambre de commerce française de Londres et l'association des commissionnaires en fruits et primeurs de Londres.

Au cours de ces réunions, de même que lors de la visite faite à M. Jean Périer, ministre plénipotentiaire, attaché commercial à l'Ambassade Française de Londres, des conversations précises et intéressantes avaient lieu entre les délégués de nos Syndicats et les commerçants et commissionnaires importateurs anglais: les échanges de vues, les réponses faites à des questionnaires établis d'avance, ont permis à la mission d'établir un rapport documenté contenant toutes les indications se rapportant aux questions d'emballages, de transport, aux prix du transit, du courtage qui concernent les expéditions faites en Angleterre de même que l'énumération des produits demandés, de ceux qui le sont moins et même pas du tout par le marché anglais.

La question de propagande a été étudiée et ne doit pas être négligée, car elle a déjà donné des résultats précieux pour l'extension de la consommation des fruits et légumes à l'étranger, notamment aux Etats-Unis.

Avant de quitter l'Angleterre, la Mission a pris soin d'inviter les commissionnaires anglais à visiter nos centres de production de fruits et primeurs du Sud-Est et ce voyage qui n'a pu être réalisé cette année aura lieu au printemps de 1925 pour le plus grand profit de nos producteurs de la Vallée du Rhône et de la Provence.

Un voyage de même nature a été organisé cette année par l'Union des Alpes et Provence avec l'aide des Services Agricoles du P. L. M., à la tête desquels se trouve le distingué Inspecteur Général M. Raybaud.

Il s'agissait cette fois de rendre aux commerçants en fruits et primeurs d'Alsace-Lorraine et de la Sarre, la visite qu'ils avaient faite à nos centres de production l'année précédente. La date de ce voyage (du 8 au 13 avril) m'interdisait d'y prendre part, en raison de la période électorale: j'ai eu la bonne fortune de pouvoir désigner un membre du Conseil de notre Union pour présider les travaux de la Mission. Il l'a fait avec tout le tact et la compétence désirable et a rendu compte de nos travaux en collaboration avec M. Belle, l'éminent Directeur des Services Agricoles des Alpes-Maritimes, dans un rapport auquel je vais faire plusieurs emprunts.

La mission composée de 35 délégués des associations de producteurs et d'expéditeurs venus des Alpes-Maritimes, des Bouches-du-Rhône, du Var, du Vaucluse et du Gard, a pu visiter des centres consommateurs importants, tels que: Mulhouse, Colmar, Strasbourg, Metz, Sarrebruck et Nancy dont la population très dense, qui comprend de très nombreux ouvriers d'usines, offre à nos produits un très important débouché.

Visite des villes, des marchés, réception par les chambres de commerce, les municipalités, conversations et entretiens avec les commerçants locaux, les courtiers, les commissionnaires, étude des conditions de transport et de vente, recherche des époques les plus favorables à l'expédition de chaque produit en particulier, ont permis aux membres de la Mission de recueillir une importante documentation, résumée dans le rapport auquel j'ai fait allusion et qui a été largement répandu par nos soins dans les centres producteurs intéressés.

Là encore, les représentants du P. L. M. et de l'administration des Chemins de fer d'Alsace-Lorraine, ont renseigné les délégués de nos associations sur les possibilités d'améliorations à introduire dans le transport et l'expédition de leurs produits. Pour compléter les heureux résultats que ce voyage ne peut manquer de produire, il a été décidé qu'une exposition de produits agricoles du Sud-Est de la France serait faite du 9 au 11 août, à Strasbourg, à l'occasion de l'exposition coloniale qui a lieu dans cette ville.

Cette exposition, organisée par l'Union des Alpes et Provence, avec le concours des associations agricoles des départements qui sont de son ressort a eu le plus grand succès. Les produits de la vallée du Rhône: fruits, légumes, primeurs, et ceux du littoral méditerranéen étaient présentés par de nombreux syndicats maraîchers ou coopératives et le magnifique stand de l'Union des Alpes et Provence a reçu de très nombreuses visites qui témoignent de l'intérêt que présentaient nos produits pour l'Alsace-Lorraine.

Au cours de cette exposition et dans le but de faire connaître plus spécialement un légume provençal inconnu en Lorraine et qui est susceptible d'y trouver un écoulement considérable, il a été organisé une semaine de l'Aubergine, au cours de laquelle de grandes quantités de ce légume, qui voyage si facilement, ont été mises à la disposition des Hôteliers à qui on a remis 17 recettes culinaires permettant de l'accommoder. Un effort semblable sera fait pour d'autres légumes, tels que l'Artichaut, peu connu dans ces régions.

Pour faciliter des relations futures entre les producteurs du midi et les importateurs de l'Alsace-Lorraine et de la Sarre, il a été remis d'une part aux chambres de commerce, d'autre part aux négociants et aux Présidents des Coopératives de ces pays, le tableau contenant les dates d'apparition sur les marchés des principaux fruits et légumes de la vallée du Rhône et de la Provence; et enfin les membres de la Mission ont reçu la liste, pour chaque ville, des négociants et coopératives susceptibles de recevoir et de vendre ces denrées.

Tels sont les efforts tentés par l'Union des Alpes et Provence pour faciliter aux cultivateurs de la région méridionale la vente de leurs produits. L'Union du Sud-Est, qui a participé par l'envoi de plusieurs délégués à ces travaux, ne me démentira pas, si j'affirme que cette manière de procéder fournit un terrain solide sur lequel on peut bâtir une organisation pratique, capable de rendre aux Agriculteurs les plus grands services.

Faire connaître aux producteurs les marchés étrangers, leurs usages particuliers, leur faire voir par eux-mêmes quelles sont les variétés de légumes, de fruits ou de fleurs, qui sont demandés par ces marchés, quel est le mode d'emballage le plus approprié pour chaque produit, les mettre en relation avec les négociants ou les sociétés coopératives susceptibles de recevoir les denrées et d'en assurer l'écoulement; d'autre part, faciliter aux importateurs la visite des centres de production, tout cela constitue une méthode pratique de nature à éviter aux expéditeurs les échecs et déceptions dont ils seraient victimes s'ils se lançaient à l'aventure dans l'entreprise difficile et délicate de la conquête des marchés nouveaux.

Quand des essais de cette nature auront été faits sur divers points du territoire par des associations agricoles, il sera sans doute possible d'envisager la création d'un organisme d'ensemble de nature à aider celle de nos Unions régionales qui seraient désireuses d'élargir les débouchés des produits spéciaux de leurs régions.

Cet organisme central de renseignements aurait à rechercher de quelle manière on pourrait s'assurer le concours de représentants qualifiés et sûrs ayant mission de surveiller et de diriger dans les grands centres de consommation l'acheminement et la vente des produits expédiés par les agriculteurs affiliés à plusieurs unions régionales.

L'entretien de ces agents qui sont indispensables pour assurer la sincérité des transactions et contrôler les prix de vente est très dispendieux; et leur rémunération, qui souvent serait trop lourde pour un seul groupement, deviendrait possible si elle servait à plusieurs d'entre eux. Par ces agents, des renseignements utiles seraient fournis aux Unions et Associations qui, usant de leurs services, contribueraient à leur rémunération.

Pour terminer, je ne puis mieux faire que d'adresser aux nombreux délégués des Unions régionales ici présents, un appel chaleureux à la solidarité des groupements affiliés à l'Union Centrale. Dans l'ordre des travaux que nous venons d'envisager, cette solidarité, cette mise en commun des efforts tentés et des résultats obtenus devient une nécessité et elle ne peut manquer d'engendrer les résultats les plus féconds.

Ce qui dans le passé a fait la force de l'Union Centrale et ce qui, dans l'avenir, assurera la continuité de son splendide développement c'est la mise en pratique de cette solidarité professionnelle qui a déjà produit de si magnifiques résultats et qui, ayant à sa base le dévouement désintéressé des chefs et l'application de principes qui ont fait leurs preuves, procurera à ses adhérents les plus précieux avantages.

CONCLUSION

Il serait extrêmement intéressant de créer une organisation centrale en vue de la vente des produits agricoles, sous la forme d'une puissante association coopérative desservant toutes les Unions intéressées; mais ceci ne peut se réaliser qu'au second stade de l'entreprise.

Il faudrait tout d'abord, tenant compte des besoins, des habitudes et des produits de chaque région, laisser les Unions organiser la vente de leurs produits sur les marchés étrangers et sur ceux de la métropole par des organismes dont la forme pourrait varier.

En Bretagne, ce pourrait être le bureau existant des exportateurs bretons ou toute autre organisation; dans le Sud-Est une entente entre les deux grandes Unions du Sud-Est et des Alpes et Provence pourrait intervenir, dans le but d'avoir à frais commun un agent chargé du placement et de la vente des produits que les Syndicats maraîchers et les coopératives agricoles voudraient lui confier pour la vente sur les marchés étrangers. — Ailleurs, une société particulière avec Conseil d'administration, capital, etc..., pourrait être constituée de préférence.

Après quelques mois de fonctionnement avec ces divers organismes, les Unions qui auraient participé à ces envois, pourraient être conduites à créer un organisme central chargé, soit de se substituer aux organismes locaux, soit simplement de coordonner les résultats acquis de représenter les expéditeurs auprès des Pouvoirs Publics et de faire des enquêtes sur place pour aider et rendre plus cohérents les efforts tentés dans les diverses régions agricoles dépendant des Unions Régionales.

M. LE PRÉSIDENT. — Les conclusions de notre collègue se rapprochent de celles qui ont été déjà posées.

Son rapport vient utilement préciser et compléter les autres.

EXPORTATION DES LÉGUMES, FRUITS, FLEURS

Rapport de M. Morand de Jouffray.

Le Docteur Petit devait représenter à ce Congrès l'Union du Sud-Est des Syndicats Agricoles. Il m'a chargé de vous apporter ses excuses: son devoir professionnel l'a empêché catégoriquement de venir et je le regrette profondément: il eût été bien plus qualifié que moi pour vous parler des exportations de nos fruits, car il a fondé une Coopérative de vente de fruits, qui a rendu les plus grands services dans son village et il a acquis sur ce sujet une compétence bien supérieure à la mienne.

On m'a demandé il y a quelques jours de le remplacer: j'en suis incapable. D'abord je ne suis Agriculteur que depuis peu d'années, ayant été marin, et, si ma vie passée a contribué à me faire aimer la Bretagne, ses rochers et ses gens, elle ne m'a

M. Morand de Jouffray

pas préparé à venir discuter en Agriculture. De plus, j'ai été entièrement pris au dépourvu et prévenu très tard d'avoir à présenter un rapport. C'est avec beaucoup de hâte et sans documentation que j'ai dû préparer ce modeste exposé: aussi je réclame toute votre indulgence.

Dans les vallées du Rhône et de la Saône, la culture fruitière a pris depuis quelques années une extension considérable. Au sud de Lyon ce sont surtout pêches et abricots; au nord, à la culture de la pêche s'ajoute celle de la poire, du cassis, etc. Je n'ai point de chiffres à vous présenter, je vous dirai seulement à titre d'exemple, dans quelle proportion s'est accrue la production fruitière de mon petit village. Il y a 25 ans, elle était minime et n'avait d'autre débouché que Lyon, distant de 15 kilomètres, où l'on vendait les carioles de fruits, en partant en pleine nuit, pour arriver aux marchés de la ville, à 4 heures du matin. Les déboires de la culture de la vigne, alors prépondérante, ont sans doute contribué à l'extension des vergers. De plus, les débou chés augmentaient, si bien, qu'il y a une quinzaine d'années on établit au village, un marché de fruits, trois fois par semaine, et le marché réussit à merveille.

Après la guerre, il prend d'année en année, une extension plus considérable. Il n'est pas rare d'y voir 100 à 150 voitures chargées de fruits, ainsi que des brouettes, des voitures à bras où il n'y a que les 2 ou 3 corbeilles des tout petits producteurs, qui sont nombreux. Et cela, trois fois par semaine, sans compter les achats que font les emballeurs sans passer par le marché. Notez qu'il y a dans un village limitrophe, un marché journalier et que dans les autres villages voisins, s'il n'y a pas de marché, il y a du moins deux ou trois emballeurs qui prennent tout ce qu'on leur apporte. La gare qui nous dessert se nomme Les Chères-Chasselay; son trafic de fruits à peu près nul, ainsi que je vous le disais, il y a 20 ans, a représenté cette année une moyenne de 6 wagons par jour pendant la saison des fruits, qui commence avec les cerises au début de Juin et se prolonge jusquà la fin de Septembre. Il en est de même pour toutes les gares de la région lyonnaise, au sud jusqu'à Valence et au nord un peu au-delà de Villefranche.

Les débouchés de nos fruits sont, pour les cerises, cassis, abricots, poires, prunes, l'Angleterre surtout. Pour la pêche, encore peu connue en Angleterre, Paris et les villes d'eau.

Le développement des exportations de fruits en Angleterre a suggéré à la Compagnie du P. L. M. l'heureuse idée d'organiser l'an dernier une mission de producteurs et exportateurs dans ce pays. Nous avons vu de quelle façon assez brutale étaient manipulés nombre de fois nos frêles colis de fruits et nous nous sommes entretenus avec les dirigeants des maisons anglaises d'importation.

Cette visite fut intéressante surtout en ceci qu'elle nous donna confiance à nous producteurs qui, voyant les plantations de fruits s'étendre considérablement, commencions à être inquiets de la surproduction. D'après ces Messieurs, le débouché de nos fruits sur le marché anglais serait illimité. Ceci nous permit d'encourager les cultivateurs de notre région à continuer et même intensifier leur production.

Nous sommes dans une région de très petite propriété; la plupart des exploitations fruitières ne comprennent qu'une fraction d'hectare. Celles d'un hectare sont considérées comme importantes. Je dois dire qu'un hectare bien cultivé a pu présenter depuis 3 ou 4 ans, une production de 20 mille francs et plus, cela avec des frais de culture plutôt inférieurs à ceux que nécessite la vigne.

Les arbres sont alignés sur des rangs espacés de 2 mètres à 2 m. 50, permettant de faire les façons culturales avec des animaux; ils sont taillés en forme naine pour faciliter le ramassage. Je ne m'étendrai pas sur la culture des arbres fruitiers, puisque l'intérêt de cette journée est concentré sur la partie commerciale de ce genre d'exportation.

Comment nos fruits arrivent-ils en Angleterre?

Les cultivateurs les ramassent dans des corbeilles, le plus souvent sans grand triage. Les corbeilles entassées sur le char, on part pour le marché. L'emballeur achète: les corbeilles du paysan sont vidées sur la bascule, dans celles de l'acheteur, troisième manipulation après la cueillette et la mise en char. L'emballeur, installé dans une remise qu'il a louée pour la saison, emploie 5 ou 6 femmes au triage ou calibrage des fruits, qui sont mis en colis de 10 kilos net environ: quatrième manipulation. Transport à la gare, cinquième. Ils en subiront plus de 10 avant d'être reçus par le consommateur anglais. Aussi faut-il que les fruits soient ramassés tout à fait verts pour supporter tout cela.

Quelques agriculteurs se passent de l'intermédiaire de l'emballeur et expédient eux-mêmes leurs fruits. Ils sont l'exception, car cela demande de la main-d'œuvre et des habitudes commerciales qui sont encore peu répandues. De la main-d'œuvre au moment où elle manque tant! D'ailleurs, nos cultivateurs n'ont pas seulement à s'occuper de leurs fruits: il faut finir les foins, moissonner, etc... Il n'y a guère à faire de la vente directe que ceux qui se sont spécialisés dans le fruit, abandonnant tout autre genre d'exploitation et ayant une assez grande production fruitière; ils sont dis-je l'exception.

Malgré ces intermédiaires le paysan obtient-il un prix suffisant de ses fruits? — Oui, depuis quelques années il est content, très content: le fruit rapporte dans les proportions que je vous signalais tout à l'heure; les prix baisseraient sensiblement que ce serait encore la culture la plus rémunératrice de la région. De plus, en vendant au marché, le producteur est payé sur le champ; s'il expédiait lui-même, il ne saurait le prix de vente et ne recevrait son argent que plusieurs jours après — ce qui est encore un ennui évité quand on vient au marché.

Dans ces conditions, la création d'une coopérative de vente aurait-elle des chances de réussir? — Je ne le crois pas. D'abord, les Dirigeants manqueraient dans la plupart des communes. Nous avons déjà assez de peine à trouver les cadres de nos Mutuelles-Incendies, Accidents, Crédit, qui demandent bien peu de travail à côté de ce que serait la Direction d'une Coopérative. Ensuite, nous manquons encore dans nos campagnes d'esprit coopératif et c'est ce qui ferait la plus grosse difficulté: on trouvera tout naturel que la coopérative paie plus cher que les emballeurs, mais si un jour à Londres, la vente donne moins que ce qui fut payé sur le marché correspondant du pays, cela n'ira plus du tout.

Je vous ai dit en commençant que le Docteur Petit avait fondé une coopérative de vente dans le village où il avait une propriété: Millery, un peu au Sud de Lyon, et que cette coopérative avait rendu de très grands services. Voici pourquoi: avant cette fondation, il n'y avait à Millery qu'un emballeur, qui payait 20 sous, ce qui valait 4 ou 5 francs. Aussi la Coopérative fit-elle merveille et obligea-t-elle l'emballeur à ramener ses achats à des taux raisonnables.

Actuellement la production fruitière s'est suffisamment développée pour qu'il s'établisse un cours à peu près uniforme dans toute la région. Les emballeurs se font concurrence. En fait, la coopérative de Millery a toutes les peines du monde à subsister; mais si elle disparaît, elle n'en aura pas moins joué un rôle de la plus grande importance.

Le rôle principal d'une Coopérative est d'être le régulateur du marché, aussi réussira-t-elle dans les cas d'abus de la part de l'intermédiaire.

Mais nous avons un autre moyen de régulariser les marchés: c'est de développer les envois directs individuels, dont je vous parlais tout à l'heure et qui sont encore l'exception. Les petits envois paient un transport plus onéreux, mais ils peuvent se faire quand même. Sur les 6 wagons partant journellement de la petite gare qui dessert ma commune, il n'y a en moyenne que deux wagons complets, les quatre autres étant remplis par divers envois moyens ou même peu importants. Que dans une commune une dizaine des plus gros producteurs expédient directement leurs fruits en Angleterre; et tout le monde saura le prix qu'ils les vendent, quels sont leurs frais et partant quel est le prix raisonnable que doivent payer les emballeurs.

La crainte de voir cette méthode se généraliser aura sur les acheteurs locaux une influence des plus heureuses et suffira à régulariser les marchés.

Je dis des vendeurs isolés. Il serait encore plus intéressant que ces producteurs se groupent pour obtenir des tarifs de transport meilleurs; et sans pour cela créer une véritable coopérative avec un personnel spécial onéreux à rémunérer. Mais il faut pour ce groupement une entente complète, non seulement pour la vente, mais aussi pour les méthodes de culture, il éliminera une bonne partie des fruits peu après la fleur, lorsque le fruit est noué, pour obtenir un nombre relativement faible de très beaux fruits; il fera tous les traitements au sulfate, à l'arséniate de plomb, pour que ses fruits soient impeccables, ni tâchés, ni tavelés, ni verreux.

Tel autre, laissera venir sa récolte sans la soigner, escomptant que malgré un prix de vente très inférieur, la quantité compensera la qualité. Il est impossible que ces deux cultivateurs s'unissent pour expédier ensemble. L'un aura ses plantations en sol profond, qui résiste à la sécheresse, si l'autre a les siennes en sol sablonneux, peu profond, les récoltes seront trop différentes en année sèche pour être réunies dans la même exportation.

C'est cependant à cela qu'il faudrait, je crois, arriver dans notre région. Dans chaque commune, un petit groupement de producteurs qui soigneraient leurs cultures d'une manière parfaite, obtiendraient des fruits impeccables et les expédieraient directement en commun. Là sera la menace pour les emballeurs; là sera le moyen d'une véritable coopérative, si l'on était amené par une modification actuelle à en envisager la création.

Laissez-moi ouvrir une parenthèse sur l'importance considérable de ce que les Anglais appellent la STANDARISATION, c'est-à-dire l'uniformité absolue des produits envoyés. En Californie, les Américains ont obtenu pour leurs pommes des résultats surprenants dans cet ordre d'idée. Leurs Syndicats Agricoles imposent le choix des variétés, les traitements et moyens de culture, l'élimination de tous les fruits inférieurs, si bien qu'il part de ces régions des bateaux entiers de pommes uniformes, expédiées avec une probité commerciale absolue. Voyez quelle facilité un courtier de Londres ou de Hull aura pour vendre et répartir dans les différents centres de consommation, sur un échantillon d'une dizaine de pommes, dont l'envoi a pu précéder le départ du Cargo, la cargaison entière parfois même avant son arrivée.

Je ne veux que signaler en passant la probité commerciale qui est une question primordiale. Si dans un colis vous mettez de petits fruits dans le fond et des gros par-dessus pour tromper l'acheteur, vous recevrez un télégramme vous priant de cesser tout envoi, sans explications. Je crains pourtant qu'il n'y ait encore quelques producteurs dans certaines régions insuffisamment convaincus de cet axiome.

Revenons à nos vendeurs directs, c'est pour eux surtout qu'il faut des encouragements. Il faudrait aussi, qu'ils soient assurés d'une plus grande sécurité des transports. C'est l'affaire des Compagnies de chemins de fer; mais nous pouvons avoir une influence heureuse sur leurs dirigeants. Les fruits expédiés en Angleterre sont manipulés plus de 10 fois et de quelle manière! L'embarquement et le débarquement à Boulogne et Folkestone sont impressionnants: et l'on se demande comment nos frêles emballages de 10 kilos de fruits peuvent résister au piétinement des matelots et autres brutalités auxquelles ils sont fatalement soumis.

Aussi les avaries sont-elles très importantes, et elles nuisent à la bonne marche des tractations. Il faudrait insister pour que le mode d'expédition soit modifié. Si l'on ne peut faire traverser la Manche aux trains de fruits sur des ferry-boats, qu'on permette d'assembler un certain nombre de ces colis de 10 kilos dans de forts cadres constituant un ensemble de 200 kilos environ, très facilement manipulés par les grues des quais dans les ports, et dans lesquels nos fruits seraient en sécurité. Mais il faudrait que nos gares soient dotées aussi d'une grue pour la manipulation de ces cadres pesants.

Nous avons vu à Hull des wagons spécialement aménagés pour le transport des bananes — et nos fruits dont certains sont encore plus délicats que les bananes traversent une bonne partie de la France dans des wagons à bestiaux. L'emploi du froid artificiel dont M. Lapierre vous a dit un mot, transformerait littéralement notre commerce de denrées périssables à l'étranger.

Cependant cette question d'insécurité et de pertes importantes ne doit pas nous arrêter; car plusieurs maisons anglaises très sérieuses se chargent de toutes les réclamations et paient aux expéditeurs leurs envois complets, y compris les colis perdus ou avariés par la faute des transporteurs.

Nos cultivateurs qui essaient la vente directe ont besoin d'être soutenus. C'est pour ceux qui se sentent isolés, qu'un organisme de défense à Londres serait utile au plus haut chef, en les renseignant et en contrôlant leurs envois. Renseignements: faut-il expédier sur Londres ou sur Hull? A quelles maisons? Quels fruits? Quels emballages? Cet organisme serait ensuite un contrôle: si une maison signale des fruits avariés, en mauvais état, sans que l'avarie soit imputable au transport, qu'elle provienne d'un défaut d'emballage ou d'un excès de maturité, l'organisme de défense vérifie le fait et donne à l'expéditeur les conseils nécessaires pour éviter le retour de ces accidents fâcheux.

Nous aurions en outre le contrôle des prix de vente, d'après la côte du marché. Par cette organisation les expéditeurs isolés ou les petits groupes de producteurs des bords du Rhône ou de la Saône prendront confiance, essaieront des envois, et nous arriverons à notre but de régularisateur des marchés par l'extension de la vente sans intermédiaire.

Comment vivrait cet organisme de défense? — Par un tant pour cent sur les ventes dont il assurerait le contrôle; pourcentage qui serait minime si son volume d'affaires est suffisant. Sa vie et sa bonne marche seront d'autant mieux assurés qu'il sera chargé d'un plus grand nombre de produits venant des diverses régions de la France.

L'extension à toutes les régions de l'organisme qui protège déjà les exportateurs bretons remplirait tous ces vœux.

Conclusion du Rapporteur Général et Discussion

M. BEREST. — Votre rapporteur général arrive au moment difficile de sa tâche. — Il me semble que de tous les rapports que vous avez entendus, quatre points principaux se dégagent:

1°. — PUBLICITE. — Un travail de publicité et de propagande est nécessaire pour faire connaître vos produits à l'étranger. Je vous ai donné des exemples pris chez les Anglais; mais le travail à faire est de grande envergure: il nécessitera des sacrifices d'argent.

2°. — Pour organiser la vente à l'étranger, il faut EXPORTER DES HOMMES; il faut notamment avoir à Londres une organisation. — Cette organisation nous l'avons: nous avons fait dans le Finistère de gros efforts, des sacrifices d'argent, et nous possédons dans la capitale anglaise une organisation qui répond à nos besoins.

Nous serions heureux de voir les groupements agricoles qui ressemblent à celui que je dirige nous aider à renforcer cette organisation et à la faire vivre.

3°. — Il manque une organisation qui, réunissant les exportateurs français, pourrait avoir une part plus grande dans les décisions des Pouvoirs Publics.

4°. — Enfin, il y a la dernière question, c'est celle des *taxes* et des *restrictions* dont nous souffrons depuis ces dernières années.

Si les Pouvoirs Publics croient devoir taxer nos produits, ou restreindre leur exportation, il serait important qu'on ne le fît pas sans consulter préalablement les organisations professionnelles. — Les Pouvoirs Publics doivent se rendre compte qu'il y a des organisations puissantes d'Agriculteurs et de Commerçants auprès desquelles ils trouveraient de précieux renseignements. Faute de ces renseignements, de graves conséquences sont à redouter; par exemple, le Finistère qui produit des Pommes de terre en grandes quantités ne pourra les écouler toutes si l'exportation est interdite.

Je vous demanderai de bien vouloir émettre un vœu au cours de cette séance. Nous ne sommes pas des mécontents qui protestent tout le temps, mais nous avons le droit de demander que l'on vienne nous voir et nous consulter.

Intervention de M. du Halgouët, attaché commercial de France en Grande Bretagne.

Je profiterai de ce que les organisateurs de ce Congrès ont bien voulu me prier de vous adresser la parole pour faire ressortir devant vous le point de vue général.

Les rapporteurs que vous venez d'entendre vous ont indiqué déjà ce que pouvaient faire nos producteurs vis-à-vis de l'Angleterre, dont j'ai, par mes fonctions, à m'occuper spécialement.

J'insisterai donc tout d'abord sur l'intérêt que présente ce marché. Rien ne le démontre mieux que les chiffres suivants. Il y a deux ans (ce sont les dernières statistiques dont nous disposons), nos exportations agricoles vers l'Angleterre représentaient 450.000.000 de francs environ, ce qui correspond à peu près au 1/5 de notre exportation totale pour ce pays. J'ai fourni à ce sujet des détails à la Société des Agriculteurs de France au printemps dernier. J'ai exposé en même temps quelles étaient les conditions à remplir pour tirer de ce client de choix tout le parti désirable.

Aujourd'hui je me contenterai d'appeler votre attention sur deux points qui m'en paraissent particulièrement dignes: le controle de nos ventes, et la publicité à faire en leur faveur.

Pour commencer par cette dernière, toutes les informations que nous possédons nous permettent de penser que nous aurions un avantage considérable à y recourir. Il n'est pas douteux, en effet, que la consommation de produits agricoles, et notamment des légumes et des fruits, n'est pas en rapport avec la population du Royaume-Uni; ce qui tient pour une grande part à ce que le public n'est pas informé de l'intérêt que présenterait pour lui cette consommation.

Or rien en Grande-Bretagne ne se fait sans publicité. De quelque genre de commerce qu'il s'agisse, il faut toujours y avoir recours, car elle correspond à la mentalité nationale. Les formes qu'elle revêt sont différentes, mais le principe ne varie pas.

En ce qui concerne la branche qui nous intéresse, il faudrait que cette publicité tendît à amener les gens, d'une part, à acheter d'avantage, et d'autre part à consommer au moment voulu. Il arrive en effet trop souvent que les denrées agricoles, dont la production dépend trop du climat pour être règlée à volonté, arrivent en quantités trop considérables pour la demande présente.

Si, quelques jours à l'avance, on appelait l'attention du public sur l'éventualité d'arrivages importants, on l'inciterait à acheter en plus grande quantité, et il y trouverait lui-même son intérêt. Ce serait, d'autre part, pour le producteur un avantage sur lequel il est à peine besoin d'insister, que d'assurer l'absorption complète de ses produits. Il en résulterait une stabilité des prix, à laquelle nuit trop souvent un manque de coïncidence entre l'offre et la demande sur le même marché.

Votre rapporteur général vous exposait tout à l'heure que l'obstacle principal auquel on se heurte en matière de publicité, c'est la dépense qu'elle nécessite. Elle exige naturellement des fonds, mais la difficulté de se les procurer n'est pas insurmontable. Une organisation Anglaise la « Fédération des Associations de Producteurs de Fruits et Légumes » a établi un projet qui le démontre et qui vaut qu'on s'y arrête. — Il a pour base le prélèvement de UN penny par livre Sterling sur le produit des ventes en Angleterre. Les sommes qui seraient ainsi obtenues suffiraient largement à conduire la campagne. Or, le producteur, appelé à bénéficier de ses résultats, ne saurait, semble-t-il, considérer comme un sacrifice un prélèvement qui n'est en somme que le 1/240ᵉ du prix de la vente, chiffre si dérisoire que l'intéressé français n'a aucune raison de ne pas consentir à verser à la caisse de publicité.

Il serait d'autant moins fondé à refuser que, d'une part les produits anglais eux-mêmes contribueraient dans la même proportion et que, d'autre part, le vendeur n'assumerait pas seul cette charge, le commissionnaire anglais devant également verser un pourcentage sur son chiffre d'affaires.

Enfin, nous aurions un contrôle sur l'emploi des fonds, puisque les organisateurs du plan nous proposent un siège au Comité de direction chargé de donner tous les ordres et de vérifier toutes les dépenses relatives à la publicité. Vous auriez donc une certitude de savoir où passe votre argent.

Une autre raison pour laquelle il me semble indispensable que nous participions à cette publicité, c'est que si nous n'y prenons pas part, l'organisation au lieu de se faire à notre bénéfice, se fera sans nous et nous en ressentirons de graves inconvénients.

Il ne faut pas oublier que la publicité se pratique déjà pour certains pays, parmi lesquels le nôtre ne figure malheureusement pas. Déjà dans toutes les villes anglaises, l'on peut lire sur des placards énormes: « Consommez les Pommes de Tasmanie » ; « Utilisez les oranges d'Espagne », etc.

Notre abstention est des plus fâcheuses, car nul plus que la France n'aurait intérêt à ce que cette publicité fût généralisée au moyen de versements minimes.

Je vous demande donc instamment d'accorder votre approbation au vœu émis par votre rapporteur général en faveur de l'organisation d'une publicité en Angleterre.

M. Bérest donne lecture du vœu qui est aussitôt adopté.

M .DU HALGOUET. — Le second sujet dont je voulais vous entretenir est celui du contrôle.

De toutes les nouvelles et informations que je reçois des intéressés, il ressort avec évidence que, si l'on ne veut pas s'exposer à de graves mécomptes, le commerce des légumes et fruits exige une surveillance continue pendant la saison de vente.

Il ne saurait s'agir de modifier les usages en vigueur dans le pays et par conséquent de supprimer la vente à la commision par les maisons anglaises établies. Mais rien n'empêche les exportateurs français de contrôler ce qui se passe au moyen d'un représentant direct. Cela se fait déjà dans certaines spécialités; il n'y aurait qu'à généraliser le procédé.

En Angleterre, la surveillance devrait s'exercer de plusieurs manières. D'abord sur les cours eux-mêmes. Il n'existe pas dans le Royaume-Uni de mercuriales telles que nous en possédons en France. Aussi l'exportateur français qui utilise les services de divers commissionnaires constate-t-il fréquemment sur leurs factures des différences de prix très considérables. Il est actuellement fort embarassé pour savoir dans quelle mesure sont exactes les affirmations qui lui sont produites. Le premier rôle du Contrôleur serait donc de s'assurer des prix auxquels se vend la marchandise aux différentes heures du marché, ce qui procurerait aux exportateurs le moyen de connaître le taux auquel leurs produits ont été effectivement vendus.

Un autre avantage non moins sérieux résulterait du fait que les envois pourraient lui être consignés en bloc, au lieu de l'être en détail aux divers commerçants anglais. Il en résulterait incontestablement une économie de transport appréciable grâce au tarif réduit dont bénéficient les groupages.

De plus, les quantités que recevrait cet agent lui constituerait auprès des compagnies de chemins de fer une situation et une influence qui procureraient certainement une amélioration des transports. Il pourrait ainsi obtenir par exemple des Compagnies Françaises l'emploi de cadres. De même il serait en mesure de faire établir par les compagnies anglaises des conditions d'acheminement meilleures pour les expéditions en province.

Ainsi que je l'indiquais tout à l'heure, il ne serait en aucun cas chargé de la vente, mais sur ses indications les envois seraient, au fur et à mesure de leur arrivée dans les ports anglais, dirigés sur tel point du pays où la vente paraitrait devoir être plus avantageuse, car il se tiendrait au courant, heure par heure, des prix et des besoins des marchés. De même il indiquerait par télégramme aux expéditeurs de France s'il est opportun d'accroître ou de restreindre les envois.

L'intervention de ce délégué serait également précieuse dans le cas, rare il est vrai, de différents se produisant entre l'exportateur français et le commissionnaire anglais.

Il faut de toute nécessité que ce Contrôleur soit un Français: il n'y a qu'un français qui puisse défendre vos intérêts comme si c'étaient les siens. Le procédé le plus pratique semblerait de constituer des groupements de régions, en les combinant de façon à ce que pendant une saison le délégué s'occupe des produits d'un de ces centres et, pendant la morte-saison de celui-ci, des produits d'un autre et ainsi de suite.

Semblable projet n'est pas de nature à soulever de grosses difficultés, puisque les expériences partielles qui ont été faites jusqu'ici ont toujours réussi. J'ajouterai que lorsque vous aurez investi un agent des pouvoirs nécessaires, je serai à votre entière disposition pour lui faciliter sa tâche.

Je vous demande donc de vouloir bien approuver le vœu émis par le rapporteur en faveur de l'établissement à Londres d'une personne chargée pour le compte des expéditeurs français de la vente de leurs produits agricoles.

M. BEREST. — Il y a déjà sur le marché de Londres un homme qui s'occupe de ces questions; ceux qui ont pris l'initiative de créer le service dont il est chargé viennent vous apporter leur concours.

Ce bureau de Londres ne pourra vivre que s'il lui arrive des produits à contrôler d'un bout de l'année à l'autre. Dans le Finistère, nous l'alimentons pendant une certaine partie de l'année; mais il y a des saisons où notre département n'exporte pas: et le bureau de Londres se trouve avoir de ce fait une vie précaire.

Ce que nous venons vous demander c'est de comprendre l'intérêt de notre initiative, et d'entrer en relation avec le bureau que nous avons organisé à Londres. Je suis persuadé que vous y trouverez des facilités toutes nouvelles: par lui, vous serez informés de l'époque la plus favorable à vos exportations, des destinataires auxquels vous auriez avantage à faire des envois; il contrôlerait vos marchandises et vérifierait si les sommes qui vous sont payées sont bien celles que ces marchandises ont rapportées.

Nous avons entrepris là, quelque chose de très difficile; nous vous demandons votre concours pour en assurer le succès.

M. THOMAS. — Messieurs, je suis de l'avis de M. Bérest en ce qui concerne la nécessité de l'organisation du contrôle des marchés anglais. J'en ai suggéré l'idée dans mon rapport de ce matin.

Depuis 1896, nous nous sommes rendu compte de la nécessité de ce contrôle. Notre commerce, un peu spécial, nous oblige à confier ce rôle à un homme bien au courant de notre trafic. Nous envoyons en Angleterre un des membres des Sociétés ou du Syndicat; comme ceux-ci sont exclusivement composés de Paysans, c'est un Cultivateur qui est chargé de fournir à sa Société ou au syndicat tous les renseignements utiles.

Les achats, à Plougastel, ne se faisant qu'au reçu de sa dépêche, son rôle est donc des plus importants.

J'ai été moi-même chargé de ce rôle sur les marchés anglais et la tâche que je considérais comme la plus importante, c'était l'envoi des télégrammes.

D'une ville anglaise, Manchester en général, j'avais à télégraphier journellement à mes amis à Plougastel; ceux-ci faisaient leurs achats de la journée, qui s'élevaient parfois à un chiffre très élevé, suivant les prix de vente qu'on leur avait télégraphiés.

Si le délégué indiquait un prix de vente trop élevé et qu'une baisse survint sur les marchés anglais, ses camarades avaient payé leurs marchandises trop cher et pouvaient éprouver des pertes très sensibles. — Si, au contraire, il annonçait un cours trop bas, ses camarades fixaient le prix d'achat au-dessous du cours réel; les concurrents payant un prix plus élevé enlevaient la marchandise: d'où manque à gagner pour la société.

Dans l'un comme dans l'autre cas, la question est très délicate. En résumé, le contrôle est utile, nécessaire même. Mais pour Plougastel, la question paraît différente des autres contrées et nécessite une étude spéciale.

M. BEREST. — Je vois qu'il y a parmi nos cultivateurs de Bretagne, non seulement de bons travailleurs du sol, mais aussi des hommes capables de se rendre dans les pays étrangers pour organiser le commerce de leurs produits: ils ont été les premiers pionniers.

Vous voyez combien il est difficile de vendre des produits en Angleterre. Pour toutes nos exportations: choux-fleurs notamment, les mêmes difficultés se présentent que pour les fraises de Plougastel. C'est ce qui nous a conduit à prendre l'initiative que nous vous avons exposée.

Aussi insisterai-je encore pour vous dire qu'il est indispensable d'avoir à Londres un bureau qui nous donne des renseignements, nous dise à quel moment exporter, à qui expédier...

Je vous demande à nouveau de nous apporter votre aide dont nous avons besoin.

M. LAPIERRE. — Vous avez vu la nécessité qui s'impose à l'heure actuelle de coordonner nos efforts de façon à fournir à nos Ministères une documentation précise leur permettant d'orienter leur politique.

La crise de cherté de la vie, qu'on a tenté de conjurer en interdisant l'exportation à certaines époques, a contrarié la production agricole. On a instauré une politique instable, très préjudiciable à tous ceux qui font de l'exportation.

On ne peut accepter une telle politique, qui tantôt ouvre les portes, tantôt les ferme. — On dit aux Agriculteurs: « produisez, surproduisez »; et lorsqu'ils sont arivés à intensifier leur production, on interdit l'exportation. On détermine ainsi une crise très grave, qui a pour résultat final d'accroître encore le prix de la vie.

Je crois qu'une solution assez simple consisterait à classer les produits en produits de luxe qui pourraient sortir, et en produits de première nécessité dont l'exportation ne serait permise qu'en cas de surabondance.

A mon avis, il faudrait pouvoir mettre à la disposition des Ministres intéressés tous les renseignements nécessaires, d'où nous vient l'idée de créer un Comité qui grouperait les intérêts des différentes personnes intéressées à l'exportation.

Il me semble que dans ces conditions un vœu pourrait être émis en faveur d'une politique des exportations qui règlementerait judicieusement ces dernières,

M. BEREST. — Les Pouvoirs Publics avant de faire des décrets, des restrictions, devraient prendre un contact très étroit avec les organisations professionnelles et ne libeller ni décret, ni instruction nouvelle avant d'avoir consulté ces organisations.

M. LE PRESIDENT. — Je crois devoir attirer l'attention du Congrès sur la question suivante: qui présente pour nous autant d'importance que d'urgence.

En vue de la convention commerciale à établir entre la France et l'Allemagne, le Gouvernement a constitué une commission d'experts qui comprend un grand nombre de représentants de l'Industrie et du Commerce, mais UN SEUL agriculteur... et celui-ci est un spécialiste de la viticulture.

Cependant de graves intérêts agricoles sont engagés, qu'il convient de prendre en considération sérieuse; notamment en ce qui concerne l'élevage, les fruits et primeurs, etc. — Il est indispensable que ces intérêts puissent être défendus au sein de la commission d'experts; et j'ai été prié de soumettre au congrès, en ce sens, une résolution dont je vais lire le texte.

M. DUPEYRAT. — Au cours de ce Congrès, votre attention a été appelée sur l'opportunité qu'il y aurait à grouper davantage vos efforts pour rendre plus large l'exportation agricole française. Dans son intéressant rapport, M. Thomas vous disait combien il serait désirable que les hommes de régions différentes, opérant sur un même marché étranger, consentissent à échanger entre eux les fruits de leur expérience pour s'en faire bénéficier mutuellement. — M. Lapierre regrette qu'il n'y ait pas à Paris une organisation centrale pour les exportateurs. — Enfin, M. le Rapporteur Général vous exposait à son tour qu'il y avait toute une organisation d'ensemble à tenter.

Il y a quelques années, on constatait déjà ce mal dont souffre l'exportation agricole, et qui se retrouve un peu partout; c'est pourquoi on a organisé ce qu'on a appelé la « *Semaine nationale du Commerce Extérieur* ».

Cette semaine nationale a été instituée sous les auspices de l'Association Nationale d'expansion économique, créée à l'intigation des chambres de Commerce de France et des groupements économiques, et en collaboration avec des organisations telles que la Confédération générale des Agriculteurs, la Société des Agriculteurs de France, l'Union Centrale des Syndicats Agricoles.

Cette grande semaine nationale du commerce extérieur, placée sous la présidence d'honneur du Président de la République, s'est tenue avec le concours effectif des Ministres du Commerce et de l'Agriculture. — Il y eut une collaboration réelle — et non un simple patronage — des pouvoirs publics avec lesdélégués des diverses branches de la production française, industrielle et agricole, et les représentants du commerce.

La conclusion fut que la question étudiée offrait une complexité telle que matériellement un seul Congrès ne pouvait réaliser toutes les solutions; la décision fut prise de créer un Comité permanent de la Semaine nationale du commerce extérieur, qui aurait pour mission d'organiser des semaines successives pour chaque branche de commerce.

Depuis quelque temps, un projet est à l'étude en vue de préparer une semaine nationale de l'exportation agricole pour le printemps prochain. M. J.-H. Ricard, ancien Ministre, en a pris l'initiative.

Il y a là quelque chose d'extrêmement intéressant pour toute la production agricole. Cela permettrait aux agriculteurs non seulement de se rencontrer pour déterminer les principes d'une action commune et affirmer leur désir d'une politique de l'exportation agricole, mais aussi d'entrer en rapport et en collaboration avec les représentants du commerce et de certaines industries dont les intérêts sont solidaires des leurs.

C'est seulement par une collaboration loyale et complète que nous pouvons prétendre au résultat que nous souhaitons tous.

Les travaux de cette « Semaine » apporteraient à M. Lapierre, la solution qu'il demande, puisqu'il y aurait collaboration des représentants du Gouvernement avec les délégués autorisés et qualifiés des groupements agricoles.

Je crois que si la « Semaine Nationale d'Exportation Agricole » a le même succès que les semaines précédentes, on formera un Comité permanent de l'exportation agricole qui, organisé par vous, sera géré par vous, fonctionnera par vos propres moyens. — Il vous servira d'organe permanent, qui constituera pour vous un centre d'études et d'appui, en même temps qu'il vous permettra de faire connaître vos desiderata au Gouvernement.

Des travaux comme ceux que vous venez d'accomplir ici hâteront, je l'espère, les réalisations que vous désirez.

M. LE PRESIDENT. — Par les divers moyens mis à notre disposition, je ne doute pas que nous parvenions à faire soutenir nos intérêts auprès des Pouvoirs Publics par des hommes compétents et dévoués, connaissant les aspirations des Agriculteurs et ardents à les faire prévaloir.

Le bureau est saisi d'un dernier vœu concernant l'application de l'impôt sur le chiffre d'affaires aux Coopératives.

Je donne la parole à M. Zirnheld pour exposer ce vœu.

M. ZIRNHELD. — Vous n'ignorez pas qu'en juillet dernier, une tendance se manifestait en vue de l'assujettissement à l'impôt sur le chiffre d'affaires de la plupart des organisations agricoles. — Nous apprenions alors que le Ministre des Finances venait d'envoyer une circulaire, par laquelle il demandait aux agents du fisc d'exiger des syndicats et coopératives agricoles le paiement de cet impôt sur toutes les opérations faites par eux.

Il s'appuyait sur un arrêt du Conseil d'Etat du mois de juin dernier, qui semblait lui donner raison en la matière.

Dès que cet arrêt fut connu, la chambre syndicale de l'Union Centrale intervint d'une façon pressante auprès du Ministre des Finances pour lui demander de suspendre l'application de la circulaire en question.

Grâce aux démarches faites à la fois par le Président de l'Union Centrale et par les différentes organisations agricoles intéressées, le Ministre des Finances a envoyé une nouvelle circulaire à ses agents leur demandant de surseoir aux exigences prescrites tout en prenant des mesures conservatoires pour sauvegarder les intérêts de l'Etat.

C'est donc un premier résultat intéressant; mais ce n'est qu'une situation d'attente, et il semble utile qu'à la fin de ce Congrès un VŒU soit voté afin d'exprimer au législateur les désirs précis et la volonté des agriculteurs en ce qui concerne l'impôt sur le chiffre d'affaires.

M. LE PRESIDENT. — Les démarches que nous avons faites auprès du Ministre visaient surtout le présent; il importe que la loi en discussion établisse nettement la situation pour l'avenir.

Il est entendu que si nous avons fait des réclamations, ce n'est pas pour demander un privilège spécial. — Mais en soumettant les syndicats et les coopératives à la taxe en question, au cours même de leurs opérations, et cela contrairement à ses instructions précédentes, le Ministre les mettait dans une situation singulièrement difficile: il les obligeait en effet à verser les sommes, parfois importantes, réclamées par le fisc, sans les avoir comptées dans leurs prix de vente, toujours établis avec une très petite marge de profit. D'autre part, en les contraignant ainsi à élever leurs prix, on ne contribue pas précisément à diminuer le coût de la vie.

Je dois ajouter que le succès de nos démarches est dû à l'intervention décisive du Président de la Confédération Nationale des Associations Agricoles. C'est ainsi, par la puissante union de toutes les forces agricoles, que nous sommes arrivés à faire triompher notre cause et que, s'il le faut, nous y arriverons encore.

Les séances de travail du XIIe Congrès sont terminées, M. de Voguë tient avant de lever la séance à résumer les impressions de ces journées et à saluer tous les congressistes.

Avant de clore le XIIe Congrès National des Syndicats Agricoles, je dois remercier l'auditoire fidèle qui, durant ces deux jours, a suivi nos discussions, parfois un peu sévères, avec une attention soutenue et une patience sympathique, qui ont singulièrement facilité la tâche du Président. Je crois d'ailleurs pouvoir dire que les questions traitées présentaient pour des agriculteurs un intérêt considérable, encore augmenté par les circonstances générales.

Au cadre où il s'est déroulé, notre Congrès doit aussi une bonne part de sa réussite. A côté des charmes que la nature a prodigués à ce coin de terre nous avons pu apprécier les qualités éminentes de ce Paysan breton qui, par son intelligence, par sa volonté, par son esprit d'initiative, par sa ténacité légendaire est parmi les meilleurs des enfants de la France. Et de le voir à l'œuvre, dans ses associations jeunes encore et déjà florissantes fut pour nous tous un beau et réconfortant spectacle.

Dans l'esprit de ceux qui y ont pris part, le Congrès de Quimper laissera un profond souvenir. Il a démontré une fois de plus combien de telles rencontres sont utiles pour raffermir les liens qui, du Nord au Midi et des Alpes à l'Océan, unissent entre eux les bons serviteurs de la terre française.

Les germes qu'il a semés produiront, Dieu aidant, des fruits abondants, qui viendront enrichir le patrimoine matériel et moral de notre cher Pays.

Une vue de Quimper (*Cliché Bretagne Touristique*).

Vœux adoptés au Congrès de Quimper

Vœu sur le Régime successoral en matières de biens ruraux

Les membres du XIIe Congrès National des Syndicats Agricoles de France, réunis à Quimper (après avoir entendu le rapport de M. Roger Grand) :

Persuadés que le régime successoral établi par le Code Civil est, après de multiples raisons d'ordre moral, l'une des principales causes de la désertion des campagnes et de l'abaissement de la natalité rurale parce qu'il produit l'émiettement des parcelles et l'instabilité de l'exploitation aux mains de la famille agricole, véritable assise d'une société solide ;

Considérant qu'il faut éliminer de la législation des dispositions qui mettent en conflit le désir du Père de famille d'avoir une descendance nombreuse avec son souci de maintenir l'intégrité de l'exploitation familiale et qu'il importe par dessus tout de faire disparaître la clause qui prescrit le partage en nature ;

Estimant que la réforme du droit successoral, pour aboutir au Parlement et être acceptée par l'opinion, semble devoir pratiquement être faite dans le sens de l'attribution intégrale par voie testamentaire ou légale de l'exploitation agricole à un seul héritier chargé de récompenser ses cohéritiers, soit sur le reste de la masse successorale, soit au moyen de créances privilégiées sur le domaine et exemptes de droits fiscaux ;

Considérant que plusieurs projets et propositions de lois ont été déposés, qui s'inspirent de cette idée, tout en différant entre eux quant à son application, et qu'il importe avant tout, vu la gravité de la crise agraire, d'arriver rapidement à une solution, même imparfaite ou incomplète, du problème;

Emettent le Vœu :

1°. — Que la faculté de réclamer le partage en nature soit supprimée du Code Civil, les parts héréditaires pouvant désormais être composées de biens de nature différente, quoique de valeur égale;

2°. — Que les projets Colrat et Boret soient étudiés et votés le plus tôt possible et que leurs prescriptions soient étendues au cheptel mort et vif, aux meubles meublants et au droit au bail de l'exploitation dont le « de cujus » n'était que le locataire;

3°. — Que le législateur complète la réforme de l'institution, en cas de vente d'un domaine agricole, du droit de retrait familial, c'est-à-dire d'un droit de préemption en faveur des proches parents du vendeur.

Vœu présenté par MM. Garcin et Gatheron

Le Congrès,

Considérant que les Agriculteurs, surtout ceux des régions de petite et moyenne culture, insuffisamment instruits de la législation des accidents du travail, mal informés des conditions d'une assurance complète et normale, ont été très souvent conduits à souscrire auprès des Sociétés d'assurances pour leur garantie contre les conséquences des accidents du travail, des contrats défectueux;

Considérant que lesdits contrats contiennent, en ce qui concerne notamment l'étendue de la garantie accordée, de nombreuses et importantes clauses restrictives dont les conséquences pourront être désastreuses pour les assurés, et que notamment certains d'entre ces contrats excluent, implicitement ou explicitement, à l'insu de l'exploitant, tout ou partie des risques de la loi du 15 décembre 1922;

Considérant que seules les sociétés d'assurances mutuelles agricoles fonctionnant intégralement sous le régime de la loi du 4 juillet 1900 et les entreprises d'assurances, qui accordent par leurs polices toutes les garanties énumérées dans les Statuts proposés par le Ministre de l'Agriculture et du travail donnent aux agriculteurs complète satisfaction;

Considérant que par un oubli regrettable, le Ministre du travail ne nous paraît pas avoir pris en faveur des assurés pour la conclusion des polices d'assurance du risque agricole, selon la loi du 15 décembre 1922, les mêmes précautions à l'égard des Sociétés d'assurances anciennement constituées, que vis-à-vis des Caisses mutuelles d'assurances mutuelles agricoles constituées conformément à la loi du 4 juillet 1900,

Emet le Vœu:

1°. — Que la faculté de résiliation avec préavis d'un mois soit donnée à tous les assurés ayant conclu une police postérieurement au 31 août 1923, pour autant que le texte de leur contrat ne conférera pas en ce qui concerne l'étendue et la portée de l'assurance, les garanties dont le ministère du travail a exigé l'inscription dans les conditions générales des polices et les Statuts-Types des mutuelles agricoles constituées conformément à la loi du 4 juillet 1900;

2°. — Que, pour l'avenir, en raison des incertitudes et difficultés particulières du régime de réparation des accidents du travail agricole, les services de Contrôle des assurances privées exigent de toutes les Sociétés d'assurances, quelles qu'elles soient, pour la garantie de ce risque, l'insertion dans leurs polices de conditions générales, rédigées de telle sorte que la garantie du risque prévu par la loi du 15 décembre 1922, soit aussi complète que possible et que les dispositions excluent toute surprise pour l'assuré.

Vœu contre la taxation des farines, présenté par M. Courtin

Le Congrès,

Considérant que les taxations ont toujours pour effet de raréfier la marchandise et par suite d'en provoquer la hausse avec répercussion certaine sur le prix de la matière première servant à sa fabrication;

Considérant que le maintien de la taxation des farines amènerait une dépréciation du prix du blé telle que les surfaces emblavées diminueraient dans des proportions inquiétantes pour l'alimentation nationale ;

Considérant que pour permettre à la France de rester indépendante de l'étranger au point de vue de son alimentation, il est nécessaire que le prix de vente du blé soit en rapport avec les frais de plus en plus élevés de sa production;

Emet le Vœu :

Que la taxation des farines prévue par la loi du 31 Août 1924 dont la généralisation serait une menace pour la production nationale soit appliquée dans l'esprit du Décret du 2 Septembre 1924, qu'en conséquence cette mesure ne soit appliquée qu'exceptionnellement pour réprimer toute manœuvre de hausse illicite et injustifiée.

Vœu présenté par M. Lapierre

Le Congrès National des Syndicats agricoles réunis à Quimper,

Considérant que les administrations centrales sont actuellement insuffisamment documentées sur les particularités de l'exportation des diverses productions agricoles;

Considérant cependant qu'il y aurait le plus grand intérêt à ce que les Ministères de l'Agriculture, des Affaires étrangères, du Commerce, des Travaux publics, des Finances et de l'Intérieur (pour les questions de la cherté de la vie) soient exactement documentés sur les prix de revient, les ressources disponibles, la demande de la clientèle étrangère, les difficultés spéciales à l'exportation des divers produits agricoles, afin d'établir une politique suivie dans chacun des cas et conforme à l'intérêt général du pays;

Considérant enfin que producteurs et exportateurs de produits agricoles disséminés sur tout le territoire ignorant leurs besoins réciproques, auraient grand intérêt à se réunir pour se documenter et coordonner leurs efforts.

Emet le Vœu :

Que l'Union Centrale des Syndicats Agricoles se mette en rapport avec les Associations agricoles intéressées à l'exportation en vue de constituer une représentation des intérêts des exportateurs agricoles, susceptibles de connaître leurs besoins communs, de coordonner leur action et de renseigner les pouvoirs publics sur les exigences spéciales de leurs marchés respectifs,

Vœu présenté par M. Garcin

Le Congrès National des Syndicats Agricoles,

Constatant avec peine que dans la discussion du futur régime commercial Franco-Allemand *un seul Agriculteur* ait été désigné comme expert pour représenter les intérêts de la viticulture et qu'aucun autre n'ait été nommé pour sauvegarder les intérêts des plus importantes spécialités agricoles qui puissent contribuer au développement de nos exportations et notamment de l'élevage, de l'industrie laitière, des productions fruitières, maraîchères, florale, etc... ;

Considérant en autre que si le Ministère du Commerce a depuis longtemps consulté les organisations commerciales ou industrielles sur les négociations Franco-Allemandes et sur la désignation des experts, le Ministère de l'Agriculture a omis d'interroger les Associations porfessionnelles agricoles, au détriment des intérêts régionaux qu'elles ont à défendre et de l'intérêt général du pays qui doit développer au maximum ses exportations afin de contribuer à la liquidation des charges de la guerre·

Emet le Vœu :

1°. — Que les Services du Ministère de l'Agriculture qui ont pour mission d'aider au développement de l'Agriculture française se tiennent en contact avec les groupements professionnels agricoles, les consultent sur toutes les questions importantes et acceptent leurs avis qualifiés;

2°. — Que des experts représentent les grandes branches de la production agricole soient adjoints aux négociateurs français, chargés d'élaborer le traité de commerce avec l'Allemagne de même que des experts ont été nommés pour défendre les intérêts de chacune des principalles industries françaises.

Vœux présenté par M. Bérest

1er Vœu. — Le Congrès et tout particulièrement les représentants des organisations d'exportation des produits du sol;

Constatant l'utilité du bureau de renseignements, de répartition et de contrôle des ventes, qui existe sur le marché de Londres;

Considérant l'intérêt général que présente la réussite et le développement de ce Bureau;

Estime que tous les groupement professionnels s'occupant de l'exportation des produits du sol auraient intérêt à voir cet organisme réussir et à se mettre en rapport avec lui.

2me Vœu. — Le Congrès, considérant que seule une publicité organisée peut augmenter la vente des produits de notre sol à l'étranger, attire l'attention des producteurs et de leurs organisations professionnelles pour qu'un effort soit fait dans le but d'organiser et de développer cette publicité;

Estime que cet effort soit joint à l'action de la Fédération Nationale des Associations Agricoles Anglaises, sous réserves qu'un contrôle exercé par un de nos nationaux surveille l'emploi des fonds français versés dans le but de propagande et de publicité.

3me Vœu. — Le Congrès souhaite, que les Pouvoirs Publics, avant de décréter des taxes et des restrictions sur l'exportation des produits du sol, prennent contact avec les organisations professionnelles intéressées;

Que les Pouvoirs Publics écoutent les avis de ces organisations et donnent, dans la mesure dictée par l'intérêt général du Pays, satisfaction à leurs justes revendications.

Vœu présenté par M. Zirnheld

Le Congrès,

Concidérant que les Syndicats et Coopératives Agricoles constitués conformément aux dispositions légales, et qui effectuent pour le compte de leurs seuls associés l'acquisition des produits qui leur sont nécessaires, n'ont pas pour but de réaliser un bénéfice commercial, personnel ou collectif prélevé sur le consommateur, mais qu'ils permettent, au contraire, au consommateur de réaliser l'économie résultant de la suppression des intermédiaires inutiles dont l'intervention exagérée est une des causes de la vie chère;

Considérant, en conséquence, que les opérations des Syndicats et Coopératives agricoles, lorsqu'elles se bornent à livrer à leurs seuls associés et sur commandes préalables les produits dont ils ont besoin, ne sauraient constituer des opérations commerciales de vente, mais constituent simplement des actes de répartition;

Considérant que les opérations des Syndicats et Coopératives Agricoles ne perdent pas ce caractère de simple répartition lorsqu'elles sont faites sans commandes préalables mais en prévision des besoins normaux de leurs associés, et à condition que les produits acquis soient répartis ultérieurement exclusivement entre ceux-ci;

Considérant d'ailleurs que cette forme d'opérations est la seule qui permette d'acquérir dans les meilleures conditions et sans l'emploi d'intermédiaires un certain nombre de produits indispensables à l'agriculture, qu'elle a d'ailleurs été expressément reconnue permise aux Syndicats lors de la discussion de la loi du 12 Mars 1920;

Emet le Vœu :

Que les opérations ci-dessus visées des Syndicats et Coopératives Agricoles régulièrement constitués ne soient pas astreintes à l'impôt sur le chiffre d'affaires;

Que le projet de loi actuellement déposé au Sénat et destiné à établir une nouvelle base d'application pour l'impôt sur le chiffre d'affaires soit modifié dans ce sens.

Vœu présenté par M. Camus

Le Congrès,

Considérant que la Bretagne en général, et le Finistère en particulier, constituent un pays d'élection du pommier à cidre et à couteau;

Considérant d'autre part que le marché intérieur français et l'Angleterre voisine, qui s'approvisionnent actuellement en Californie et en Nouvelle-Zélande, seraient des débouchés certains, faciles et peu couteux de cette culture intensifiée;

Emet le Vœu :

Que l'Union des Syndicats, la Société des Agriculteurs de France, les Chambres et les Sociétés d'Agriculture, les Comices Agricoles et les Syndicats Agricoles du Département mettent immédiatement à l'étude la sélection des 25 ou 30 meilleures variétés de pommes à cidre et à couteau;

Emet le Vœu :

Que le Conseil général du Finistère, qui a déjà donné tant de preuves de sa sollicitude pour le développement des richesses agricoles du département, veuille bien collaborer par ses membres, par les professeurs d'agriculture, par les instituteurs à cette mise au point de la question pomologique bretonne et finistérienne.

Assemblée Générale de l'Union des Syndicats Agricoles du Finistère

La journée débute par la Messe et un service solennel, chantés à 9 heures, à la Cathédrale.

Le velours noir des Cornouaillais y coudoie le bleu clair des Glazics et le violet des Plougastels.

Près de 1.000 personnes eurent le plaisir d'y entendre une éloquente allocution de Mgr Duparc exaltant le travail des Agriculteurs qui produisent le pain quotidien, la nourriture du corps. L'orateur leur rappela qu'un autre pain est aussi nécessaire, celui de l'esprit, constitué par les principes sains, les doctrines religieuses. Mais pour bien les choisir et avoir le courage de les suivre, le pain de l'âme, l'Eucharistie, est indipensable. Les Fondateurs de nos œuvres, les Delalande, les de Vincelles, les de Boisangers, l'avaient bien compris. Suivons leur exemple pour être sûrs de continuer dans la voix du salut et du succès.

La foule des syndiqués s'achemine ensuite vers le théâtre municipal où va avoir lieu l'assemblée générale de l'Union des S. A. du Finistère.

La salle se remplit bientôt. La foule des syndiqués Finistériens en occupe les moindres vides. Beaucoup d'assistants resteront debout pendant toute la durée des discours, donnant le spectacle impressionnant d'un ordre admirable, d'un silence presque religieux. La variété des broderies et des dentelles donne à cette assemblée où les hommes dominent cet air de fête et cette originalité qui en fait quelque chose d'unique au monde, tant la foule bretonne tranche avantageusement sur la monotonie de nos costumes.

Discours d'ouverture de M. de Guébriant, président de l'Union du Finistère.

MESSIEURS,

L'usage tend à s'établir aux Congrès nationaux des Syndicats agricoles, que l'Union régionale chargée de recevoir les Congressistes, tienne devant eux son Assemblée générale annuelle.

En fixant cette tradition, l'Union Centrale entend compléter les programmes théoriques de ses Assises provinciales, par l'exposé de réalisations pratiques, de difficultés vaincues, par l'aveu même d'échecs subis dont la leçon ne saurait être perdue.

L'Union des Syndicats Agricoles du Finistère va donc procéder devant vous, Messieurs, à son assemblée statutaire. Ses rapporteurs vous décriront l'activité de nos divers services au cours de l'année 1923, et peut-être leur permettrez-vous de saisir l'occasion solennelle offerte à notre session de 1924 pour élargir le champ de leurs compte-rendus, pour relier l'année révolue à celle que nous vivons, pour préciser nos espérances, pour rattacher le futur au passé par les liens du présent.

Quant au Président de l'Union du Finistère, un devoir agréable et facile lui revient: celui de la reconnaissance.

L'Administration, le Parlement, le Clergé, l'Armée, la Magistrature, le Commerce, l'Industrie, sont représentés ici par d'éminentes personnalités que je remercie de nous apporter le précieux témoignage de leur sympathie.

Interprète des cultivateurs finistériens qu'ils honorent de leur visite, je salue les Congressistes étrangers à notre province. Les uns ont franchi les frontières; d'autres sont venus de toutes les régions de France pour affirmer avec nous la puissante cohésion de l'Agriculture Nationale. Je leur exprime à tous la gratitude de nos associations dont ils ont devant les yeux l'imposante représentation.

A vous, amis syndiqués du Finistère, un très spécial merci. Une fois encore, vous avez répondu avec un ensemble admirable à l'appel de votre Union. Une organisation où se révèlent tant de discipline et de solidarité, peut regarder l'avenir avec confiance.

Et cette confiance se fortifie de l'appui fraternel que nous apportent nos voisins du Morbihan et des Côtes-du-Nord, accourus ici à pleins wagons et à pleins camions pour manifester avec nous la solidarité de la Bretagne rurale, dont les Syndicats, les Mutuelles, les Associations diverses, groupées par centaines autour de nos Unions, visent le même but et s'inspirent du même idéal.

Fier de parler devant une pareille assemblée paysanne, et j'ose le dire, en son nom, je profiterai des circonstances exceptionnelles qui donnent à ma voix une portée plus lointaine pour entretenir nos hôtes des graves soucis que l'heure présente inspire au peuple des campagnes.

Ces préoccupations, j'en suis sûr, sont partagées par les agriculteurs de toutes les provinces: il n'est pas trop de toutes nos forces réunies pour tenter de les dissiper.

Parler des inquiétudes de l'Agriculture, dire que le cultivateur interroge l'avenir avec appréhension et que sa profession est encore insuffisamment protégée, exposerait dans certains milieux à des reparties sceptiques ou narquoises, déchaînerait peut-être mainte colère, tant s'est répandue l'idée que le Pactole irrigue nos compagnes.

Ce n'est pas ici le cas, et vous savez tous, Messieurs, que l'heure est grave pour la terre. Oh! sans doute, à voir les choses superficiellement, on constate que les cours des produits agricoles sont souvent rémunérateurs, que l'aisance est plus répandue que jadis dans les campagnes; mais, à considérer la situation dans son jour véritable, peut-on nier que de graves problèmes se posent pour l'Agriculture, dans l'ordre économique et dans l'ordre social, aggravés encore par les suspicions qui entourent notre profession et les légendes créées à son sujet. Peut-on nier surtout, qu'en dépit de cette prospérité apparente, la terre de France soit désertée par beaucoup de ses enfants? Voilà le grand fléau dont l'avenir national est assombri et qu'à tout prix il faut conjurer.

Ici, en Basse-Bretagne, le mal est moins profond qu'ailleurs, mais nous en sentons la menace et nous voudrions l'écarter alors qu'il en est temps encore peut-être.

Certes, la main-d'œuvre salariée se fait de plus en plus rare: la ville et l'atelier nous disputent nos ouvriers; mais les familles paysannes prolifiques, saines et laborieuses, fortement enracinées sur le sol qu'elles cultivent depuis plusieurs générations souvent, comblent de leurs propres effectifs les vides causés dans nos campagnes par le chemin de fer, l'industrie, la marine, l'armée coloniale.

Mais ailleurs! dans trop de provinces françaises où la friche renaît, l'exploitant lui-même, et non seulement l'ouvrier rural, voit ses fils, son seul fils trop souvent, déserter la ferme natale pour je ne sais sais quel bureau, quel comptoir, quel emploi urbain!

Le Théâtre de Quimper
Siège du Congrès

*Cliché
Bretagne Touristique.*

La terre manque de bras, dit-on depuis longtemps, hélas! ne pourrait-on ajouter aujourd'hui qu'elle manque surtout de cœurs.

Et pourquoi les cœurs s'en éloignent-ils, brisant de longs atavismes et de respectables traditions?

Les causes de cette désaffection sont multiples, certes; on les a énumérées maintes fois. L'une des principales n'est-elle pas l'instabilité de la famille paysanne qu'il faudrait, avant toute chose, consolider sur la terre qu'elle cultive, et entourer des garanties d'existence et de perpétuité qui favorisent les foyers féconds et les entreprises durables?

Aussi demandons-nous une politique de la famille paysanne, politique hardie, généreuse et sage à la fois, adaptant les leçons du passé aux nécessités des temps modernes et s'inspirant des loégitimes aspirations du monde rural.

Ce que la famille agricole réclame tout d'abord, c'est la fixité, condition de sa perpétuité. Ce qu'elle redoute, c'est de voir, à chaque génération nouvelle, se poser l'angoissant problème de son avenir.

Faciliter au cultivateur l'accession de la propriété est bien et nous rendons hommage au Législateur de ce qu'il a fait en ce sens; mais il reste à conférer à cette propriété un caractère permanent, plus familial et moins individuel, il faut en assurer la conservation.

Or, Messieurs, à peine constitué, la propriété rurale est menacée de destruction, et les agents de cette destruction sont le Code Civil, justement appelé « machine à hacher le sol », et notre régime successoral. Nous demandons que de profondes modifications leur soient apportées.

Voici un père de famille: après de longues années de labeur et d'économies, aidé par le Crédit Agricole, il acquiert le domaine qu'il exploite avec les siens. Mais la mort survient!

Va-t-elle anéantir l'œuvre de toute une vie? La législation n'a-t-elle pas permis à ce père de désigner celui de ses fils qui lui succèdera?

Des dispositions légales sont elles prévues pour que cet enfant puisse s'acquitter vis-à-vis de ses frères et sœurs des obligations que l'héritage paternel lui impose et les dédommager en espèces du choix qui l'a favorisé? Hélas non! si les enfants sont nombreux, la part représentée par l'exploitation sera souvent trop grosse pour l'un d'eux: il faudra dépecer ou vendre.

L'indivision, il est vrai, permettrait de gagner du temps, de conserver la propriété terrienne que bientôt peut-être un fils pourrait reprendre; mais qu'un seul des héritiers y répugne, le Code Civil lui reconnaît le droit d'obtenir le partage et de réclamer sa part en nature des meubles et immeubles de la succession.

Se trouve-t-on en présence de mineurs? La licitation peut être ordonnée; l'espoir nous reste que l'un des fils du défunt sera adjudicataire! Oui, peut-être, à moins que de plus puissants enchérisseurs ne se présentent: contre ceux-ci, l'héritier est-il protégé par quelque privilège, par un simple avantage?

De privilège, nous n'en constatons qu'en faveur de celui qui achète pour revendre, du marchand de biens que des dispositions inscrites dans la loi fiscale de 1920 favorisent de droits réduits, et cela nous révolte!

Ah! Messieurs, que de familles délogées, dispersées, ou lourdement endettées par l'intervention scandaleuse de ces « bandes noires » qui guettent les successions, exploitent les dissentiments de famille, faussent le prix de la terre, et constituent pour nos campagnes un véritable fléau social.

Ce serait miracle qu'évitant tant d'écueils, le domaine paternel, péniblement constitué, se transmît intégralement à l'un des enfants et perpétuât sur son sol la tradition laborieusement nouée!

A moins cependant que, redoutant l'émietteemnt fatal de son bien, le père n'ait sacrifié la société à la famille en limitant sa postérité. Cruel dilemme! Notre conscience de catholiques le tranche sans hésitation, certes, mais il vous appartient, Messieurs les législateurs, de rendre moins héroïque l'exécution de ses arrêts.

Faites en sorte, nous vous en supplions, que le père d'une famille nombreuse, puisse mourir sans inquiétude sur le sort du patrimoine foncier qu'il a créé. L'un des vôtres, un de nos anciens ministres de l'Agriculture, dans un livre dont le titre seul indique les tendances: « Pour et par la Terre », a entrepris l'étude de ce grave problème. Il importe à ses yeux de sauver du partage l'exploitation rurale d'une contenance inférieure à 40 hectares. Le projet de loi inspiré de cette préoccupation permettait au propriétaire de ce bien de désigner celui de ses fils qui lui succèderait et prévoyait l'intervention du Crédit Agricole pour fournir à l'héritier du fonds rural les soultes dues à ses cohéritiers.. Mais ce n'était qu'un projet!

Oh! je le sais, on objecte le principe de l'égalité entre les enfants; mais le Code Civil lui-même n'a-t-il pas composé avec ce principe en prévoyant le jeu très légitime de la « quotité disponible? » Au surplus, le mirage de l'égalité doit-il conduire à la destruction de la famille?

Je n'ai pas la prétention d'entreprendre ici, dans ses détails, l'examen d'un problème auquel de puissants esprits se sont attachés: mon rôle est de vous confier seulement le grave souci dont la vieillesse de maint cultivateur est assombrie et de vous dire qu'en assurant la transmission de la propriété paysanne vous acquérrez des titres à la reconnaissance de nos familles rurales.

La famille, propriétaire de son fonds,ne retient pas seule notre sollicitude, et nous voudrions que celle du fermier trouvât elle aussi dans la loi tout l'appui dont elle a besoin pour se stabiliser sur le bien qu'elle exploite. Le droit de propriété est un droit intangible, loin de moi l'idée qu'ony puisse porter atteinte; mais nous demandons que le fermier bénéficie de facilités particulières pour acheter sa ferme mise en vente. Les droits des parents du vendeur devront certes primer tous les autres, c'est justice; il serait cependant équitable que ceux du fermier vinssent sitôt après et que celui-ci, grâce à un droit de préemption, grâce à des mesures fiscales particulièrement clémentes, pût acquérir sa ferme de préférence à tout étranger, de préférence au marchand de biens surtout, que favorise le scandaleux privilège dont tout à l'heure nous nous sommes indignés.

Ce n'est pas suffisant encore. L'arbre familial fortement enraciné sur l'exploitation paternelle portera des rameaux qui s'en détacheront; nous ne saurions les perdre de vue et nous voudrions en faire de vigoureuses boutures. Les frères de l'héritier qui devront quitter la ferme natale doivent être retenus à la terre, eux aussi. Chez nous, hélas! la crise des fermes rend très problématique ce maintien et l'on connaît le sens de nos efforts en vue de garder à la terre française ceux que la terre d'Armorique ne peut conserver. La colonisation bretonne en Dordogne n'a pas d'autre but.

Combien nous préférerions, par d'habiles remembrements, par l'utilisation de terres encore incultes, mutiplier les exploitations dans notre Finistère, ainsi que de généreux esprits l'ont maintes fois suggéré. Mais c'est là une conception de vaste envergure, demandant des capitaux, des encouragements puissants; en l'état actuel de la législation, nous ne pouvons l'envisager.

Peut-être la constitution de sociétés foncières dont le Parlement s'est vu saisi déjà, hâterait-elle, moyennant certaines adaptations locales, la solution de ce grave problème en permettant un jour la création de nouvelles exploitations, berceaux de nouveaux foyers.

Vous le voyez, Messieurs, c'est toujours à la famille que reviennent nos préoccupations, à cette famille rurale dont il faut favoriser la création, protéger le développement, assurer la perpétuité.

De son avenir, de sa prospérité, dépendent le sort de l'Agriculture et, par conséquent, de la nation dont le cultivateur assure la subsistance.

« Malheur aux pays qui ne savent pas conserver leurs paysans s'écriait, il y a quelques mois, notre président, M. de Voguë ». « Malheur au paysan lui-même, pourrions-nous ajouter, que ne sait pas ou qui ne peut pas retenir ses fils auprès de lui ».

Le développement de l'Industrie est certain; l'usine et le chantier disputeront à la terre ses ouvriers. La crise de la main-d'œuvre s'aggravera donc, surtout si la natalité française ne se relève pas. Nos efforts tendront à l'atténuer certes, mais de plus en plus, la famille de l'exploitant devra se suffire à elle-même et cultiver son bien avec l'aide de ses seuls membres: encore faut-il que ceux-ci soient nombreux, et qu'ils puissent envisager l'avenir avec confiance.

Notre Bretagne offre l'exemple très généralisé d'un tel régime; nous pourrions dire qu'elle lui doit les progrès de son agriculture. Mais que deviendrait son sol, aujourd'hui fertile, le jour où, cédant aux propagandes criminelles, à la contagion d'un exemple mortel, la famille paysanne, oublieuse de ses saines traditions, venait à limiter sa progéniture pour sauver le patrimoine menacé du partage? D'avance, nous pouvons le prévoir: les terres cultivées se restreindraient pour céder la place à la prairie, l'herbe remplacerait le blé, jusqu'au jour où, les difficultés devenant insurmontables, la population rurale refluerait vers la ville, quittant l'air pur, la vie libre, la vraie indépendance, pour l'usine et l'atelier, subissant, inconsciemment peut-être, une véritable régression sociale, parfois même une déchéance physique et morale; et, cependant, peu à peu, nos terres se recouvriraient de landes!

Mais ceci n'est qu'un mauvais rêve, auquel je ne veux pas m'attarder, trop de motifs d'espoir nous restent. Il est impossible que l'étroite collaboration des Pouvoirs Publics, du Parlement, et de nos organisations professionnelles, dont cette Assemblée est le signe vivant, n'écarte le danger qui nous menace.

La France ne saurait vivre sans son agriculture: malheureusement, trop peu de Français le savent! Et c'est vers vous Messieurs, les représentants de la Presse, que je me tourne pour vous demander de répandre dans le public cette vérité vitale.

Votre présence à notre Congrès est un témoignage de sympathie dont nous sommes reconnaissants, et je m'adresse à vous avec confiance.

Votre pouvoir sur l'opinion est immense! Usez-en pour que cesse l'injuste hostilité du consommateur urbain contre le producteur rural. Combattez, nous vous en conjurons, la désastreuse équivoque qui oppose deux catégories de citoyens dont aucune ne peut se passer de l'autre, pendant, qu'habilement dissimulés, les responsables véritables de la vie chère, l'intermédiaire sans scrupule, le spéculateur, attisent perfidement la querelle dont ils profitent.

En créant autour de l'Agriculture nourricière, une atmosphère de sympathie et de confiance, vous faciliterez la tâche de nos syndicats et de nos coopératives. Pourquoi semble-t-on aujourd'hui les considérer avec méfiance, pourquoi discute-t-on leurs caractères propres que définissent leurs lois organiques, pourquoi tente-t-on de les assimiler aux sociétés dont le but est lucratif, et de leur imposer les mêmes charges fiscales, alors, qu'administrés gratuitement, ne poursuivant aucun bénéfice, il s'attachent à réduire les frais généraux de la culture et, par conséquent, le prix de revient des denrées de consommation?

C'est là un de nos soucis très actuels qu'en terminant je me permets de vous confier encore Messieurs les Membres du Parlement. Abusons-nous de votre bienveillance en formulant ici des doléances et des espoirs? Sincèrement, je ne le crois pas. Si, cependant, nous outrepassons nos droits, nous pensons obtenir votre indulgence en invoquant les motifs qui nous guident, les raisons profondes de notre activité.

Etranger à la politique de parti, se tenant jalousement à l'écart des luttes électorales, notre groupement lie son action à celles de toutes les forces syndicales et mutualistes qu'assemble l'Union Centrale. Nous voulons organiser puissamment l'Agriculture pour lui permetfre d'intensifier sa production, pour lui fournir les moyens de défense et de représentation dont toutes les professions sentent aujourd'hui le besoin, pour améliorer la condition de tous les hommes que la terre fait vivre, pour entretenir chez eux le respect de la justice sociale nécessaire à leurs relations pacifiques comme à la fécondité de leurs travaux.

Nous prétendons faire ainsi acte de bons Français et contribuer à la renaissance de la patrie dont toutes les plaies ne sont pas encore fermées.

En voulant une Agriculture florissante et protégée, nous ne cédons pas aux suggestions d'un égoïsme corporatif étroit, c'est à la France elle-même que va notre pensée, à la France que de toutes nos forces et de tout notre cœur de Bretons fidèles, nous voulons servir dans la paix comme nous l'avons défendue les armes à la main.

Rapport de M. de Rodellec, secrétaire général de l'Union du Finistère.

MESSIEURS,

L'histoire du syndicalisme agricole dans le Finistère date de 20 ans à peine. A cette époque, qu'à nos âges on trouve toute proche encore, bien rares étaient les syndicats dans notre département.

M. de Rodellec

Sans doute nos aînés avaient-ils songé à tirer parti de la loi de 84: des syndicats d'arrondissement avaient été fondés à: Brest, Quimperlé, Morlaix, Carhaix; leurs services furent considérables, mais limités. La technique agricole formait l'objet presqu'exclusif de leur activité, mais le point de vue corporatif restait lettre morte. N'était-il pas d'ailleurs considéré comme vérité de foi que les Bretons, individualistes dans l'âme, n'étaient capables de s'intéresser qu'aux dix clochers qui dentellent l'horizon de leur village, et trop jaloux de leur indépendance pour se lier par des disciplines de surcroit à un ordre de choses dont les grandes lignes se rejoignent à Paris.

Cependant l'esprit d'organisation se réveillait dans quelques endroits. La Mutuelle-incendie de Plougastel-Daoulas est de 1901; en 1902, les premiers syndicats prennent naissance. En 1906, ils sont 10 et jettent les bases d'une entente. Désormais le syndicalisme est lancé, il va prendre chaque année une ampleur nouvelle jusqu'au jour où, ayant vaincu tous les obstacles, il ne lui restera plus qu'à compléter sa victoire par l'organisation méthodique de ses conquêtes.

Deux noms, pour ne parler que des morts, illuminent nos débuts d'un incomparable éclat: Vincelles, Boisanger.

Amédée de Vincelles, officier de cavalerie démissionnaire, avait apporté de l'armée une inébranlable volonté de servir. Sa sociabilité, qui était grande, souffrit des méfiances rencontrées. Il résolut de les vaincre; et c'est dans une intention de collaboration sociale qu'il fonda le Syndicat agricole de Trégunc.

Vincelles avait vu juste. Peu à peu, autour de lui, une élite s'était groupée. Nouveau venu à la Terre, il prenait néanmoins sur elle un ascendant d'aîné par ses connaissances étendues, et ce don de lui-même et de tout ce qu'il savait, qui donnait à son contact tant de prix.

Des expériences d'engrais, des concours de culture, des essais de machines... assemblaient périodiquement les principaux agriculteurs de la région. De ce labeur en commun, des amitiés sont nées dont le charme n'a pas cessé.

Boisanger était de toutes ces réunions. On remarquait chez lui cette curiosité active, créatrice, d'un homme qui, jeune encore, veut couronner d'expérience le travail de sa studieuse adolescence. Faire le bien était son idée fixe. Il y apportait tout le feu d'une âme naturellement ardente et cette hâte un peu fiévreuse de ceux dont les jours sont comptés.

Chez Boisanger comme chez Vincelles, rien de personnel. Ils n'étaient pas de ces hommes plus préoccupés d'étonner que soucieux de servir. S'ils parvinrent à de grandes choses, ce fut presque sans le savoir, humblement. Ils marchaient sans se retourner, sans regarder si la route qu'ils suivaient portait la trace de leurs pas.

Traditionnels, ils se défendaient de rien inventer. Ils appliquèrent au Finistère les principes et les méthodes de l'Union Centrale. Syndicalistes d'instinct, ils organisèrent en imitant, ce qui est le vrai moyen de réussir.

Cependant les Syndicats se multipliaient, devenaient des centres de propagande; des conférenciers bénévoles consacraient leurs dimanches à porter la bonne parole partout où on les réclamait, ils s'appelaient: Thomas, Pérez, Ellégoët, Croissant Tinévez, l'abbé Corre, l'abbé Lanchez, l'abbé Le Mel, etc... Ils furent les pionniers du syndicalisme agricole dans notre département.

Un bulletin mensuel servait de lien à ces groupes épars. Il eut sur nos adhérents une influence considérable. De nombreux volontaires de la plume y écrivaient tour à tour; mais entre tous Vincelles, sous le nom de « Vieux Syndiqué » devait s'y tailler par ses étincelantes chroniques une popularité qui lui a survécu.

Bientôt notre armée en marche avait atteint tous les sommets (les élites, veux-je dire); mais il restait beaucoup à faire dans la plaine. Le scepticisme y régnait en maître, et l'idée de s'organiser sur le plan du travail faisait aux éléments dirigeants de l'opinion l'effet de la plus creuse utopie.

Nous marquions donc un arrêt: pour tout dire, nos moyens pécuniaires étaient faibles et notre propagande s'en ressentait. Il fallait pourtant avancer.

La Société d'Encouragement aux Œuvres Agricoles du Finistère est née en 1911, de cette préoccupation d'intensifier notre action. Alfred de la Barre de Nanteuil, ancien lieutenant de vaisseau, prit en main la direction de cet organisme dont le nom seul indique l'incertitude de ceux qui l'avaient fondé. La Société nouvelle serait ce que son chef voudrait qu'elle fut. Nanteuil était précisément l'homme qu'il fallait à ce poste. Il acceptait sans enthousiasme, par discipline, par amitié; car ce politique fervent d'organisation sociale, et que les doctrine de la Tour du Pin avaient fortement marqué de leur empreinte, redoutait pour notre jeune organisation et ses chefs, les séductions de la politique électorale et les divisions qu'elle engendre. Nanteuil fut à certaines heures le pilote du syndicalisme agricole, pilote plein de sagesse et d'une rare pénétration d'esprit.

Son renfort venait à point. Par son intermédiaire, des concours importants se produisirent. Ils permirent à Boisanger de réaliser, en 1912, son rêve de mettre nos œuvres chez elles, dans leur maison; rêve caressé depuis longtemps et qu'il avait défini ainsi dans un appel daté de 1911 :

« L'Office Central, créé sous la forme coopérative, aura pour objet, »

1°) les achats des Syndicats coopérateurs;

2°) L'acquisition d'immeubles où seront installés non seulement les services de la coopérative, mais également les bureaux des œuvres annexes de nos syndicats agricoles. »

L'inauguration de l'Office Central eut lieu en octobre 1912. Messieurs de Voguë et de Clermont-Tonnerre y représentaient l'Union Centrale.

L'immeuble avait été construit sur les plans d'un de nos amis les plus dévoués, Monsieur Dumoucel, ancien officier de Marine comme Nanteuil, et alors Président de la Caisse régionale de Réassurance Incendie. Celui-ci voulut faire grand (trop grand même, au dire de beaucoup de nos adhérents). L'avenir prouva qu'il avait vu juste.

La Mutualité Incendie avait suivi en effet la même progression que le syndicalisme dans le Finistère, déplaçant vers l'Ouest le centre des Caisses réassurées alors fixé à Vannes. Nos mutuelles se plaignaient de leur éloignement de la Réassurance; l'Office Central offrait un bureau, un Directeur: la proposition fut agréée.

La Réassurance-Bétail vint ensuite en 1913. Un bureau était réservé à la Réassurance-Accidents. Nous ouvrions aussi les portes de l'Office Central à des œuvres indépendantes de notre action, mais utiles à nos adhérents, comme: la Société d'Agriculture de l'arrondissement de Brest, le Stud-Book du Cheval de trait breton et de la race postière bretonne, les Caisses de crédit de Landerneau et de Daoulas, et, plus récemment, le Syndicat Apicole, la Société d'Aviculture.

En Juillet 1914, la situation est la suivante dans le Finistère: 39 Syndicats, la Coopérative est lancée; elle a, en 6 mois, fait près d'un demi-million d'affaires. Notre bulletin tire à 4.500 exemplaires. On compte 100 mutuelles-Incendie; 23 mutuelles-Bétail, 9 mutuelles-Accidents. Nous pouvions être particulièrement fiers de ce dernier groupe, peu nombreux sans doute, mais presque unique en France, et dont la réussite a ouvert à la mutualité un champ d'un intérêt incalculable comme on le voit aujourd'hui.

Nous inaugurions à ce moment la première série d'Examens Agricoles dans les écoles du département, examens organisés sous l'égide de la Société des Agriculteurs de France. Notre force morale est en pleine progression et on peut dire que l'avenir du syndicalisme agricole avait, chez nous, la couleur d'une belle aurore, quand sonna, le 31 juillet, le toscin de la mobilisation.

Boisanger, versé dans la territoriale, n'y resta pas longtemps. A à la suite de demandes réitérées, dont la première a devancé la mobilisation, il passe au 19e régiment d'infanterie. Il quitte Brest le 6 Septembre comme adjudant et tombe 3 mois après, le 17 décembre, à Ovillers-la-Boiselle, en entraînant ses bretons à l'assaut des positions ennemies.

Un mois avant, le 10 Novembre, Nanteuil était tombé à Dixmude, de cette mort puissante des héros.

Lannuzel, notre premier comptable, avait été tué le 2 octobre 1914, ouvrant la série de nos deuils. Plus tard, nous pleurerons Caraës, tombé en 1916, et Lejeune, mort des suites de ses fatigues en 1918.

L'honneur entrait dans notre Maison, mais à quel prix! Désormais les services commerciaux sont en sommeil. Les Caisses de Réassurances maintiennent le contact avec les Mutuelles, mais elles ne progresseront plus jusqu'à la fin des hostilité. Le bulletin ne paraîtra que de loin en loin, encadré de noir.

Dans ce désarroi, l'Office Central s'efforce de venir en aide à l'universelle misère. Dans notre grande salle de réunion, celle où M. de Vogüé a présidé à nos pacifiques discussions de 1912, des lits sont rangés de chaque côté de cette Croix où Boisanger avait inscrit le programme de notre action:

« *Instaurare omnia in Christo* ».

Le contraste est saisissant entre ces deux époques si proches pourtant, entre cette devise et ces souffrances.

Ce n'est pas tout: au lendemain de la victoire de la Marne, l'Office Central avait organisé une souscription à la demande des agriculteurs de France, au profit des pays dévastés. En 1916, un nouvel appel fut lancé en vue d'établir une école de rééducation des mutilés. Notre ami, Monsieur Dumoucel, s'y consacra avec ce dévouement et cette ingéniosité dont il nous a déjà donné tant de preuves.

Est-il possible enfin d'évoquer ces tristes jours sans rappeler le nom de notre Vice-Président, Monsieur Thomas? Ce père en deuil, maire d'une des plus grosses communes du département, vient à l'Office Central chaque fois que le lui permettent ses absorbantes fonctions. Il y apporte l'encouragement de sa présence et de ses conseils à l'ancien secrétaire d'Augustin de Boisanger, notre ami, François Billant, actuellement Directeur de la Réassurance-Incendie, qui sera pendant la guerre, l'ange gardien de nos œuvres, le mainteneur des traditions yndicales.

Enfin le canon se tait, l'armistice est signée, la démobilisation commence, chacun rentre chez soi. Il y a de la lassitude chez nos poilus, et comme une insurmontable envie de dormir; le temps marche pourtant, la vie n'a pas interrompu son cours.

L'Office Central reçoit des visiteurs, on lit dans leurs yeux comme une inquiétude: « Que va devenir l'œuvre, sans celui qui en était l'âme? Qui va prendre la place de Boisanger? »

Bientôt l'Assemblée Générale va nous fixer. Les anciens y sont presque tous venus: les jeunes, en revanche, sont peu nombreux. Beaucoup d'entre eux, il est vrai, ne sont pas encore rentrés dans leurs foyers. C'est égal, nous sommes inquiets.

On le sera moins tout à l'heure lorsque, d'un choix unanime, l'Assemblée générale désignera comme président de l'Office Central celui qui est déjà présent dans cette histoire et dont le nom n'a pas encore été prononcé: Hervé de Guébriant.

Le soin du nouveau conseil est de remettre sur pied les services de la Coopérative, de lui trouver un Directeur, d'étendre ses débouchés, par une judicieuse extension de nos Dépôts. Peu à peu, des Syndicats ressuscitent. Leur nombre s'accroît, doucement d'abord, puis très vite.

Le Président de l'Office Central poursuit dans le pays une reconnaissance méthodique de nos organisations: il entre en relations avec leurs chefs et leurs dirigeants, et se rend compte que la guerre a singulièrement avancé nos affaires: nos paysans ont pris conscience de leur force au cours de ces quatre terribles années, mais ils savent que le nombre n'est pas la force, si l'unité est absente. Ils sentent nettement que l'organisation syndicale des forces paysannes peut seule continuer en France le bienfait de la paix victorieuse qu'ils ont si chèrement acquise. Ils savent aussi que le plus sûr moyen d'empêcher une guerre qu'ils redoutent parce qu'ils l'ont faite, eux, c'est de rendre à la force que nous constituons, nous les paysans, sa prépondérance sur l'élément mercantile qui prétend mener le monde, par l'organisation nationale de nos prévoyances, de nos énergies, de nos justes méfiances.

Bénéficiant d'un tel état d'esprit, notre mouvement en avant ne pouvait que s'accentuer. En 1919, 39 syndicats sont fondés; en 1920, 66; en 1921, 100; en 1922, 110; en 1923, 116; en 1924, à l'heure ou je parle, nous comptons 122 syndicats.

Sur le terrain de la mutualité, même progression, en 1919 il y avait 106 mutuelles-Incendie; en 1924, nous en comptons 223.

Pour l'accident, la progression est plus sensible encore, nous passons de 12 en 1919, à 116 en 1924.

Seule la mutualité Bétail n'a pas progressé, pour des raisons qui tiennent surtout à la grande difficulté d'apprécier la valeur des cheptels.

Messieurs, nous avons épuisé le chapitre du syndicalisme et de la mutualité sans avoir parlé de l'Union des syndicats agricoles du Finistère. C'est que, chose étrange, cette Union ne date que de 1919. Elle existait en fait à cette époque, son nom avait été prononcé à plusieurs reprises dans le passé et je l'ai relevé en particulier dans le discours d'Augustin de Boisanger, à l'inauguration de l'Office Central; mais nos fondateurs n'avaient pas jugé utile de la constituer avant que la loi ne lui ait reconnu l'existence légale. Cette lacune a été comblée en Août 1919, et dès le mois d'octobre suivant, l'Union du Finistère était fondée.

C'est d'elle désormais que dépend la direction de tout ce qui touche aux intérêts de la profession agricole syndicalement organisée. Dans sa main, elle réunit les services de la coopérative, de la mutualité, de la propagande, de l'enseignement, de l'émigration bretonne en Dordogne; c'est elle qui constitue les commissions d'arbitrage en cas de conflit: elle est le canal par lequel passent les vœux et les réclamations de nos adhérents, et c'est par elle que se transmettent, au plus profond de nos campagnes, les avis et les directions que le conseil de l'Union du Finistère juge bon de donner à nos adhérents, comme les directives et les mots d'ordre d'un intérêt plus général que l'Union Centrale nous fait parvenir.

De cette manière rien ne se passe à l'intérieur de l'Union comme en dehors d'elle sans que vous en soyez avisés, vous, Messieurs les syndiqués; et l'on peut dire sans exagération que la solidarité paysanne est établie de telle façon qu'un événement intéressant notre profession et qui s'est passé sur les bords du Rhin peut avoir, si l'Union Centrale le veut, sa répercussion immédiate sur les bords de la Manche et de l'Océan.

Ainsi l'esprit public échappe à la vanité des petites querelles, pour s'attacher à tout ce qui élève et unit.

Messieurs, c'est à dessein que je n'ai voulu entrer dans aucun détail. Les représentants de nos services vont vous donner, successivement, un compte rendu détaillé des résultats acquis au cours des années 1923 et 1924.

Avant qu'ils ne prennent la parole, je vais vous soumettre les comptes de l'Union:

Situation financière au 31 Decembre 1923

RECETTES			DÉPENSES		
En Caisse au 1er janvier 1923..............	3.633		Impression du bulletin.....................	24.474	45
Reçu pour cotisations et abonnements au bulletin	26.887	50	Tournées syndicales du Président et Secrétaire général	1.435	
Cotisations et abonnements.................	1.808	20	Frais de déplacements des administrateurs	319	05
Publicité au bulletin.......................	2.591	20	Traitement du secrétaire...................	5.200	
Reçu de l'Office Central pour la propagande..	12.871	99	Frais de bureau...........................	2.535	55
Prix d'Estrées.............................	1.000		Frais de propagande, conférences...........	1.006	85
Prix d'Estrées.............................	300		Colonisation en Dordogne...................	3.466	05
Subventions reçues........................	866	66	Subventions diverses accordées.............	3.466	05
			Enseignement agricole......................	1.612	30
			Payé cotisations diverses...................	1.091	25
			Semaine rurale...........................	800	
			Prix d'Estrées.............................	1.000	
			Prix Felcourt.............................	300	
	49.958	**55**		**43.940**	**50**

RECETTES	49.958	55
DEPENSES	43.940	50
RESTE en Caisse..........................	6.018	05

Rapport du Directeur de la Propagande.

MESSIEURS,

L'homme est naturellement sociable, et cet instinct qui pousse les individus à se réunir, excite aussi les membres d'une même profession à se grouper pour représenter et défendre leurs intérêts: les corporations ont été, jadis, la résultante de ce besoin d'union.

La loi de 1884 autorise tous les corps de métiers à s'associer, t l'Agriculture, comme toutes les autres professions, peut en profiter. Mais si les ouvriers, habitués à travailler en groupe, se sont bien vite organisés, il n'en est pas de même du cultivateur.

Le cultivateur vit isolé sur sa terre, il est méfiant, donc lent à se décider, parce que trop souvent exploité.

Il a fallu que des hommes dévoués prennent la tête du mouvement, qu'ils forment d'abord une élite qui s'est peu à peu imposée et qui entraîne actuellement la foule.

Déjà avant la guerre, le mouvement était déclenché dans le département du Finistère. Comme dans tout commencement, il y eut des tâtonnements, même des échecs. On a voulu, par exemple, grouper de trop grandes circonscriptions dans un même syndicat: on en est revenu, et désormais nos syndicats sont communaux, conformément à la doctrine de l'Union Centrale.

Aussitôt après la guerre, on aurait dit que le vent était à l'association; était-ce l'habitude d'agir en commun dans les tranchées qui avait donné à nos cultivateurs le goût de l'union? Le fait est, que de tout côté, surgissaient les syndicats et mutuelles.

Jusqu'en 1922, les conférenciers recrutés parmi les syndiqués de bonne volonté, doués d'un dévouement à toute épreuve, d'un talent incontesté, connaissant admirablement la législation syndicale et mutualiste, s'exprimant en français et en breton, s'en allaient dans les localités où le besoin d'un syndicat se faisait sentir, et, généralement, la création suivait de près la conférence.

Vers 1922, cependant, les dirigeants de l'Office Central, remarquèrent un fléchissement dans le mouvement syndical; on leur demandait moins de conférences! L'Office Central désigna pour chaque arrondissement un agent de propagande bénévole. La bonne volonté ne manquait pas à ces agents, mais, agriculteurs eux-mêmes, ils ne disposaient pas du temps voulu pour obtenir un résultat désirable, et c'est pourquoi, l'Office s'est décidé à ajouter un nouveau rouage à son organisation, par la création à poste fixe, d'une Direction de propagande.

Le rôle de ce Directeur est de se mettre en contact avec toutes les organisations syndicales et mutualistes qui ont leur fédération à Landerneau. Il les visite, et, à cette occasion, il donne à leurs dirigeants, les conseils, les renseignements, qui leur sont nécessaires; il leur signale les dispositions légales qui les intéressent, les opérations qui peuvent servir leurs groupements. Il profite de son passage pour se renseigner sur ce qui pourrait se faire dans les communes voisines. Grâce à cela, il a vite fait de découvrir les cultivateurs influents.

Il va les voir également, leur parle de ce qu'on pourrait faire chez eux, les amène à désirer un syndicat, une mutuelle, leur offre des conférenciers.

Le mouvement qui semblait se ralentir a donc repris de plus belle; il est vrai que la loi du 22 Décembre 1922 sur les Accidents agricoles a fourni l'occasion à de nouvelles conférences, mais sans doute augmentées par l'existence d'une Direction de Propagande.

Des chiffres donneront une idée de l'œuvre accomplie depuis le mois de décembre 1923, et des espérances que l'on peut fonder sur cette organisation.

Il a été fait 20 conférences sur les Syndicats, 30 sur la Mutuelle-Incendie, 10 sur la Mutuelle-Bétail et 90 sur la Mutuelle-Accidents.

Soit 150 conférences en 1924, contre 10 en 1923.

Si l'on songe que tous ces syndicats, toutes ces mutuelles sont ffiliées à l'Union du Finistère, qui est elle-même affiliée à l'Union Centrale qui est au sommet des organisations agricoles de France, on voit la force qu'elle représente dans le pays.

Voilà les résultats obtenus, mais nous essayerons de faire mieux encore. Si j'ai insisté dès le début de cet exposé, sur la nécessité de se grouper, c'est qu'il y a encore beaucoup de communes qui ne semblent pas connaître nos œuvres.

J'ai voulu leur faire savoir qu'il est très facile pour elles aussi, de se mettre dans le mouvement: un mot au Directeur de la Propagande et celui-ci se charge du reste.

Puisse-t-il être un agent d'union entre tous les cultivateurs du Finistère, afin que la profession agricole ne compte plus chez nous, dans un avenir prochain, qu'une seule famille.

Rapport sur l'Enseignement Agricole dans les écoles libres du Finistère, par Monsieur Belbéoc'h.

MESSIEURS,

On vient de vous donner un aperçu rapide des nombreuses œuvres agricoles dont s'occupe notre Office Central. Mais son rôle serait incomplet s'il ne s'intéressait pas à la jeunesse. Il ne suffit pas de s'occuper du cultivateur d'aujourd'hui, il faut préparer celui de demain. Je veux vous dire en quelques mots ce que fait notre Union de Syndicats pour l'enseignement agricole dans les écoles libres du Finistère.

Le Finistère, comme vous le savez, est un de nos départements les plus populeux. Il a l'honneur d'être un des départements de France où la natalité est la plus forte; beaucoup d'enfants, beaucoup d'écoles.

Comme me disait une personnalité agricole officielle du Finistère, dans un département où l'agriculture a fait un progrès considérable, où les familles rurales ont de nombreux enfants, il faut de nombreuses écoles enseignant l'agriculture.

Dès l'école primaire, donner aux fils du cultivateur quelques notions sur le sol, l'assolement, l'emploi des engrais chimiques, la culture des plantes du pays, les machines, le bétail breton, la laiterie et la cidrerie: c'est lui faire entrevoir toute une science agricole qu'il peut ensuite perfectionner dans une école spéciale; c'est lui donner le goût d'un métier, c'est le retenir à la terre.

Malheureusement un programme scolaire très chargé, la préparation au certificat d'études et, disons-le aussi, le manque de professeurs spéciaux ne permettent de donner à l'enfant que des notions élémentaires. Cependant il était nécessaire de faire un programme, de comparer les différentes écoles et, pour encourager cet enseignement, de donner des récompenses tant aux écoles qu'aux élèves.

Sous le haut patronage de la *Société des Agriculteurs de France*, l'Office Central s'est occupé de toutes ces questions.

Une commission de l'enseignement a été nommée; de concert avec les maîtres des meilleures écoles, un programme a été mis au point.

Toutes les écoles ont été sollicitées et, tous les ans, les diverses écoles qui désirent participer à nos épreuves, indiquent à l'Office Central le nombre d'élèves qu'elles désirent présenter à notre examen. Un numéro d'ordre est donné à chaque élève, numéro qui seul devra figurer sur la composition.

Vers le milieu de Juin, la composition écrite a lieu le même jour pour toutes les écoles. Un délégué de l'*Office Central*, généralement Président ou membre du Syndicat local, a reçu un pli cacheté contenant la composition. Au jour fixé, le pli est décacheté en face des élèves et du professeur. Il comprend une dictée qui est donnée par le professeur habituel; puis deux problèmes ayant trait à la culture et trois questions d'agriculture: a) sur les engrais, b) sur la culture d'une plante, c) sur les animaux, laiterie ou cidrerie.

M. Belbéoc'h

Le délégué recueille les compositions et, immédiate il les adresse à l'Office Central. Une commission spéciale corrige ces compositions. Généralement 30 à 40 pour cent des candidats sont éliminés. Les admissibles sont avisés et une commission se transporte dans les différents centres pour les examiner.

Pour cet examen oral, les élèves tirent au hasard un carton sur lequel il y a trois question:

a) Sur le sol, les engrais et amendements;
b) Sur la culture: façons culturales et machines;
c) Sur le bétail, laiterie ou cidrerie; syndicats ou mutuelles.

Le triage étant déjà fait, peu sont éliminés à l'oral, 10 % environ.

Les élèves qui ont obtenu la moyenne des points reçoivent un diplôme, et les écoles qui ont la plus forte moyenne reçoivent une récompense.

Voici quelques chiffres que je prends depuis l'année 1920 seulement, époque à laquelle l'Union des Syndicats agricoles du Finistère a réorganisé les examens du certificat d'études agricoles.

En 1920 donc, 15 écoles présentaient 342 candidats; 92 seulement furent reçus, environ 27 % seulement. Trop de candidats insuffisamment préparés nous avaient été présentés. L'école libre de Châteaulin s'attribuait le 1er prix, dénommé prix Augustin de Boisanger en souvenir d'un des fondateurs et premier Président de l'Office Central.

En 1921, 15 écoles encore présentaient 283 candidats; 134 furent reçus, environ 47 pour cent. Déjà les professeurs avaient bien compris nos programmes: moins de candidats, mais beaucoup plus forts; sur les 134 reçus, 24 eurent la mention « très bien ». La *Société des Agriculteurs de France* accordait 3 médailles d'argent et 5 de bronze. Prix Augustin de Boisanger à l'école Saint-Joseph, de Plabennec.

En 1922, 15 écoles présentaient 297 candidats et 153 étaient reçus.

3 médailles d'argent et 5 de bronze offertes par la Société des Agriculteurs de France; prix Augustin de Boisanger à l'école Saint-Louis, Châteaulin.

En 1923, toujours 15 écoles présentent 283 élèves; 177 furent admissibles et 168 reçus. La Société des Agriculteurs de France décernait 3 médailles d'argent et 5 de bronze, en outre elle attribuait le prix Felcourt aux écoles du Likès, à Quimper, et Saint Charles, à Kerfeunteun.

Cette année 1924, 17 écoles ont présenté 274 candidats; reçus 151, soit plus de 55 pour cent. Nos programmes sont donc bien compris; les élèves pas plus nombreux il est vrai, mais beaucoup mieux préparés.

En 1922, l'école du Likès, à Quimper, qui a un cours spécial d'agriculture, nous demandait d'établir un examen du second degré. *L'Office Central* a alors étudié un programme spécial, beaucoup plus vaste. L'examen comprend une composition écrite, véritable thèse agricole (trois heures de travail sans livre); puis à un oral plus détaillé nous ajouterons la détermination des graines usuelles et des principales plantes utiles ou nuisibles de la région.

Les élèves présentent généralement un herbier et des rapports sur des excursions faites dans les meilleures fermes des environs, et ils obtiennent pour ce travail des points supplémentaires.

En 1922, une école, le Likès de Quimper, présentait 17 élèves et avait 14 reçus.

En 1923, 4 écoles nous présentaient 33 candidats et 27 étaient reçus dont 6 avec la mention « très bien ».

En 1924, 3 écoles ont présenté 20 candidats; 16 ont été reçus dont 4 avec la mention « très bien ».

Messieurs, il nous reste encore beaucoup à faire pour l'enseignement agricole. Il y aurait peut-être lieu de séparer les établissements suivant leur importance, afin d'encourager les petites écoles rurales. Certaines écoles manquent de professeurs spéciaux. Il serait à souhaiter aussi que des excursions soient faites par les élèves dans des exploitations agricoles, et alors la théorie du maître serait démontrée par le praticien contre le sac d'engrais, devant l'instrument dans le champ, en face de l'animal.

Dans le magnifique Pensionnat Sainte-Marie, à Quimper(autrement dit le Likès), qui depuis longtemps a fourni toute une pléiade de bons cultivateurs dans la région, l'habile professeur d'agriculture, Monsieur Raguénès, fait faire à ses élèves de nombreuses excursions agricoles: des rapports sont faits par les élèves avec plans des bâtiments. Je citerai encore les écoles: Saint-Louis, de Châteaulin; Saint-Joseph, de Plabennec; Saint-Charles, de Kerfeunteun; et bien d'autres encore; un bon point aussi à la petite école rurale de Plouvorn.

Dans certaines régions, comme à Saint-Pol-de-Léon, où la main d'œuvre est particulièrement rare et chère, les parents gardent leurs enfants dès l'âge de 13 ans; les maîtres qui ont d'autres programmes à suivre ne peuvent enseigner l'agriculture à de si jeunes enfants. Il serait à souhaiter que les enfants restent au moins un an au cours agricole après le certificat d'études ou qu'ils rentrent alors dans une école spéciale.

Pour les filles, nous avons dans le département, à Kerliver, dans la commune de Hanvec, une école de laiterie officielle, fort bien tenue du reste. Diverses initiatives privées se sont préoccupées de la création d'écoles ménagères. Je citerai: Saint-Pol-de-Léon et l'école d'enseignement agricole et ménager de Lanorgar, en Le Trévoux, près Quimperlé. Cette école prends des jeunes filles à partir de 15 ans, après le certificat d'études. L'école libre de Bannalec a également organisé pour les jeunes enfants un cours d'enseignement ménager. Toutes ces initiatives privées sont dignes des plus grands encouragements.

Messieurs, je regrette de ne pouvoir m'étendre plus longuement sur cette branche importante de l'activité de notre Office Central; mais le temps m'est strictement limité. Cependant je ne puis terminer ce rapide exposé de l'instruction agricole dans les écoles libres du Finistère, sans vous dire un mot d'une nouvelle école d'Agriculture qui vient de se créer dans le centre de notre département.

L'école d'Agriculture Charles Chevillotte est située sur un domaine de 425 hectares, au Nivot, en Lopérec, desservi par les gares de Quimerc'h ou de Pont-de-Buis. La propriété avec ses dépendances a été offerte par Madame Charles Chevillotte à la Société civile immobilière du Nivot qui l'a louée par bail amphytéotique à l'Association déclarée l'école Charles Chevillotte, chargée de la construction et de la direction de l'école d'agriculture.

Les cours agricoles théoriques et pratiques durent deux années et sont assurés par deux ingénieurs agronomes issus de familles rurales du département et très au courant des cultures locales.

Un cours préparatoire à la 1re année agricole est annexé à l'école et reçoit des élèves, pupilles de la nation et autres, ayant pour programme d'entrée celui du certificat d'études primaires élémentaires.

Les bâtiments de l'école, aménagés d'après les données les plus modernes, ont été terminés l'an dernier seulement; et l'établissement qui commence sa deuxième année compte déjà une cinquantaine d'élèves.

La ferme construite par Monsieur Charles Chevillotte est en parfait état et possède les instruments modernes perfectionnés. Un bélier hydraulique y assure la distribution d'eau; une usine génératrice électrique judicieusement installée sur un cours d'eau du domaine, donne la lumière et la force motrice.

Cette école, destinée d'après les vœux des fondateurs à donner aux jeunes gens une formation religieuse, professionnelle et sociale, est placée sous le patronage de la Société des Agriculteurs de France et de l'Union des Syndicats Agricoles du Finistère.

Je serais injuste, Messieurs, si je terminais ce bref exposé sans rendre un respectueux hommage à Madame Charles Chevillotte, l'insigne bienfaitrice de cette école, et sans féliciter Monsieur l'Inspecteur Diocésain à qui a incombé la lourde tâche de mener à bien cette fondation.

Je suis heureux de l'occasion qui m'est offerte ici d'adresser, au nom de l'Office Central, nos plus chaleureux remerciements à M. le marquis de Vogüé, l'éminent Président de la Société des Agriculteurs de France, pour toute la bienveillance et les nombreux encouragements que cette importante société veut bien accorder à toutes nos œuvres d'enseignement agricole.

Rapport de M. du Buit, président de la Caisse Régionale Accidents de Bretagne.

MESDAMES, MESSIEURS,

L'idée de l'assurance mutuelle agricole contre les accidents remonte pour le Finistère à un certain nombre d'années déjà. C'est en effet le 27 Juin 1911 que M. Hervé de Guébriant a fondé la Caisse de Saint-Pol-de-Léon, la première de notre région à assurer les risques accidents en agriculture. Le mouvement fut suivi par quelques autres communes, et les Caisses de: Plabennec, Plougastel, Briec, Guipavas, etc... se constituèrent; plusieurs d'entre elles purent fonctionner même pendant la guerre.

En 1919, le mouvement se poursuivit encore, et c'est au début de l'année 1923 que l'Office Central, prévoyant le développement que les mutuelles accidents allaient prendre par suite de l'application de la loi du 15 Décembre 1922, reprit l'idée de la création d'une mutuelle régionale de réassurance qui serait, comme dans l'assurance incendie et dans l'assurance bétail, l'échelon entre les Caisses locales et une Caisse centrale.

Les statuts élaborés avant la guerre par M. de Guébrant furent à nouveau étudiés et le 8 décembre 1923 avait lieu à l'Office Central une réunion des caisses accidents déjà existantes et de quelques autres qui étaient sur le point de se fonder, et qui décidèrent la création de la Caisse Régionale: ce fut notre Assemblée constitutive. Une vingtaine de Caisses adhéraient à la Caisse Régionale qui devait commencer à fonctionner le plus tôt possible sous le régime du droit commun. Malgré nos efforts, il ne peut en être ainsi par suite des difficultés que nous avons rencontrées à recruter le personnel nécessaire, à fixer nos tarifs, à connaître exactement les salaires de base, etc... et au printemps 1924 nous décidions de modifier nos tatuts pour les mettre en harmonie avec la loi du 15 Décembre 1922 et de ne commencer la réassurance qu'au 1ᵉʳ Septembre 1924. Ce fut l'objet de notre Assemblée du mois de Juillet au cours de laquelle les nouveaux statuts furent adoptés et les tarifs discutés.

Aussitôt après nous parvinrent les premières propositions d'assurances de nos Caisses locales dont le nombre allait sans cesse croissant grâce au précieux concours que nous prêtait le service de propagande de l'Union des Syndicats agricoles du Finistère.

Chaque dimanche il en naissait de nouvelles qui nous envoyaient la constitution de leurs bureaux, leur adhésion et de nombreuses demandes de renseignements. Le nombre de propositions que nous recevions, malgré la période des travaux de la moisson, nous permettait d'escompter pour les derniers jours d'août un tel travail que, pour donner à nos assurés une garantie en attendant la signature de leurs polices, nous avons résolu de leur envoyer des « lettres de couverture ». Nous n'avons eu qu'à nous en féliciter, car cela a dans bien des cas permis à l'assuré d'apporter à sa proposition des modifications qui ont été assez nombreuses: erreurs dans les indications des salaires, erreurs dans le calcul des primes, omissions dans l'indication de certains risques.

Aujourd'hui notre travail est devenu plus régulier et nos lettres de couverture peuvent être établies au fur et à mesure des arrivées des propositions, et nous pouvons nous consacrer à l'établissement des polices définitives: 500 environ sont déjà prêtes et vont partir incessamment.

Voici quelques chiffres qui pourront vous intéresser. Avant l'adoption du régime de la loi nouvelle, 16 Caisses fonctionnaient. Au début de juillet nous en avions une vingtaine; au début du mois d'août, 36; au 1ᵉʳ septembre, date d'application de la loi, environ 80 Caisses étaient constituées. Actuellement nous avons 118 Caisses qui se répartissent en:

90 pour le Finistère;
19 pour le Morbihan;
 4 pour l'Ille-et-Vilaine;
 4 pour les Côtes-du-Nord;
 1 pour la Loire-Inférieure;

ces 118 Caisses nous ont envoyé 2.700 propositions de polices, qui ont donné lieu à l'établissement de :

2.067 polices-loi;
625 polices patronales-loi;
715 polices droit commun familial;
2.100 polices-tiers.

Ce dernier chiffre serait de beaucoup plus important, le double environ, si des polices antérieures souscrites à des Compagnies d'assurances avaient été résiliables.

Le total des salaires assurés en polices-loi s'élève à 18.000.000 de francs environ.

Depuis le 1er Septembre nous avons eu à enregistrer une quarantaine de sinistres, exactement 37. Ce ne sont tous que des blessures légères entraînant une moyenne de 20 journées d'incapacité de travail, 6 sont déjà consolidés, et les indemnités sur le point d'être réglées.

Voici, Mesdames et Messieurs, aussi brièvement résumé que possible, l'historique de nos caisses accidents et les renseignements très encourageants que nous ont permis d'obtenir les premières semaines d'existence de notre Caisse régionale.

Je dois ajouter que son bon fonctionnement est dû, pour une large part à notre personnel et tout particulièrement à notre Directeur, M. Jacq, qui pendant cette période de début où le travail a été vraiment intense ont fait preuve d'un dévouement que je tiens à vous signaler et dont je les remercie avec vous.

Rapport sur la Régionale Incendie de Bretagne par M. F. Billant, directeur.

MESSIEURS,

La Caisse Régionale Incendie de Bretagne, dont le siège est à l'Office Central, à Landerneau, a été fondée à Vannes, le 19 juillet 1906; elle a donc 18 ans d'existence. 6 Caisses locales en décidèrent la fondation: 3 du Morbihan: Camoël, Pénestin, Saint-Jacut, et 3 de la Loire-Inférieure: Montbert, Sainte-Pazanne, Fay-de-Bretagne.

Elle eut pour premier président, Monsieur Glard, ancien magistrat, Président de la Caisse de Camoël, qui assuma, en même temps, la direction.

Au 31 décembre 1906, elle groupait 9 caisses locales, 106 assurés et 837.930 francs de valeurs assurées.

La première Caisse du Finistère fut créée en Septembre 1907 celle de Plabennec. A sa suite se créèrent beaucoup d'autres dans le Finistère, 3 en 1908: Lampaul-Guimiliau, Landivisiau, Guilers; 6 en 1909; 21 en 1910.

En 1910, le surmenage et une grave maladie obligèrent Monsieur Glard à donner sa démission de Président, Il ne cessa cependant, jusqu'à ses dernières années, de nous donner des preuves de son dévouement.

Une assemblée générale extraordinaire décida le transfert du siège de la Caisse à Landerneau, en l'immeuble de l'Office Central alors en construction, grâce au zèle éclairé de son fondateur, notre regretté Monsieur de Boisanger. Puis le Conseil d'Administration choisit pour Président: Monsieur Dumoucel, de Lannilis, ancien officier de marine.

La Caisse Régionale groupait alors 65 Caisses locales, 1461 sociétaires assurant 12 millions, et avait une réserve de 3.881 fr. 92.

Sous la présidence de Monsieur Dumoucel et la direction du regretté François Ellégoët, la C. R. prit un développement considérable. Elle groupait au 1er Janvier 1913: 80 Caisses locales, 2.467 assurés, 19 millions de capitaux; au 1er janvier 1914: 87 Caisses locales, 3.262 assurés, 25 millions de capitaux.

Bref, l'œuvre arriva bien vivante jusqu'à l'année de la guerre.

Pendant la guerre elle continua son fonctionnement, les bureaux des locales assurèrent le service par les membres qui restaient, ou par des femmes, comme à Plouézoc'h, par Madame de Kermadec, à Ploudaniel, par Mademoiselle Broudin.

La tourmente passée, en reprenant leur charrue, nos présidents et secrétaires de mutuelles, que la mort avait épargnés, reprirent tout naturellement leurs fonctions mutualistes.

Au 1er Janvier 1919, la C. R. groupait 106 Caisses locales, 4.854 sociétaires, assurant 48 millions(et possédait une réserve de 58.508 fr. 71.

Au 1er Janvier 1920, elle assurait 54 millions;
— — 1921, — 72 millions;
— — 1922, — 89 millions;
— — 1923, — 102 millions.

J'arrive à la situation de notre Caisse Régionale au 1er Janvier 1924:

Caisses locales affiliées: 161;
Sociétaires: 6.622.
Capitaux assurés: 122.831.180 francs.
Primes annuelles: 102.238 fr. 45.
Réserves: 134.827 fr. 15.

Au 30 septembre dernier, le montant des valeurs assurées par notre Caisse régionale atteignait 151.420.130 francs, pour 126.678 fr. 15 de primes annuelles. Le nombre des polices en cours: 7.285 se répartissent ainsi:

Le Finistère	avec 106 C. L. assure	4.689 polices pour	94.795.045	fr.
La Loire-Inférieure	13	— 950	— 23.409.165	fr.
Le Morbihan	48	— 829	— 15.532.185	fr.
L'Ille-et-Vilaine	33	— 302	— 9.233.675	fr.
Les Côtes-du-Nord	7	— 212	— 3.721.450	fr.
La Vendée	5	— 202	— 4.648.310	fr.

Nous venons de réassurer également une caisse de Maine-et-Loire, qui a établi une police de 80.000 francs; soit une augmentation, depuis le 1er Janvier dernier, de 61 Caisses locales, 663 polices et 28.588.950 fr. de valeurs assurées.

Ce bond formidable de 61 Caisses nouvelles en 9 mois, est dû au succès des anciennes caisses et à l'activité de ceux que nous pouvons appeler nos agents de propagande et qui sont: Auguste Le Goff, à l'Union des syndicats du Morbihan, Philippe, au Syndicat départemental d'Ille-et-Vilaine, et Pierre Le Bihan, dans le Finistère.

Les caisses les plus importantes sont:

Guipavas,	avec 278 sociétaires et	7.274.850 fr. de capitaux assurés.
Plabennec,	278	— 5.363.340 fr. — —
Montbert,	129	— 4.044.010 fr. — —
Caden (Morb.)	188	— 3.427.030 fr. — —
Guiclan	172	— 3.648.404 fr. — —
Ploudaniel	220	— 3.430.530 fr. — —
Briec	130	— 3.820.500 fr. — —
Scaër	117	— 3.123.820 fr. — —
Elliant	100	— 3.406.550 fr. — —

La Caisse possédant le plus de réserves est sans doute Plabennec, qui depuis quelques années déjà, distribue des ristournes directement à ses assurés.

La moyenne des valeurs assurées par chaque Caisse locale ressort à 896.578 francs. La moyenne des assurés par Caisse: 48, l'importance moyenne des policés est de 20.800 francs, pour 17 fr. 10 de prime.

Depuis sa fondation, la Caisse Régionale a réglé 250 incendies ou commencements d'incendies, représentant 121.637 fr. 69 d'indemnités.

Le rapport des sinistres au produit des cotisations pour 1923, a été de 15,21 0/0. Nous avons rarement dépassé ce pourcentage; en 1922, il était seulement de 3,65 0/0.

Ces heureux résultats ont permis à notre Caisse Régionale de distribuer à ses Locales des ristournes de plus en plus importantes, formant à ce jour, un total de 125.110 fr. 68, et représentant pour 1923, le quart du montant des primes passées en réassurance.

Voici l'importance des ristournes cédées depuis 1919:

En 1919	10.619 fr.	27
En 1920	10.542	26
En 1921	11.668	01
En 1922	15.523	91
En 1923	20.636	77

Puissent ces excellentes constatations, Messieurs, vous inspirer une plus grande confiance dans notre Œuvre, vous encourager à y travailler de plus en plus, et nous attirer un nombre plus considérable encore de nouvelles Mutuelles et de nouveaux assurés.

Par ce moyen de l'assurance Incendie, la meilleure et la plus économique, nous avons pu apprendre aux agriculteurs à s'associer, à faire leurs affaires eux-mêmes, à faire de la bonne décentralisation, et notre désir de faire quelque bien a été largement exaucé par la Providence.

En terminant, Messieurs, je dois vous annoncer que M. Dumoucel a donné, en mai dernier, sa démission de Président du Conseil d'Administration pour raisons de santé.

Qu'il reçoive ici, l'expression de notre profonde reconnaissance pour les services qu'il a rendus à notre mutualité pendant les douze ans de sa présidence.

Il a été remplacé par un ancien officier de marine également, glorieux blessé de Dixmude, le sympathique Edouard de Rodellec.

La maison dite « des Cariatides ». — Rue du Guéodet, Quimper

Rapport sur la réassurance du Bétail par M. Costa de Beauregard, président.

MESSIEURS,

Les mutuelles-Incendie avaient montré la voie et, devant le mouvement, qui, depuis 5 ou 6 ans déjà, les faisait se grouper et chercher dans une réassurance, réconfort moral et sécurité matérielle, les Mutuelles-Bétail, nombreuses déjà dans le département ne pouvaient rester indifférentes.

D'ailleurs l'activité toujours en éveil, l'esprit d'organisation de l'infatigable apôtre qu'était Augustin de Boisanger ne le leur eut pas permis.

A son instigation, lors du 1ᵉʳ Congrès des Mutualités et Syndicats agricoles à Landerneau, le 22 Octobre 1912, Monsieur Francis Bellec, présentait sur la question réassurance-bétail un rapport très remarquable et, comme conclusion, une commission était nommée pour élaborer les statuts. Ces statuts s'inspirèrent de ceux qui avaient déjà fait leurs preuves dans d'autres parties de la France, èt en particulier de ceux de l'Union Centrale; ils reposaient sur le principe de la proportionnalité, la Caisse de réassurance intervenant dans chaque sinistre sans exception pour une part exactement proportionnée au versement de la locale affiliée. Ceci posé, les caisses sociétaires devaient conserver leur indépendance, leur autonomie complètes, leurs statuts devant simplement concorder sur les points suivants:

1°) Circonscription restreinte (communale ou cantonale au plus);

2°) Déclaration individuelle des animaux (pour les chevaux seulement);

3°) Choix des experts parmi les assurés;

4°) Contribution de l'assuré au sinistre pour au moins un tiers de son estimation;

5°) Cotisation minimum de 1,50 % pour les chevaux, et 1 % pour les bovins.

Le 17 Juillet 1913, les représentants de 27 caisses locales réunis à Landerneau, adoptèrent ce projet tel qu'il leur était présenté et le soumirent à l'approbation du Conseil Général qui l'adopta également.

Enfin le 8 Novembre 1913 eut lieu l'assemblée constitutive organisée par Monsieur Soulière, Directeur des services agricoles du Finistère, et présidée par Monsieur de Guébriant, Président de la commission de l'agriculture au Conseil Général. Sur 72 Caisses locales existant alors dans le département et qui toutes avaient été convoquées, 28 étaient représentées à cette assemblée; elles adoptèrent définitivement les statuts et élirent un conseil d'administration composé de 15 membres. Le Caisse départementale de réassurance-bétail du Finistère était fondée et, dans les semaines qui suivirent, 35 mutuelles, soit 50 % de celles en activité dans le département, lui firent connaître leur adhésion de principe.

Les opérations de la réassurance commencèrent le 1ᵉʳ janvier 1914; avec le concours de 23 Caisses affiliées: Saint-Urbain, Plouézoc'h, Briec, Gouesnou, Ploudalmézeau, Saint-Pol, Plonéour-Lanvern, Plougonvelin, La Forest, Plounévez-Lochrist, Landunvez, Pleyben, Taulé, Plouarzel, Guilers, Ploumoguer, Tréflévénez, Coat-Méal, Plouvorn, Cléder, Plabennec, La Feuillée et Névez, représentant un capital assuré chevalin de 4.658.250 francs et un capital bovin de 406.160 francs.

Le premier exercice s'annonçait satisfaisant, mais le 2 août 1914 l'effroyable fléau de la guerre se déchaînait sur le monde; mobilisés, le Président et le Directeur de la Caisse partaient, après avoir prévenu par une circulaire les caisses sociétaires que les opérations de la réassurance étaient suspendues jusqu'à nouvel avis. Cette interruption devait durer tout près de 5 ans, et ce ne fut que le 1er juillet 1919 que, à la suite d'un appel adressé à toutes les anciennes affiliées, 6 caisses fidèles permirent de reprendre les opérations, celles de: Saint-Urbain, La Forest, Plouézoc'h, Ploudalmézeau, Saint-Pol et La Feuillée.

Au 1er janvier suivant, 8 autres caisses revinrent: Guilers, Gouesnou, Landunvez, Coat-Méal, Cléder, Briec, Plonéour-Lanvern, Lampaul-Ploudalmézeau. En 1921, ce fut le tour de Plomodiern, Goulven, de Gouézec, de Landerneau, de Taulé, de Dirinon; en 1923, de Plouzané; enfin depuis le début de 1924, de Combrit, de Tréméoc, de Plougonvelin, de Henvic; soit au total 27 caisses affiliées contre 23 lors de la fondation.

Au 1er janvier 1924, avant l'adhésion des quatre dernières caisses par conséquent, la caisse départementale groupait 2.480 sociétaires assurant 7.096 chevaux pour un capital de 11.609.500 francs, et 487 bovins pour un capital de 348.000 francs; son fond de réserves s'élevait à 64.318 fr. 16.

Conformément aux décisions de M. le ministre de l'Agriculture établissant que seules, à l'avenir, auraient droit aux subventions de l'Etat les caisses réassurées, elle s'affiliait en Octobre 1913 à la Caisse Centrale des Agriculteurs de France à laquelle elle passait en échange du quart de ses primes, le quart de ses risques; et, à l'heure actuelle, elle a depuis sa fondation participé au règlement de 715 sinistres chevalins pour 34.306 fr. 50, et de 57 sinistres bovins pour 9.689 fr. 45.

On voit, par ce bref exposé, les services qu'a rendus jusqu'ici la Caisse Départementale de réassurance-bétail, les nouvelles caisses qui se créent viennent à elle dès leur fondation, et il est à souhaiter que les anciennes, soucieuses de leurs intérêts, n'attendent pas les mauvais jours pour avoir recours à son appui.

Rapport de M. Besson, sur l'Office Central.

Mesdames, Messieurs,

La Coopérative de l'Office Central fut créée en 1911, par 28 Syndicats locaux épars dans le Finistère et seulement unis entre eux jusqu'alors par le simple lien d'un Bulletin mensuel. Son but était de fournir à la Culture les produits nécessaires à l'exercice de la profession d'agriculteur et d'écouler les récoltes des adhérents à des taux rémunérateurs en s'affranchissant le plus possible des intermédiaires.

La période d'avant-guerre fut, comme pour toute affaire naissante, une période de tâtonnements et de recherches. Aussi durant la guerre, la Coopérative encore à ses débuts, privée de ses Chefs, ne put-elle que se maintenir difficilement, sans prendre aucune extension, se réservant pour des jours meilleurs.

Dès la fin de la guerre, en juin 1919, une réunion a lieu à Landerneau. Un nouveau bureau fut constitué, qui se mit immédiatement à l'œuvre.

La tâche était rude. 39 Syndicats seulement se groupaient autour de l'O. C., dont les moyens d'action étaient pour ainsi dire inexistants et l'autorité peu établie.

Pour mener à bien la tâche que s'étaient proposée les organisateurs, il fallait faire connaître l'Office Central et l'imposer aux différents fournisseurs. Comment cela? Par une entente et une discipline absolues.

Ainsi, bien que entièrement libres de par leurs Statuts, les Syndicats décidèrent-ils de s'adresser uniquement à l'O. C. pour leurs divers achats. Toutes leurs commandes furent adressées à l'O. C., qui se chargea de les transmettre aux fournisseurs et de veiller à leur bonne exécution. Ceci n'alla pas sans quelques sacrifices de la part des organisations affiliées. En effet, les fournisseurs, parfois méfiants, sinon hostiles, refusèrent tout d'abord de faire à l'O. C. des conditions particulières. Il fallait donc acheter aux cours et revendre avec majoration pour couvrir les frais généraux. Les Syndicats acceptaient, par discipline et en vue du but à atteindre les majorations, légères il est vrai, demandées par l'Office Central.

Les résultats ne se firent pas attendre. Grâce à cet esprit d'entente et de cohésion, l'O. C. put, dès 1919, réaliser un chiffre d'affaires de 751.000 francs.

En 1920, 66 syndicats étaient affiliés. L'Office Central groupait 6.800 adhérents contre 3.700 de l'année précédente. L'importance des commandes s'accrut; ce qui permit de réaliser un chiffre d'affaires de 3.583.160 francs.

Je tiens ici à attirer votre attention sur un fait particulier qui, après nous avoir sérieusement inquiétés, nous donna plus de confiance dans l'avenir en nous prouvant l'esprit de désintéressement de nos Syndicats.

1920 fut marqué, en effet, si vous vous en souvenez, par une chute brutale des cours qui, après une hausse rapide, s'effondrèrent en quelques jours. La baisse était un coup terrible, les Syndicats se trouvant en difficulté pour écouler au prix de revient, les marchandises déjà commandées. Le conseil d'administration décida de faire appel à l'esprit syndical et à la solidarité des Cultivateurs syndiqués. Il leur fut exposé que, s'ils n'acceptaient pas de faire individuellement un sacrifice en prenant livraison des marchandises commandées, au prix d'achat, ils causeraient les plus grosses difficultés financières à leur Syndicat et par là même à l'Office Central obligé de perdre pour écouler la marchandise.

Les réponses furent encore meilleures que ce que nous avions pu espérer: la plus grande partie de nos commandes fut enlevée par les syndiqués aux prix d'avant baisse, ce qui permit à l'O. C. de se tirer de ce mauvais pas sans trop de perte. Cette preuve de solidarité syndicale fut le meilleur encouragement pour les dirigeants de l'O. C., qui surent pouvoir compter désormais sur la fidélité et l'esprit syndical des Cultivateurs.

Les affaires reprirent de plus belle, les Syndicats se multiplièrent ce qui nous permit d'obtenir de nos fournisseurs des conditions nettement avantageuses en leur passant de nouvelles commandes de plus en plus importantes.

Dès 1921, l'Office Central groupait 100 Syndicats et 8.000 adhérents. Le chiffre d'affaires s'élevait à 3.888.000 francs.

Jusque là, l'O. C. s'était contenté de faire des livraisons directes aux Syndicats affiliés, ceux-ci se chargeant ensuite de répartir les commandes entre leurs adhérents. Rares étaient les organisations communales possédant des magasins, si bien que les Cultivateurs ne pouvaient être servis que sur commandes faites longtemps à l'avance et ne pouvaient trouver sur place, en cas de besoins imprévus, les marchandises qui leur faisaient défaut. Aussi les syndiqués demandèrent-ils à l'Office

Central d'ouvrir, dans les grands centres du Finistère, des Dépôts où les Cultivateurs syndiqués pourraient, sur présentation de leur carte, trouver immédiatement toutes marchandises.

Un essai fut fait à Saint-Pol de Léon, pays des primeurs, où l'organisation syndicale était particulièrement développée. Les Syndicats apportèrent, sous forme d'obligations les fonds nécessaires à l'achat d'un terrain et à la construction d'un magasin. Celui-ci fut immédiatement construit et la gérance fut confiée au dépositaire du Syndicat de Saint-Pol. L'expérience fut concluante. Les quantités d'engrais écoulées par le Dépôt furent considérables dès le début et le magasin devint bientôt le rendez-vous habituel des Cultivateurs de la région. Ils étaient assurés d'y trouver certains articles spéciaux de vente trop peu courante pour être tenus par les Syndicats et cependant absolument nécessaires à la culture: Sulfate d'ammoniaque, Nitrate de Soude, Tourteaux, etc... Aussi le chiffre d'affaires augmentait-il régulièrement jusqu'à atteindre 1 million en 1923 pour le seul Dépôt de Saint-Pol.

Depuis, forts de l'expérience faite, nous avons créé de nouveaux magasins qui servent de régularisateurs et de centres d'approvisionnement pour les Syndicats des alentours.

En 1922, le chiffre des Sydicats a encore sensiblement augmenté: 110 Syndicats groupant 9.500 adhérents. Le chiffre d'affaires s'élève à 5.056.200 francs dont 300.000 environ de marchandises vendues pour le compte des syndicats et 150.000 francs de vente des machines agricoles.

Les tonnages d'engrais livrés à la culture sont devenus considérables: plus de 15.000 tonnes.

En 1923, nouveau bond: le chiffre d'affaires atteint 8 millions dont 750.000 fr. de marchandises pour le compte des syndicats et 250.000 fr. de machines agricoles. 18.000 tonnes d'engrais furent livrées au cours de cette année.

Aujourd'hui l'O. C. groupe 135 Syndicats et 15.000 membres. 10 Dépôts, gérés directement par l'Office Central, sont établis dans les centres les plus importants du Finistère: dépôts de SAINT-POL, BERVEN, MORLAIX, CHATEAULIN, QUIMPER, PONT-DE-BUIS, ROSPORDEN, BANNALEC, PONT-L'ABBE.

L'augmentation incessante de nos affaires nous a amenés à créer, au sein même de l'O. C., des services nettement spécialisés: service des Engrais, Service de vente des Produits du sol, de l'alimentation et des semences, service des machines agricoles et de la Quincaillerie.

Je vous dirai seulement un mot de chaque service.

Le service Engrais a écoulé, durant les 6 premiers mois de 1924, 15.000 tonnes d'engrais. La plus grande partie de ceux-ci ont été livrés directement d'Usines aux Syndicats, les Dépôts constituant seulement des réserves pour parer aux imprévus.

Le service de vente des produits du sol a placé durant la même période: 2.500 quintaux d'orge, de seigle et de blé et 500 tonnes de pommes de terre. Celles-ci sont en général expédiées à d'autres organisations syndicales qui les prennent comme semences. C'est ainsi que l'année dernière la Coopérative du Plateau Central a reçu 300 tonnes de Pommes de terre « BEAUVAIS » livrées par nos Syndicats de la région de Châteaulin.

Il serait à souhaiter que cette pratique d'achat de Coopératives à Coopératives se généralisât. Pourquoi s'adresser à un tiers, alors que nous pouvons échanger entre nous les produits de notre sol avec le maximum de garanties. C'est, en effet, la sécurité pour tous, la bonne foi étant certaine de part et d'autre.

Notre service de semences et d'alimentation du bétail a lui aussi étendu considérablement ses affaires.

Durant la même période, il a été livré 750 quintaux de blé de semence, 150 quintaux de betteraves, 300 quintaux de trèfle violet.

En alimentation, 400 quintaux de tourteaux, 45.000 quintaux de son.

Le service de vente des machines agricoles fut un des plus délicats à organiser.

Lorsque, il y a deux ans, nous avons commencé à nous occuper de la vente des machines, nous nous sommes heurtés à de sérieuses difficultés, les mécaniciens refusant, par principe, de réparer les machines n'ayant pas été achetés par leur intermédiaire.

Que faire en présence de cette situation qui empêchait le cultivateur de s'adresser à nous, malgré les conditions avantageuses que nous pouvions lui consentir aux achats?

Nous entendre avec les mécaniciens-forgerons et les prendre comme dépositaires. Cette manière de faire a l'avantage de nous assurer le concours d'hommes de métier, bien connus des cultivateurs, qui peuvent s'adresser à eux pour toutes les réparations. C'est ce qui fut décidé et fait aussitôt.

Nous exigeons de nos agents la vente exclusive aux syndiqués sur présentation de leur carte syndicale et l'application stricte des prix que nous leur indiquons. Les cultivateurs syndiqués achèteront donc aux prix imposés par l'Office Central, généralement très favorables, et sont assurés de pouvoir faire réparer sur place, sans aucune difficulté.

Nous avons ainsi aujourd'hui une trentaine de mécaniciens de campagne travaillant pour notre compte et assurant toutes les réparations.

Notre chiffre d'affaires machines s'est accru dans des proportions énormes et dépassera vraisemblablement le million dès cette année.

Dans certains de nos dépôts enfin, nous organisons des ateliers de réparations avec forge, tours, qui promettent déjà de rendre les plus grands services.

L'ensemble de ces services a réalisé, du 1er Janvier 1923 au 1er Juillet 1924 ,un chiffre de vente de 6.700.000 francs soit presque le chiffre total de 1923 et nous espérons ainsi dépasser les 10 millions pour l'année 1924.

Un tel accroissement des affaires ne va pas sans une augmentation correspondante de responsabilité et de soucis. Il serait fort difficile pour une Coopérative isolée d'être toujours parfaitement au courant de toutes les fluctuations des marchés. Aussi, comme les Syndicats entre eux ,avons-nous réalisé une union, toute morale il est vrai, basée sur une confiance et une sympathie réciproques avec les Coopératives voisines du Morbihan et des Côtes-du-Nord. Tous les marchés importants sont d'abord étudiés par chacune de nous, puis discutés en commun et traités seulement après parfait accord. C'est ainsi que nous avons traité cette année nos marchés de scories, chaux, superphosphates, phosphates, etc... et obtenu des conditions particulièrement avantageuses.

Et là, Messieurs, je me demande pourquoi les différentes Unions et Coopératives ne se réuniraient pas ainsi pour étudier de concert les questions commerciales qu'elles ont à traiter. Elles en retireraient certainement de grands avantages: d'abord une force morale plus grande vis-à-vis des fournisseurs, puis une augmentation de leur puissance d'achat, enfin, par l'apport des connaissances de chacune dans les discussions, une compétence plus grande permettant de supprimer ou du moins de réduire au minimum les chances d'erreur.

Ces réunions pourraient avoir lieu soit au siège d'une Union départementale, soit à Paris aux Agriculteurs de France, 8, rue d'Athènes, autrement dit Causaf.

L'Office Central trouve déjà, près de cette organisation, les conseils les plus précieux et profite, dans une large mesure, des marchés traités par elle. Toutes nos potasses sont, en particulier, livrées par « Causaf », agent direct des Mines qui nous a fait les meilleures conditions possible.

Nous devons à cette collaboration intime et confiante une partie de notre prospérité actuelle. Elle nous permet en plus de procurer une aide plus efficace au cultivateur en nous aidant à réduire le prix de revient des produits nécessaires à la culture et, par là même, de mieux servir le pays en combattant la vie chère.

Rapport de M. Tinévez, sur l'émigration bretonne en Dordogne.

MESDAMES, MESSIEURS,

La crise des fermes, qui a sévi si durement ces dernières années dans notre département, a plusieurs causes, dont certaines sont anciennes et d'autres sont la résultante de la guerre.

M. Tinévez

L'émigration existe depuis longtemps dans nos campagnes finistériennes, mais avant 1914 la Marine et l'Arsenal de BREST absorbaient une bonne partie de notre surpopulation. On évaluait à une moyenne annuelle d'environ 3.000 le nombre des jeunes gens qui entraient à l'arsenal ou s'engageaient dans la marine et il n'étaient pas nombreux à nous revenir; ceux qui ne rengageaient pas recherchaient des postes en ville et arrivaient aux situations les plus inattendues: le fils de l'un de mes fermiers est actuellement concierge à la grille d'honneur de l'Elysée.

Ces déracinés de la terre transplantés en ville devenaient trop souvent hélas la graine de bolchevistes et le résultat désastreux de cette émigration au petit bonheur a été signalé par un des administrateur de l'Office Central, il y a une quinzaine d'années, aux journées sociales de QUIMPER, dans un rapport sur le syndicalisme agricole.

A cette cause ancienne de la surpopulation sont venus s'ajouter de nouveaux facteurs qui ont agravé la situation.

La loi mal taillée du moratorium qui fit échoir au 29 septembre les baux échus en 1914, 1915, 1916, 1917, 1918, 1919, 1920, 1921, si l'on n'avait pris les mesures nécessaires aurait laissé sans abri de nombreuses familles.

Les meilleures lois ont leurs mauvais côtés; et celle des allocations aux familles de mobilisés, venant augmenter le juste bien-être que le travail opiniâtre de nos femmes, de nos enfants, de nos vieillards, fit pénétrer dans nos ménages pendant la guerre, a permis à certaines familles nombreuses d'acheter des fermes pour y établir leurs enfants, évinçant ainsi d'autres familles qui étaient pourtant intéressantes.

D'autre part, certains ménages qui exploitaient en commun une même ferme se sont séparés pour la même raison.

Enfin, le Crédit Agricole, excellente loi en soi, en facilitant à l'ouvrier l'accession à la propriété a rendu la crise plus aigüe, confirmant ainsi l'axiôme qu'aucune loi humaine n'est intangible.

La cherté des réparations a décidé quelques propriétaires rares, effrayés des frais qu'entraînaient certains bâtiments en mauvais état, à les abandonner, réunissant les petites fermes aux grandes, diminuant ainsi le nombre des foyers.

La crise qui allait se déchaîner se dessinait avec netteté de nombreux mois à l'avance. Les propriétaires, notaires, agents d'affaires, étaient assaillis de demandes, alors que depuis longtemps toutes les fermes étaient louées. Un des administrateurs signala à l'Office Central, dans les premiers mois de 1920, la crise qui se préparait et la campagne d'enrôlement pour le Canada entreprise par certaines personnalités.

Justement ému, le Bureau décida de faire le possible pour garder tous ces bras à la terre, mais à la terre française.

Notre Président, M. de GUEBRIANT, adressa un rapport à notre Congrès National de Strasbourg, qui se tenait les premiers jours de juillet 1920 et l'Assemblée décida qu'en enquête serait faite dans toute la France pour rechercher les Régions qui pourraient être les plus hospitalières pour nos compatriotes.

M. DELALANDE, le regretté Président de l'Union Centrale, et M. de GUEBRIANT firent chacun de leur côté une enquête séparée: le résultat en fut identique. Les départements du Sud-Ouest étaient la seule région de France qui offrît les conditions indispensables et parmi ceux-ci la Dordogne était celui qui, par la nature du sol, son climat, ses méthodes de culture et le nombre des propriétés disponibles, offrait à notre expansion les conditions les plus avantageuses. De plus, l'Union du Périgord et Limousin nous inspirait toute confiance. De son côté, M. Vincent INIZAN, notre sympathique député paysan, signalait du haut de la tribune le danger au Parlement.

Prévenu par le discours de notre ami, le Ministre de l'Agriculture chargeait M. BRANCHER, l'actif chef de bureau de la main-d'œuvre au Ministère de l'Agriculture, aujourd'hui Secrétaire Général de la Société Nationale d'Encouragement à l'Agriculture, de mener une enquête parallèle.

Sur ce terrain, les services du Ministère et notre Union Syndicale du Finistère devaient fatalement se rencontrer: ils se rencontrèrent effectivement pour comparer leur programme. On constata leur similitude et on décida de coordonner les efforts.

Par l'entremise de M. BACON, directeur des services agricoles à PERIGUEUX, auquel je suis heureux au nom de mes collègues et de nos compatriotes installés en Dordogne d'offrir nos sincères sentiments de reconnaissance, pour le dévouement avec lequel il s'acquitta de sa tâche, le Ministère rechercha les propriétés disponibles dans le Périgord.

Les recherches de notre Union de leur côté firent ressortir la gravité de la situation dans notre département: 62 familles s'inscrivaient à nos bureaux.

Un voyage fût fixé au 13 juin; 39 familles, accompagnées de 3 délégués de notre Union, prenaient la direction du Périgord.

Les résultats de l'exploration furent heureux: 38 familles trouvèrent des fermes à leur convenance. On doit ces résultats à la collaboration amicale qui s'établit à Périgueux entre les services du Ministère de l'Agriculture représenté par un Inspecteur M. FREYDOUX, les services agricoles de Périgueux dont le Directeur M. BACON ne se contenta pas de payer de sa personne, mais encore mit à notre disposition et ses bureaux et ses employés, l'Union du Périgord et du Limousin représentée par nos amis: M. de MARCILLAC, Président; M. de PRESLE, Vice-Président; M. BIRABEN; et les représentants de l'Union du Finistère: M. l'abbé LANCHES, M. Le BIHAN et votre serviteur. Bel exemple, Mesdames et Messieurs, des résultats fructueux que l'on peut obtenir par une collaboration des pouvoirs publics et de la profession organisée.

Nos efforts se concentrèrent surtout à grouper nos bretons et par région d'origine. C'est ainsi que ceux qui étaient originaires du Léon furent établis dans la région de Lanouaille, ceux de la région de Châteaulin s'établirent à Saint-Astier, qui est à l'heure actuelle le centre le plus important de nos bretons, et aussi à Périgueux. Ceux qui provenaient de Quimper et de Quimperlé s'établirent dans la région de Nontron et Ribérac. Chaque Breton qui avait fait le voyage toucha une indemnité de 100 francs, versée par le bureau de la main-d'œuvre, une autre indemnité de 500 francs était prévue lors de leur installation définitive. Le succès de ce premier voyage décida d'autres familles à venir et le 4 février un nouveau groupe prenait encore la direction du Périgord.

Nous dûmes constater en cours de route que certains de nos bretons n'étaient pas très recommandables; d'un autre côté, à Périgueux, certains propriétaires peu scrupuleux faisaient visiter à nos compatriotes des fermes qui n'en valaient pas la peine.

Nous signalâmes cette lacune à M. Branchet, qui était venu collaborer avec nous à l'installation des bretons.

Il fut décidé que dorénavant une enquête préalable serait faite sur les émigrants et sur les fermes, et M. Brancher mit à notre disposition les crédits nécessaires.

En décembre suivant dans un voyage de 22 jours où je ne fis pas moins de 2.000 kilomètres en automobile, je visitais 110 fermes, j'en retenais 38, j'en éliminais 72. Dans ce troisième voyage toutes les familles furent satisfaites des propriétés qui leur étaient offertes. Le résultat du voyage démontra la valeur de la méthode employée; M. Brancher décida d'en continuer l'application.

RÉSULTATS OBTENUS

Au cours des 7 voyages successifs nous avons installé en Dordogne 207 familles se composant de 1.564 personnes et exploitant une superficie de 10 à 12 mille hectares. Mais le nombre des familles finistériennes installées en Périgord est bien supérieure. Au cours de son voyage en mai-juin derniers, M. Le Bihan a trouvé à la Tour-Blanche, près de Ribérac, une famille de la région de Pont-l'Abbé, qui en avait fait venir 7 autres. Ce cas est loin d'être isolé et on peut affirmer que le nombre des familles de nos compatriotes installées en Périgord dépasse 250, se composant environ de 2.000 personnes exploitant de 15 à 20 mille hectares.

Voilà Mesdames et Messieurs, les résultats obtenus: ils sont la meilleure des récompenses que pouvaient ambitionner ceux qui ont contribué à cette œuvre.

La tâche est-elle achevée? — Permettez-moi de vous répondre négativement. Si l'acuité de la crise des fermes a diminué dans notre région, elle existe néanmoins à l'état latent.

Nos bretons établis là-bas ne sont pas sans rencontrer de nombreuses difficultés émanant surtout du changement des us et coutumes. La transition entre le régime du fermage auquel ils étaient habitués en Bretagne et le régime de métayage qui est le régime normal en Périgord est trop brusque pour qu'il n'y ait pas entre propriétaires et métayers quelques froissements, quelques difficultés, que souvent nos bretons ne parvinrent pas à surmonter seuls; ils ont besoin de conseils, d'appui que seul un représentant de notre Union du Finistère munis des pouvoirs nécessaires peut leur donner. Ce n'est pas dans un passage précipité semestriel ou annuel que nous pouvons le leur accorder.

Un tribunal d'arbitrage pour difficultés pouvant s'élever entre propriétaires périgourdins et colons bretons vient d'être constitué à Périgueux: il a déjà fait sentir son heureuse influence. Ce tribunal a parmi ses membres un délégué breton, ce qui est très heureux, car, seul ce dernier peut bien connaître la mentalité de ses compatriotes. Malheureusement le tribunal ne peut se rassembler qu'une ou deux fois par an, au moment des voyages: c'est insuffisant.

Je suis obligé d'avouer que les visites de fermes faites par les Pilotes se font forcément d'une façon un peu sommaire et reviennent assez cher avec les moyens de locomotion onéreux que nous sommes obligés d'employer. Un Délégué breton établi là-bas en permanence pourrait le faire d'une façon plus parfaite et moins dispendieuse.

Enfin, Messieurs, il faut sauvegarder chez nos compatriotes les saines traditions qui font l'honneur, la force, la gloire des bretons: leur amour du travail, leur honnêteté, leur caractère prolifique, leur esprit religieux, leur attachement à la petite et à la grande Patrie.

La France n'a rien à y perdre; nos deux cents mille morts de la dernière guerre sont un témoignage éclatant de l'amour que nous lui portons.

L'influence morale que notre représentant devrait exercer serait donc considérable: il pourrait encore accueillir nos compatriotes, les accompagner dans la visite des exploitations qu'il leur désignera, les conseiller dans la rédaction des baux, faire en un mot le travail actuel des Pilotes. Nous désirerions également que notre représentant serve d'agent de liaison pour établir des relations entre nos familles bretonnes; agent matrimonial à l'occasion, car nous souhaitons vivement que les bretons se marient entre eux dans la mesure du possible.

A quel homme confier une mission aussi délicate? — Arbitre, homme de consiliation, agent de liaison avec l'Union du Finistère, avec la direction des services agricoles de Périgueux et à l'occasion avec les services du Ministère, agent matrimonial, homme d'affaires, etc..., etc...

Je ne vois qu'un Aumônier breton pour remplir un rôle aussi délicat et aussi complexe. J'estime, Mesdames et Messieurs, que l'avenir de la Colonisation bretonne en dépend. Il importe que nos bretons restent bretons et conservent, je vous l'ai dit, les qualités de la race; que dans ce joli pays de Périgord leur essaimage si bien commencé continue; parmis les deux mille bretons établis, il y avait eu au 15 juin dernier, 104 baptêmes contre 3 décès; cela change un peu les tables de mortalité du Périgord.

Retirez aux Bretons leur esprit religieux, tout le reste s'écroule; et au lieu de constituer pour le Périgord un élément d'amélioration, un levain, ils seront bientôt des êtres amorphes et la Dordogne sera plutôt un gouffre qui engloutira peu à peu le trop plein du Finistère, au lieu d'être comme nous le désirons une petite Bretagne capable de rayonner à son tour sur les Provinces voisines pour le plus grand bien de la France.

Mais la condition nécessaire pour que notre Délégué puisse bien remplir son rôle est d'être indépendant aussi bien des propriétaires périgourdins que des bretons: il faudra lui assurer une situation matérielle.

Je n'ignore pas les difficultés financières auxquelles nos gouvernements à quelque parti qu'ils appartiennent ont à faire face et la nécessité des économies. D'ailleurs nos crédits ont été diminués. Ils se montent à 19.769 francs

> dont 5.172 francs en 1921;
> 9.197 » en 1922;
> 4.000 » en 1923.

et 1.400, période écoulée en 1924.

Mais si les économies sont nécessaires, la lutte contre la vie chère est non moins indispensable. On ne peut à l'heure actuelle déplier un journal sans y voir lamentations sur lamentations contre le coût de la vie, et constitution de commissions sur commissions pour l'étude des moyens propres à combattre la vie chère. Le vrai moyen, Mesdames et Messieurs, est de conserver des bras à la terre, le sol fertile de la France est assez riche lorsqu'il sera bien cultivé pour nourrir sa population et nous exonérer ainsi de la lourde dîme que nous payons à l'étranger actuellement.

C'est à cette œuvre patriotique que l'U. S. A. F. offre au Ministère de l'Agriculture la continuation de cette collaboration pour le plus grand bien de notre Patrie.

Grand Portail de la Cathédrale de Quimper
(XVᵉ SIÈCLE)

Discours de M. A. Toussaint, délégué général de l'Union Centrale.

Messieurs et Chers Collègues,

Ce n'est pas sans émotion que je me rappelle votre Assemblée Générale du 24 Mai 1920, où j'avais déjà l'honneur de prendre la parole et de vous présenter les vœux de l'Union Centrale. Plus heureux encore suis-je aujourd'hui de saluer ces représentants de l'Agriculture venus de tous les coins du Finistère, et de glorifier cette élite rurale bretonne, son cher et respecté Président, mon éminent ami le Vicomte Hervé de Guébriant,

M. Toussaint

dont nous regrettons l'absence avec tant de peine; son distingué Secrétaire Général, M. de Rodellec, l'organisateur émérite de ce Congrès si brillant; et tous ces chefs ardents qui les entourent. Nous pouvons nous féliciter ensemble du succès de vos travaux, car nous y constatons les prémices de la victoire d'une cause qui nous est chère: la cause syndicale.

Peut-être n'est-il donc pas inutile d'en rechercher maintenant les motifs. Pour arriver à de tels résultats, il n'est pas possible que la doctrine qui nous inspire ne soit pas bienfaisante. Si elle ne concrétise pas en formules dans l'esprit de la plupart d'entre vous, du moins en avez-vous la prescience. Vous m'excuserez donc, Messieurs et chers Collègues, d'essayer pendant quelques instants de vous rappeler succinctement ses grandes lignes directrices.

Les Cadres de l'Organisation Syndicale professionnelle

1°. — *Syndicat Communal*

Toute l'institution professionnelle repose sur le Syndicat communal. C'est la cellule-mère, suivant la suggestive formule de notre regretté Président, M. Delalande, d'où dépend la belle venue future de l'arbre corporatif.

Comme vous le savez, il sera mixte; il comprend des membres de toutes les catégories professionnelles: grands et petits propriétaires, fermiers, métayers et ouvriers. Il sera donc le centre de ralliement dans une localité rurale de tous ceux qui comprennent les avantages moraux et matériels que procure la concentration des efforts, de tous ceux qui supportent les mêmes aléas et profitent des mêmes circonstances favorables.

Centre d'études et d'action, ce petit syndicat communal jouit de la pleine personnalité civile que lui a libéralement accordée le législateur le 12 Mars 1920. Il peut donc posséder, acquérir, emprunter et faire tous les mêmes actes juridiques qu'un simple particulier.

Va-t-il donc rester inerte comme un corps faible, ou va-t-il au contraire devenir un être plein de force?

C'est alors qu'il voudra être l'inspirateur de tous les organismes qui lui sont nécessaires pour assurer sa vitalité.

a) *Commerciaux* tout d'abord, un intérêt matériel lui assurant d'avance le concours de ceux dont l'esprit est hanté par cette préoccupation, d'ailleurs bien légitime. Il s'occupera donc de la vente des produits de ses membres en même temps que l'achat des matières premières et des instruments dont ils ont besoin; à l'occasion même il prêtera son concours à la création de coopératives de production ou de consommation dont l'utilité se ferait sentir.

b) *Financiers* ensuite, ce sera l'œuvre du lendemain, car bien vite la nécessité de se procurer des fonds s'imposera à son attention. N'est-ce pas à la *Caisse Rurale* qu'il pourra emprunter les sommes nécessaires pour acheter les instruments collectifs utiles à ses adhérents? N'est-ce pas grâce aux économies de l'épargne paysanne versées à cette petite banque que l'argent de la terre reviendra à la terre?

c) *Economique* en troisème lieu. C'est alors que seront établies dans la commune ces Mutuelles d'assurance contre les nombreux risques de la profession Agricole: mortalité-bétail, incendie, accidents, retraite, invalidité. Le syndicat aidera à leur création, leur fournira des chefs, étudiera leurs statuts et les fera accepter. Il lui sera toujours loisible, pour accomplir ce rôle, de constituer sous son patronage un *Cercle d'études rurales* où se formeront les jeunes gens intelligents et dévoués appelés à être les dirigeants de toutes ces associations bienfaisantes.

d) *Sociaux* enfin; à ce sujet le champ d'action du syndicat est immense, puisque toutes les mesures qu'il prendra, susceptibles de rapprocher les classes et d'assurer la paix sociale dans la commune lui assureront la reconnaissance des familles et l'appui de tous les hommes de bonne volonté.

2° — LES UNIONS RÉGIONALES

Mais de même que l'individu isolé n'est rien et qu'il doit s'appuyer sur ses frères pour constituer le solide faisceau du syndicat communal, de même les syndicats isolés seraient impuissants s'ils ne se groupaient en Unions Régionales.

N'oublions pas d'ailleurs, que par régions nous entendons les contrées économiques et qu'une Union régionale peut très bien ne s'étendre que sur un seul département ou même une partie d'un seul département ou diverses parties de plusieurs départements. Lorsque ces Unions englobent intégralement plusieurs départements, elles doivent nécessairement se ramifier en sous-unions départementales.

Ces groupements de syndicats isolés vont donc jouer au centre le rôle que les syndicats locaux remplissent dans la commune et ils organiseront, sous leur patronage et leur direction, les mêmes services que nous avons déjà pu remarquer précédemment:

a) Commerciaux, en créant de puissantes coopératives qui, en concentrant les commandes, obtiendront des prix plus avantageux;

b) Financiers, en instituant des Caisses régionales de crédit, véritables banques d'épargnes et de prêts;

c) Economique, en faisant la réassurance au 2° degré des Caisses locales;

d) Sociaux, en favorisant l'éclosion de Sociétés d'Habitations ouvrières à bon marché, de Sociétés foncières (type Caziot) ou de Caisses d'allocations familiales.

3° — UNION CENTRALE

Bien imprudentes seraient les Unions régionales, malgré leur force apparente, si elles ne se sentaient pas également la nécessité de se rattacher à une Union Centrale. La plupart l'ont compris en se ralliant à « la rue d'Athènes ». De leurs efforts communs un organisme central a achevé au 3e degré d'assurer la solidité de l'ensemble de l'édifice. Que ce soit:

a) Au point de vue commercial, par sa Coopérative Centrale;

b) Au point de vue financier, par sa Caisse Centrale de Crédit;

c) Au point de vue économique, par ses Caisses Centrales, mortalité bétail, incendie, accidents;

d) Au point de vue social, par ses services du contentieux, de la propagande, de la presse et de l'enseignement.

L'Union Centrale essaie, dans la mesure de ses forces, de répondre aux aspirations des agriculteurs organisés professionnellement.

Quelles sont-elles donc? — Nous en devinerons l'importance en recherchant maintenant quel est le but du syndicalisme agricole.

Le but de l'Organisation Syndicale professionnelle

En s'occupant avec succès des intérêts moraux et matériels des Agriculteurs, le syndicalisme agricole a pour but de maintenir leur indépendance vi-à-vis des Pouvoirs Publics, de l'Administration et des autres professions, de faire régner dans l'ordre et l'harmonie la paix sociale et de gagner une victoire nationale économique par l'intensification de la production réalisée grâce aux progrès individuels des producteurs.

a) — Vis-à-vis des Pouvoirs Publics

Ce que demandent les agriculteurs aux Pouvoirs Publics, c'est moins leur protection que l'absence de réglementations excessives ou vexatoires. Ils sont assez grands garçons (s'il m'est permis d'employer une expression populaire) pour faire leur affaires eux-mêmes. S'ils ne réclament pas de privilèges, du moins veulent-ils que soit appliqué un régime d'égalité douanière pour tous, et ils entendent obtenir le maintien de leurs libertés, notamment de leur statut syndical.

b) — Vis-à-vis de l'Administration

Pas de servage, s'écrient-ils; seule, au contraire, une collaboration loyale est admissible. L'accord des représentants des diverses catégories de fonctionnaires: préfets, directeurs des Services agricoles, instituteurs avec les organes représentatifs de la profession peut assurer aux efforts cohérents de tous le maximum d'efficacité avec le minimum de dépenses. Cette collaboration des dirigeants du monde agricole et des employés de l'Etat doit produire — et produira effectivement — les plus heureux effets.

c) — Vis-à-vis des autres Professions

Que deviendraient les agriculteurs isolés en face des consortiums commerciaux, des trusts financiers, des cartels industriels, s'ils n'avaient pas les syndicats pour les défendre? Ce ne sont pas eux qui fixent les prix, nous le savons. Sseraient-ils même de taille à lutter s'ils n'étaient pas groupés, contre les accaparements, les spéculations illicites, les coups de bourse ou les fraudes? Mais le syndicalisme agricole peut dresser en face des forteresses qui entourent le marché un donjon également résistant. Le monde économique est actuellement envahi par les collectivités; la lutte ne s'engage plus entre les individus, mais entre les associations et seuls ont maintenant la force suffisante ceux qui ont eu la sagesse d'oublier l'égoïsme individuel pour accepter les liens de la fraternité professionnelle.

L'ordre et l'harmonie doivent régner au sein de la grande famille agricole. Mais pour les assurer, nul groupement ne sera plus apte, dans chacune de nos communes, que le syndicat mixte qui rapproche les hommes, les rend plus malléables, adoucit l'âpreté des revendications, facilite les accords nécessaires, règle les conflits du travail, favorise les contrats collectifs, préconise la conciliation et l'arbitrage. Rien ne vaut les rapports personnels pour chasser les miasmes mauvais, faire disparaître les malentendus, abolir les préjugés. En remplissant ce rôle essentiel, le syndicalisme rural peut rendre au pays tout entier un service de premier ordre, dont on ne saurait méconnaître ni l'importance ni la portée.

La prospérité de la France dépend avant tout de ses ressources productrices. Or les cultivateurs sont les seuls producteurs. Quelle importance a par suite l'intensification de la production! Si vous l'aviez jamais ignoré, les nombreux discours de tous les Ministres de l'Agriculture et même des Présidents du Conseil, depuis la fin de la guerre, vous en auraient certes avertis. Mais le syndicalisme agricole n'a cessé et ne cesse de préconiser toutes les mesures susceptibles d'assurer la réalisation de cette formule de libération nationale apte à maintenir à notre Patrie son indépendance économique vis-à-vis des autres Nations, aussi bien en temps de guerre qu'en temps de paix. Le jour où notre agriculture produira suffisamment pour nourrir nos 40 millions d'habitants, nous n'aurons plus à acheter à l'étranger les matières alimentaires indispensables à notre subsistance, ce qui nous assurera un avantage à la fois financier et économique... Pour rendre la Nation maîtresse d'elle-même, le syndicalisme agricole déploie tous ses efforts. Aussi veut-il rendre la propriété paysanne gardienne de la France rurale, développer sans cesse l'enseignement professionnel, soutenir le zèle adroit des sélectionneurs, suivre une politique intelligente des engrais, sûr d'avance qu les progrès moraux et matériels des producteurs eux-mêmes est le plus sûr moyen d'atteindre ce but qu'il s'est d'avance fixé.

CONCLUSIONS

Mais, pendant que je traçais rapidement sous vos yeux les grandes lignes structurales de l'organisation professionnelle, ne pensiez-vous pas que l'ampleur de ce rôle dépassait les forces du Syndicalisme agricole ?

Et cependant, Messieurs et chers Collègues, si nous nous reportions 25 ans en arrière, quelles réconfortantes constatations ne pourrions-nous faire! Que de chemin parcouru! Que d'obstacles surmontés! Aussi, si l'on songe aux durs labeurs des précurseurs du mouvement syndical, on ne peut s'empêcher d'exalter leur soif de dévouement, leur persévérance invincible, leur foi en la Providence qui a toujours guidé leur action. Sans doute, aucune œuvre féconde ne se crée sans douleur, mais aucun effort non plus n'est inutile. Oserais-je à ce sujet vous relater une observation personnelle. Il y a quelques semaines, lors de l'Assemblée générale du petit syndicat communal saônois que j'ai l'honneur de présider, la création d'une Mutuelle-Accidents fut décidée séance tenante et à l'unanimité, le syndicat agricole ayant pris à sa charge les frais de premier établissement. Quelques simples explications furent données, de courtes observations échangées; et la Mutuelle était fondée grâce au concours d'un jeune cultivateur qui avait accepté les fonctions de Secrétaire.

Croyez-vous, Messieurs et chers Collègues, qu'il eut été possible d'aboutir aussi facilement et avec une telle rapidité il y a quelques années? Ne remarquez-vous pas qu'une manifestation identique vient de se produire depuis quelques mois dans des milliers de communes. N'est-ce pas un symptôme réconfortant de l'état d'esprit favorable au syndicalisme qui règne dans nos campagnes? Oserait-on par suite se livrer au pessimisme et au découragement?

Ne l'oublions pas: il y a encore beaucoup à faire. Mais si chaque Président de syndicat obéissait à la *consigne de créer chaque année dans une commune voisine de la sienne un autre syndicat* et si ce mot d'ordre était partout observé, il n'y aurait bientôt plus, dans la France entière, aucune localité où le syndicalisme agricole n'eût des attaches profondes.

Pour assurer le succès de cette croisade pacifique, je sais d'avance que nos chers bretons seront en tête de la phalange conquérante. Je n'en ai pour preuve que la présence à ce Congrès de ces nombreux délégués venus de tous les coins du Finistère. Vous nous avez déjà donné l'exemple des vertus familiales en vous classant parmi les premiers pour la natalité; vous nous donnerez aussi l'exemple des vertus sociales en étant à la tête du syndicalisme agricole.

Tenaces et indomptables, vous rendrez votre Union syndicale aussi solide que le roc de vos promontoires, aussi forte que le chêne de vos forêts et un jour viendra — et il est proche — où vous aurez le droit d'élever un monument dans le granit *au paysan breton inconnu*, à ce Président ou à ce Secrétaire de Syndicat communal obscur et ignoré, mais dont le cœur aura vibré au souffle puissant de la fraternité chrétienne, qui aura su grouper autour de lui les meilleurs et les plus intelligents de vos enfants, leur insufler son amour de la terre natale, leur faire goûter la poésie de la mer et de la lande, élever leurs âmes audessus des mesquineries et des égoïsmes qui rabaissent, souffrir, et peut-être mourir pour son idéal.

Vous pourrez être fiers de lui rendre cet honneur, puisqu'il sera, je n'en doute pas, jugé digne d'être proposé comme modèle à tous les agriculteurs de France.

Un coin du vieux Quimper
(Dessin illustrant le menu du Banquet)

BANQUET. — A midi et demi, un banquet de mille convives se tenait sous les Halles coquettement décorées.

M. de Vogüé présidait, ayant à ses côtés à la table d'honneur, les dirigeants d'Unions Agricoles, puis MM. Inizan, Simon, Jadé, Trémintin, Henry, députés du Finistère.

MM. de Coatpont, Gouérou, Kergoulay, conseillers généraux, etc...

LES TOASTS

A l'heure des toasts, M. le Président se lève.

Toast de M. de Vogüé.

MESDAMES, MESSIEURS,

En me levant à cette table, autour de laquelle sont assis tant de bons Français, ma première parole sera, suivant l'usage, pour porter la santé de M. le Président de la République.

Elevé à la plus haute charge de l'Etat par le vote de l'Assemblée Nationale, M. Gaston Doumergue représente à nos yeux, comme aux yeux de l'étranger, la France laborieuse, la France loyale, la France fière de ses destinées, et qui a trop souffert de l'injustice pour ne pas vouloir vivre en paix, dans le maintien de ses libertés et dans le respect de ses droits.

A Monsieur le Président de la République Française!

15

Mesdames, Messieurs,

Nos pensées vont également vers les chefs respectés des Etats qui sont aujourd'hui représentés parmi nous.

Je vous demande de lever avec moi vos verres en l'honneur de Sa Majesté la Reine de Hollande et de Son Excellence Monsieur le Président de la République de Pologne.

Mesdames, Messieurs,

A la fin de ce Congrès, c'est un devoir pour moi qui ai été appelé à diriger ses travaux, de remercier tous ceux qui, par leur assistance ou leur collaboration, ont contribué à son succès.

Je voulais, en premier lieu, adresser mes remerciement à Monsieur le Maire de Quimper, qui hier encore nous avait fait espérer qu'il serait ici avec nous. Retenu à la campagne par une indisposition soudaine et que nous souhaitons passagère, il s'est excusé ce matin même de ne pouvoir venir. L'écho de ces murs lui répétera combien notre Congrès fut brillant, jusqu'à ce dernier acte dont ils sont les témoins, et combien nous lui sommes reconnaissants pour l'aide qu'il a apportée à sa préparation. Nous lui savons un gré tout particulier d'avoir mis à notre disposition, pour la tenue de nos séances, cette gracieuse salle de Théâtre habituée sans doute à des spectacles moins sévères, mais aussi à compter plus de places vides qu'il n'y en avait ce matin.

Je dois aussi remercier Messieurs les Membres du Parlement et du Conseil général, dont la présence honore notre réunion de famille. A cette famille ils appartiennent comme nous; nous savons quel souci ils ont de ses intérêts, nous comptons absolument sur eux pour défendre notre cause dans les Assemblées départementales ou législatives, si jamais elle était menacée.

Je salue ici, avec un sentiment affectueux qu'autorisent nos cordiales relations, M. le Comte Lubiensky, Sénateur de Pologne, que son Gouvernement a bien voulu déléguer à nos assises. J'ai pu voir à l'œuvre et j'ai profondément admiré les Association agricoles polonaises dont il est un des chefs; ces Associations magnifiques et puissantes qui, dans la Mère-Patrie libérée d'une oppression plus que séculaire, ont réussi par leur énergie, par leur intelligence, par la confiance qu'elles avaient su inspirer, ont réussi dis-je à reformer le sentiment national, à reconstituer les cadres essentiels de la vie nationale.

J'adresse également mon salut déférent à M. Stevenster, qui représente spécialement au milieu de nous le Gouvernement Néerlandais. Par les fonctions qu'il occupe auprès de la Légation de Hollande à Paris, M. Stevenster a déjà appris à connaître la France et ses agriculteurs, j'espère aussi à les estimer. Il n'est pas seulement un parfait diplomate: les questions agricoles lui sont également familières; et j'ai ouï dire que ce matin même, au marché de Quimper, il a peut-être étonné par son savoir quelques cultivateurs bretons. Mieux encore: ne vient-il pas de découvrir, en s'expliquant avec ses voisins, que dans sa langue maternelle et dans le parler breton il y a beaucoup de mots qui se ressemblent... Laissez-moi espérer que cette similitude n'existe pas seulement dans les mots mais aussi dans les sentiments.

Je voudrais encore remercier les représentants des provinces françaises proches ou lointaines que je vois autour de cette table.

Sur cette extrémité de la terre de la France, que la Bretagne garde fidèlement contre l'assaut des vagues et contre l'assaut du temps, ils sont venus affirmer la solidarité de la grande famille rurale. Notre Congrès est ainsi comme un creuset magique où se fondent avec le ferme granit de la Bretagne la sérénité des plaines fécondes, la majesté des monts altiers et la chaleur du soleil qui dore notre Midi.

Ce m'est aussi un devoir agréable de dire notre gratitude envers les représentants de la Presse, de cette Presse qui sait faire tant de bien et qui peut faire tant de mal. Elle nous apporte une collaboration précieuse pour la diffusion de nos idées; si elle en dit du bien, remercions-la; si elle en dit du mal, remercions-la encore car la critique est une marque d'intérêt et un moyen de propagande. Evidemment comme tout le monde, nous préférons l'éloge; et nous savons gré à nos hôtes d'aujourd'hui d'avoir montré tant d'assiduité à suivre nos travaux et tant de bienveillance à en rendre compte.

Enfin, Mesdames et Messieurs, — et si je termine par eux ce n'est pas qu'ils sont moins dignes de louanges, — je dois rendre hommage aux organisateurs du Congrès, principaux auteurs de sa réussite, l'Office Central de Landerneau et l'Union des Syndicats Agricoles du Finistère: groupements pleins de vie et de mérite qui portaient en eux tant d'espoirs, quand naguère je saluais leurs débuts, et qui les ont si bien réalisés grâce à la valeur de leurs chefs.

Ces chefs de la première heure, je les vois encore. Trois d'entre eux ne sont plus; leurs noms remplissent vos cœurs: Boisanger, Nanteuil, Vincelles... admirables conducteurs d'hommes, pures figures de héros! Mais la Bretagne fait aussi ce miracle de tirer de son sol les hommes dont elle a besoin. Dans Hervé de Guébriant, elle a trouvé un homme de la même lignée, le digne continuateur des glorieux disparus. Je regrette, comme vous tous, que la maladie le retienne aujourd'hui loin de nous, et que son cœur d'apôtre ne puisse pas se réchauffer, comme se réchauffent les nôtres, au contact de cette foule d'amis accourus à son appel, et auxquels il a su communiquer son ardeur et sa foi.

Je n'aurais garde d'oublier ses collaborateurs. Vous les connaissez; vous les aimez comme lui. Dans la séance de ce matin, nous nous réjouissions de les voir à l'honneur, eux qui tous les jours sont à la peine. Cependant le Secrétaire général, dans son émouvant rapport, ne pouvait pas tout dire. Vous m'en voudriez de ne pas le compléter ici, en rappelant ce que vos œuvres et notre Congrès doivent au Commandant de Rodellec. Son nom dit à lui seul tant de choses qu'il suffit de le citer pour montrer ce qu'est la valeur sur le champ de bataille, et ce qu'est le dévouement sur le champ pacifique du travail agricole.

Avec de tels chefs, et j'ajoute avec de telles troupes, l'Union des Syndicats Agricoles du Finistère est appelée à une brillante carrière. Et levant mon verre en son honneur, je bois aux succès que lui préparent, dans l'avenir, sa cohésion, son esprit d'initiative et ses fortes vertus.

M. Inizan parle au nom des parlementaires du Finistère.

MESDAMES, MESSIEURS,

Mon premier mot sera un mot de remerciement pour l'honneur que vous avez bien voulu nous faire en nous invitant au Congrès National des Syndicats Agricoles de Quimper.

Nous avons suivi avec le plus vif intérêt votre Congrès et nous sommes émerveillés de ce que nous avons vu, de ce que nous avons appris depuis trois jours.

Nous sommes émerveillés surtout du prestige de l'idée syndicale mutuelle et coopérative dans les milieux agricoles de la France entière, et nous vous adressons, Messieurs, à vous qui êtes de bons ouvriers, nos remerciements les plus vifs et les plus sincères. Comme représentants de la Bretagne, nous sommes heureux aussi des résultats obtenus dans notre petite Patrie, et vous me permettrez, Messieurs, de les célébrer ici à Quimper d'une façon particulière.

On a dit quelquefois que les agriculteurs et les Bretons surtout étaient réfractaires au progrès. C'est doublement inexact, et le congrès de Quimper le démontre d'une façon péremptoire. Au point de vue syndical nos associations agricoles peuvent avoir des leçons à prendre de quelques Associations françaises et en particulier des syndicats du Plateau Central et du Sud-Est, dirigé par l'admirable professeur d'énergie qu'est M. Garcin.

Nous le savons depuis hier, depuis les admirables rapports de M. Berest et de M. Thomas, au point de vue commercial, au point de coopératif et au point de vue exportation à l'étranger, nous occupons un rang fort honorable.

Depuis 5 ans, que je suis député, j'ai eu l'occasion de parcourir la France de long en large, de l'Ouest à l'Est, du Nord au Midi. J'ai vu bien des contrées présentant des sites plus pittoresque, des contrées plus favorisées par le soleil et la nature, mais je n'ai trouvé aucune contrée plus vive, je n'ai vu aucune contrée mise en valeur comme notre région à nous, notre Bretagne et notre Finistère.

Aucune région n'a fourni à la Mère Patrie, pendant la guerre plus de ressources en soldats valeureux et plus d'intrépides marins. C'est que les Bretons, étaient comptés parmi les meilleurs des Français; ils ont puissamment contribué à gagner la guerre, et ils contribuent encore puissamment par leur dur labeur, à gagner la paix, c'est-à-dire à hâter la restauration économique de notre belle Patrie. Aussi, Messieurs, je ne suis jamais plus heureux que de prendre la parole au milieu de ces agriculteurs bretons, ces agriculteurs de France dont je suis, et c'est mon orgueil.

Lorsque je vous vois tous, Messieurs, les bons ouvriers, je vous salue avec une joie indicible, car vous êtes les hommes de progrès et de liberté qui sont des réalisateurs, je les salue avec enthousiasme.

Il y a ici des hommes avec lesquels nous avons peut-être des divergences d'opinion, mais quand il s'agit de saluer le paysan de France, et surtout le paysan de Bretagne, que tout à l'heure on saluait avec tant d'éloquence, et bien, Messieurs, nous sommes unis dans un même sentiment d'admirable respect.

Je lève mon verre aux œuvres syndicales et mutuelles agricoles de France qui sont les instruments de progrès économique et social, je lève mon verre à vous tous, Messieurs, car tous vous êtes des hommes de progrès et vous avez mérité de l'Agriculture Française.

Toast de M. de Coatpont, conseiller général du Finistère.

Monsieur le Président,
Mesdames,
Messieurs,

Monsieur le Président du Conseil Général m'a prié de vouloir bien l'excuser près de vous. Il n'a pu assister à la séance solennelle d'ouverture de votre Congrès, et il ne lui a pas été possible non plus de venir vous apporter aujourd'hui lui-même les sympathies du Conseil Général pour les Agriculteurs du Finistère.

C'est en son nom et au nom de ses Collègues de l'Assemblée départementale qui ont pris part à vos travaux que j'ai l'honneur de remercier Monsieur le Président du douzième Congrès National des Syndicats Agricoles et les membres du Conseil d'administration de l'Office Central des œuvres mutuelles agricoles du Finistère de leur aimable invitation.

Nous venons d'assister, Messieurs, à des séances d'étude qui marquent les progrès immenses réalisés par l « organisation professionnelle » dans notre département.

La moisson semée, il n'y a encore que bien peu d'années, par Vincelles et Boisanger, deux amis qui m'étaient particulièrement chers, deux noms, Messieurs, que l'on prononce avec respect dans nos campagnes, a produit une récolte d'une abondance vraiment extraordinaire.

Dans tous les domaines de l'économie rurale, vous avez créé des organismes spéciaux appropriés à vos besoins.

Sous la très habile direction d'un pilote expérimenté, que son état de santé retient hélàs! momentanément éloigné de nous et auquel je vous demande de vouloir bien adresser aujourd'hui l'expression de toute notre reconnaissance, vous assurez vous-mêmes la direction de vos œuvres mutuelles, vous en surveillez régulièrement la marche, vous en prévoyez toujours le développement.

Toutes sont florissantes et prospères.

De vos syndicats communaux, pierre angulaire de votre organisation professionnelle, est sortie toute une floraison de filiales nées les unes après les autres, au fur et à mesure qu'elles répondaient à des nécessités qui se faisaient parfois urgentes; jamais vous n'avez rien laissé au hasard, jamais vous n'avez été pris au dépourvu.

Assurances contre la mortalité du Bétail, assurances-incendie, assurances contre les accidents du travail agricole qui ne datent que d'hier, coopératives de production et de consommation... sont votre œuvre.

Nous avons le droit de vous dire que vous pouvez en retirer quelque fierté, et je suis heureux de l'occasion qui m'est donnée de pouvoir le proclamer très haut dans cette Assemblée qui réunit autour de vous ,pour un jour, les sommités les plus éminentes de la Société des Agriculteurs de France et de l'Union Centrale des Syndicats agricoles.

Soyez donc fiers de votre œuvre, Agriculteurs du Finistère, et assurez-en maintenant l'avenir par l'étude de toutes les questions qui intéressent votre profession d'abord, par une propagande jamais lassée ensuite.

Attirez à vous les jeunes: ils sont l'avenir; et l'avenir sera ce que vous le ferez. Préparez le pour vos fils et pour vos filles, comme vous avez su organiser le présent pour vous-mêmes dans des circonstances particulièrement ingrates et difficiles.

C'est le vœu, qu'en portant la santé de Monsieur le Président du Congrès des Agriculteurs de France, je forme plus spécialement aujourd'hui pour les agriculteurs du Finistère.

Toast de M. le comte Lubiensky, sénateur, délégué de Pologne.

MESSIEURS,

Je suis très heureux d'avoir pu assister à votre XII° Congrès National des syndicats agricoles, et de pouvoir y représenter la Pologne et nos institutions.

Je vous remercie vivement, Messieurs, de votre aimable invitation ainsi que de votre charmant accueil. — J'ai pu assister à une série de rapports sur des questions des plus intéressantes, présentés d'une manière tout à fait magistrale; et prendre ainsi connaissance du travail immense et si complet, réalisé ou proposé par vos institutions, par vos dirigeants éminents et vos collaborateurs distingués.

Par les temps actuels, le travail si âpre et si dur de l'Agriculteur doit être soutenu par une collaboration de tous ses collègues, afin de trouver d'un côté les meilleurs moyens de production et de l'autre pour réaliser les efforts considérables, obtenir les solutions nécessaires et défendre ses droitsco ntre les attaques différentes auxquelles il est si souvent exposé.

Mais ces associations soutiennent en outre son moral et lui donnent la possibilité de résister d'une manière efficace quand sa Patrie est attaquée ou opprimée. Nous avions, l'année précédente, l'honneur de recevoir chez nous en Pologne une délégation de vos agriculteurs les plus distingués, avec votre éminent Président à leur tête.

Nos amis de France ont pu constater durant leur visite, hélas! beaucoup trop courte pour nous, quel rôle important ont joué nos associations mutuelles pendant ces cent trente ans d'esclavage que ma Patrie a subi. — Elles ont, non seulement soutenu les différentes générations dans leur idées d'indépendance, mais elles ont énormément contribué à la défense de notre sol qu'on tâchait de nous arracher par tous les moyens, et elles nous renforçaient économiquement.

L'Agriculteur, petit ou grand, infatigable dans le labeur quotidien que son métier lui impose, travaille sa terre dans les conditions très dures souvent, pense toujours à la maintenir et à la défendre.

Aussi est-il un ardent défenseur de la liberté et de l'indépendance de sa Patrie; quand elle est attaquée, il la défend avec cette même ténacité et cette même énergie avec laquelle il s'adonne à son métier.

Le Cultivateur français l'a bien montré pendant cette dernière guerre et c'est bien sa ténacité qui a donné l'exemple à tous les autres combattants et a permis, après des efforts inouïs, et sans précédents, de refouler l'agresseur et d'obtenir la victoire.

La Pologne n'oubliera jamais que l'indépendance, par elle reconquise après plus d'un siècle de souffrances, elle le doit en grande partie à la France et à ses infatigables héros: les cultivateurs français, qui ont fourni le plus gros contingent de son armée.

Je me permets donc, au nom des agriculteurs polonais, de lever mon verre à la santé du cultivateur français et au développement de vos institutions. (Vifs applaudissements).

Toast de M. Stevenster, conseiller d'Agriculture de l'Etat Néerlandais en France.

MONSIEUR LE PRÉSIDENT,

MESDAMES,

MESSIEURS,

L'empressement avec lequel M. le Ministre de l'Agriculture des Pays-Bas a tenu à répondre à votre aimable invitation, témoigne de notre profonde sympathie à l'égard de la France et ses Syndicats Agricoles. Aux remerciements qu'en son nom je vous adresse aujourd'hui, vous me permettrez d'ajouter une note un peu personnelle.

Avant de me rendre en France, où j'ai pour mission d'étudier vos institutions agricoles, un de mes collègues qui avait eu la bonne fortune de pouvoir suivre les travaux de votre précédent Congrès à Rodez, me disait: « En France, il y a un grand nombre de Congrès Agricoles auxquels il est intéressant d'assister, mais tâchez de ne pas manquer le Congrès des Syndicats Agricoles ».

Les deux journées que je viens de passer auprès de vous m'ont confirmé la juste réputation de vos Assemblées: je suis infiniment heureux de « n'avoir pas manqué le XII° Congrès des Syndicats Agricoles ».

En écoutant vos rapporteurs, dont j'admirais la compétence et la clarté d'exposition vraiment si française, je me suis fort instruit: les importants problèmes que vous avez étudiés dépassait le cadre du seul intérêt national. L'étranger ne vous connaît pas encore suffisamment, il lui est utile de s'inspirer de vos principes et de vos méthodes pour y chercher toujours un exemple et peut-être une leçon.

Vous savez sans doute que dans notre pays, traditions, mœurs et coutumes sont gardées avec un soin jaloux. Plusieurs de nos régions ont conservé l'ancien costume national: comprenez alors ma satisfaction à voir ce peuple breton attacher lui aussi un intérêt primordial au maintien des traditions de ses ancêtres!

C'est pourquoi j'ose dire, quand dans les rues de cette ville si pittoresque où j'admirais à chaque pas vos beaux costumes auxquels la jeunesse reste heureusement fidèle, je me suis trouvé un peu chez moi, si j'en accepte les montagnes qui, vous ne l'ignorez pas, ne nous sont pas trop familières. Je rends hommage à cette vieille population bretonne, que je félicite et que j'admire. (Vifs applaudissements).

L'étranger connaît encore trop peu, vous ai-je dit tout à l'heure, l'Agriculture Française, ses remarquables organisations et les hommes qui les guident. Quelques-uns de ses plus hauts dirigeants ont cependant obtenu une réputation mondiale; et mes compatriotes des Pays-Bas, lors de l'entretien que j'ai eu avec eux avant mon départ, m'ont cité le nom d'un d'entre vous qui, par ses profondes connaissances des questions agricoles et sociales, occupait dans toutes les réunions du monde agricole international une des premières places, et qui, par ses hautes qualités de chef, rendait à tous de précieux services... Vous avez compris, Messieurs, que j'ai nommé votre éminent Président, Monsieur le Marquis de Voguë. (Applaudissements) .

Je me félicite à mon tour d'avoir eu l'honneur de pouvoir apprécier ses remarquables qualités: je vous demande de me permettre de lui exprimer, au nom des agriculteurs Néerlandais, nos sentiments de profonde reconnaissance pour son action passée et ses projets de défense des intérêts internationaux de l'Agriculture. (Applaudissements).

Encore une fois, Messieurs, merci de tout cœur du bon accueil que vous avez bien voulu me réserver; l'intérêt avec lequel j'ai suivi vos travaux et le réconfort que j'emporte de votre brillant Congrès, seront un des plus agréables souvenirs de mon séjour en France.

Je porte la santé du Président de l'Union Centrale des Syndicats des Agriculteurs de France, et lève mon verre au développement des syndicats, à la prospérité de l'Agriculture Française. (Vifs applaudissements).

Toast de M. Thomas.

MESSIEURS,

MESDAMES,

Modeste ouvrier de la première heure dans le champ des œuvres sociales de ce département, vous me permettrez de vous faire part de la joie que j'éprouve aujourd'hui, quand jetant les regards sur le passé, j'entrevois la première réunion que tint à Quimper l'Union des syndicats agricoles du Finistère.

Nous étions 49...... Je tourne les yeux vers cette magnifique assemblée, composée de Paysans et, ce qui est mieux encore, des Paysannes formant l'élite de nos différentes œuvres agricoles.

La valeur de cette assemblée est singulièrement augmentée par la présence des personnes éminentes, venues de points différents de la France, pour nous dire ce que ces Maîtres dans les questions agricoles ont fait chez eux. Leurs leçons nous seront utiles; mais j'espère, malgré notre infériorité, qu'ils retourneront chez eux sans avoir une trop mauvaise impression des Bretons.

En 1912, à Landerneau, lors de l'inauguration de l'Office Central, on eut de fort belles réunions: elles n'étaient rien auprès de celle-ci. — Vous y étiez, Monsieur et cher Président des Agriculteurs de France, accompagné d'un homme de grande valeur, jeune encore, orateur de talent, très dévoué aux œuvres agricoles. Quand vint la guerre, le Comte Louis de Clermont-Tonnerre ne croyant pas faire suffisamment son devoir comme Capitaine de Cavalerie, s'engagea dans les zouaves.

(Les journaux nous dirent que, lors de l'attaque du fort de Douaumont, l'on vit le Commandant de Clermont-Tonnerre aller à l'assaut, en avant de son bataillon, la canne à la main et la pipe à la bouche. Mais hélas, après 8 citations, il tomba lui aussi au champ d'honneur).

Vous y aviez été invité par le Président de l'Office Central qui, avec son ami Amédée de Vincelles, pour ne citer que les morts, avait conçu et réalisé l'union entre tous les syndicats du département et fondé à Landerneau la maison des cultivateurs.

Augustin de Boisanger, dont le souvenir je l'espère restera toujours vivant parmi nous, avait mis au service des agriculteurs: son savoir, sa fortune, son temps, tout son dévouement; pour la France qu'il aimait il fit plus, il donna sa vie.

Prévoyant que la lutte économique, dont on entrevoit le spectre à l'horizon, pouvait surgir un jour entre les villes et les campagnes, il fut apeuré de l'état d'isolement de nos Paysans Bretons et s'employa à les unir par les syndicats et les œuvres de Mutualité.

Il appartiendra à vous, mes chers amis qui êtes jeunes, de poursuivre l'œuvre qu'il a si bien commencée et que son successeur a si bien continuée. Multipliez les œuvres agricoles, donnez vous la main les uns aux autres, unissez-vous par la profession, dans l'ordre et la liberté.

Je lève mon verre à la prospérité, à la grandeur de la France agricole, à notre petite Patrie.

Vive la Bretagne toujours! toujours!

Va Mignouned,

Merci da veza deuet ken niveruz d'ar reunion man; trugarekaat a ran dreist oll ar merc'hed o deuz bet ar song vad da gemeret perz en hor gouel.

Diskouez a rit dre heno e karit ho « syndikajou », hag an oll œuvrou mutuelles. Resoun oc'h euz! — A faç d'an oll micheriou all a deu den em unani atao muioc'h-mui, e ve cur faot bras euz ho perz beva en disunion.

D'eoc'h hui, tud yaouank leun a gourach, a volontez vad, da gass da benn al labour ken brao koumansset.

Araog atao! evit organisa hor stad, pe brofession, dre an emgleiou a bep seurt er justiç hag el liberte!

Bevet ar Finistère! Bevet Breiz da viken!

Toast de M. Larrogue, (Laguépie, Tarn-et-Garonne).

Mes Amis,

C'est toujours un bien grand plaisir, pour moi, d'assister à une fête agricole. Mais jamais je n'avais assisté à des journées aussi imposantes que celles de votre magnifique Congrès.

Je remercie Monsieur le Marquis de Voguë de l'élégance avec laquelle il l'a présidé; je lève mon verre en son honneur, quoiqu'il se fasse, en ce moment, le complice d'une extinction de voix qui vous prive d'entendre à ma place mon bien cher Président des groupements du Tarn.

Amis, le soleil, sans lequel nous ne voyageons jamais, et que nous venons de libérer, veut aussi assister à votre fête, radieux. (Le temps maussade depuis quelques jours venait à l'instant de laisser percer un soleil étincelant.)

Je lève mon verre en l'honneur de MM. les Représentants de la Hollande et de la Pologne, et je les prie, s'ils veulent nous être agréables, de dire à leur pays tout simplement ce qu'ils ont vu à Quimper, aujourd'hui; — mais aussi, Messieurs, en l'honneur de notre cher Président de la C. N. A. A. qui est le défenseur acharné des œuvres agricoles et de l'Agriculture Française, M. le Conseiller d'Etat: Gauthier.

Amis, je bois à la grande Mutualité, à celle qui réunit tous les ruraux de France pour s'entr'aider; le Midi, Bretons, soutiendra vos justes revendications, comme vous soutiendrez les siennes; et ainsi dans le Pays tout entier les uns et les autres, par la sagesse mise au service du droit, les yeux tournés vers l'avenir, nous mettrons la profession agricole à la juste place qu'elle mérite.

Amis, je lève mon verre en l'honneur de tous ces hommes qui se dévouent journellement à la cause agricole, je n'en excepte aucun. Mais je veux aujourd'hui joindre deux noms que nous ne devrons jamais oublier: MM. H. de Guébriant et Maurice Anglade, retenus loin de nous par la maladie.

L'un, votre si aimé Président, l'autre notre cher Président des Œuvres du Plateau Central: deux hommes, deux animateurs qui n'ont jamais douté de l'avenir, deux noms qui sont pour nous des étendards, autour desquels nous saurons toujours nous rallier.

Nous faisons tous des vœux pour leur prompt rétablissement.

Amis, vive la grande mutualité Française, vive la famille Paysanne!

Avant de se séparer, l'Assemblée écouta, debout et tête nue, le chant grave du « Bro goz ma Zadou » qui fut repris par tous les Bretons.

Puis l'abbé Lanchès, d'une voix forte, proclama nos traditions religieuses; et c'est par la récitation du « Pater et de « l'Ave Maria » que la fête se termina.

Excursions.

Des excursions en automobiles avaient été organisées pour clôturer le Congrès.

Elles permirent à beaucoup d'étrangers de connaître et d'admirer les plus beaux sites de notre département.

Le temps définitivement rasséréné le lundi fut parfait metteur en scène. Il fit voir Locronan sous des demi teintes bien Bretonnes, s'éclaira peu à peu, offrant au passage du fond de la baie un joli éclairage de Douarnenez pour se nettoyer complètement à l'arrivée à la pointe du Raz: l'Ile de Sein devint visible.

Les touristes passèrent là un long moment à entendre les légendes d'Ys et ce qu'est la mer dans le Raz et dans l'Iroise où, pendant la guerre, des marins Américains trouvèrent la navigation si dure.

Après le déjeuner excellement servi à l'Hôtel de France à Audierne, la caravane défilant lentement sur les quais pour voir le port à marée haute gagna Saint-Guénolé. Un arrêt permit d'y admirer les rochers et la mer merveilleusement bleue, si différente de celle du matin sous le soleil qui semblait vouloir ajouter au contraste des régions parcourues et dont s'étonnaient les excursionnistes.

Puis passant au pied du phare d'Eckmuhl, on se dirigea rapidement, trop vite hélas! vers Sainte-Marine où on embarqua sur le « Terfel » et... ce fut l'enchantement qu'éprouvent tous ceux qui visitent l'Odet: une des plus jolies rivières du monde.

Le second jour les excursionnistes furent à Trévarez les hôtes à déjeuner du Marquis et de la Marquise de La Ferronnays. Conduits d'abord au splendide point de vue qui domine la propriété, ils virent ensuite les remarquables produits de l'élevage, admirant vivement au passage le parc tout doré par l'automne, où les palmiers et les hortensias bleus mettaient de jolies notes imprévues. Réception empreinte d'un grand charme par le très aimable accueil des maîtres de maison.

A 15 heures précises la caravane était à Morlaix où les congressistes visitaient le Concours départemental et assistaient au défilé des étalons primés. Puis ce fut le retour à Quimper par Brasparts, la traversée des Monts d'Arrée si sauvages et pittoresques, avec un court arrêt à Pleyben pour admirer l'ensemble de l'église et du Calvaire.

TABLE DES MATIÈRES

JOURNÉE DU DIMANCHE 12 OCTOBRE

ASSEMBLÉE GÉNÉRALE ANNUELLE
DE L'UNION DES SYNDICATS AGRICOLES DU FINISTÈRE

IMPRIMÉ

EN JUIN 1925

DANS LES ATELIERS DE L'IMPRIMERIE

DE LA RUE DU CHATEAU, 4

BREST